Gesund altern

Magdalena M. Schimke
Günter Lepperdinger
(Hrsg.)

Gesund altern

Einblicke und Ausblicke zum Thema „Alt werden und gesund bleiben"

Herausgeber
Magdalena M. Schimke
Paris-Lodron-Universität
Salzburg, Österreich

Günter Lepperdinger
Paris-Lodron-Universität
Salzburg, Österreich

ISBN 978-3-658-19972-2   ISBN 978-3-658-19973-9   (eBook)
https://doi.org/10.1007/978-3-658-19973-9

Die Deutsche Nationalbibliothek verzeichnet diese Publikation in der Deutschen National-
bibliografie; detaillierte bibliografische Daten sind im Internet über http://dnb.d-nb.de abrufbar.

Springer VS
© Springer Fachmedien Wiesbaden GmbH 2018

Gedruckt auf säurefreiem und chlorfrei gebleichtem Papier

Springer VS ist Teil von Springer Nature
Die eingetragene Gesellschaft ist Springer Fachmedien Wiesbaden GmbH
Die Anschrift der Gesellschaft ist: Abraham-Lincoln-Str. 46, 65189 Wiesbaden, Germany

Danksagung

Dank gebührt in erster Linie den Autorinnen und Autoren dieses Sammelbandes. Ihre wertvollen, informativen und spannenden Beiträge sind beredte Auskunft über die weitgreifende und zeitgemäße Grundlagenforschung an der Paris-Lodron Universität Salzburg zum Thema „Gesund Altern".

Das PLUS Geronto_Netzwerk umfasst aber noch viel mehr: wir danken allen Mitgliedern für den fachlich offenen Austausch und das damit verbundene gemeinsame Engagement, die Gerontologie als fächerverbindende Disziplin an der PLUS gemeinsam entwickeln zu wollen.

Besonderer Dank gebührt deshalb nicht zuletzt Univ.-Prof. Dr.Dr.h.c. Urs Baumann für seine Idee und Initiativkraft ein „Geronto_Netzwerk" an der Paris-Lodron Universität Salzburg zu bilden.

Günter Lepperdinger und Magdalena Schimke

Speziell möchte ich mich bei meiner Großmutter, Dipl.-Ing. Helma Schimke (geb. 1926), bedanken, die bezüglich „Gesundem Altern" mein großes Vorbild ist. Außerdem ein großes Dankeschön an meine Arbeitskolleginnen Sabrina Marozin, Birgit Simon-Nobbe und Claudia Gruber für Feedback und professionelle Unterstützung.

Magdalena Schimke

PLUS Scientiae Gerontologicae, mehr Gerontowissenschaft!

von Günter Lepperdinger, Leiter des Geronto_Netzwerkes

Es ist noch nicht lange her, da wurde die Alternsforschung (Gerontologie) belächelt: was soll es da zu erforschen geben – es ist doch klar, dass hochkomplexe Lebensformen von alleine altern, und man könne kaum etwas gegen das Abnehmen von körperlich geistiger Kraft unternehmen!

In vielen Disziplinen haben sich bereits vor Jahrzehnten hartnäckige Denker, Techniker und Forscher mit diesem Kernthema des Menschen auseinandergesetzt. Viele der grundlegenden Einsichten waren und sind dem Geist und Tun Einzelner geschuldet. Wenn wir heute auf sehr hohem Niveau von gesicherten Erkenntnissen berichten können und daran weiterarbeitend sehr schnellen Fortschritt in wesentlichen Fragen erzielen, auch um relevante und wirtschaftlich umsetzbare Ergebnisse zu erzielen, dann deshalb weil wir auf den Schultern von Riesen stehen dürfen, nämlich solchen, die uns ein starkes wissenschaftliches Fundament gelegt haben.

Die Alternsforschung in Salzburg beschäftigt sich vordringlich mit dem Altern des Menschen. Der Facettenreichtum des menschlichen Lebens und die damit verbundenen Problematiken ein sinnerfülltes und gelungenes Leben führen zu können, sind ein umfangreiches Thema. Zu umfangreich als das sich eine einzelne Disziplin hervortun könnte, sich damit exklusiv zu beschäftigen. Der Vernetzungsgrad um Fragen, die sich auf das Altern des Menschen beziehen, ist so hoch, dass es sich um ein wahrliches „Universitätsthema" handelt. Nicht einmal eine ganze Fakultät kann dieses Thema an sich ziehen und umfassend bedienen. Also welche Einrichtung sonst als die

Universität insgesamt könnte die notwendigen geistigen Ressourcen aufbringen, um die heute so notwendigen richtungsweisenden Aussagen auf den unterschiedlichen Gebieten zu machen? Möglicherweise gibt es bereits Unternehmen, die sich ohne gute Orientierungshilfen angemessen mit den vielfältigen offenen Punkten beschäftigen können. Wir gehen davon aus dass unserer Gesellschaft, die einem sehr schnellen Wandel unterworfen ist, zielgerichtete Lösungen benötigt, die uns erlauben, die hart erarbeitete hohe Lebensqualität auf allen Gebieten zu halten. Es existiert heute weitestgehend Sicherheit bei Dingen des täglichen Gebrauchs, im sozialen Umgang, bei der medizinischen Versorgung bis hin zu hoch entwickelten rechtlichen Regelungen, die friedliches Leben bestmöglich gewährleisten. Die Diskussion um den demografischen Wandel zieht so manche Errungenschaft in Zweifel, meist mit dem bangen Frage, werden wir uns die wohlerworbenen Güter und gute etablierten stabilen Systeme auch weiterhin noch leisten können.

Hatte die Alternsforschung in Salzburg ihre Vordenker und Akteure in der Biologie und Psychologie, also in der naturwissenschaftlichen Fakultät, liebevoll „Nawi" genannt, so ist das heute nur mehr bedingt wahr. Es sind viele leise dazu gestoßen und widmen sich dem Thema in bemerkenswerter Produktivität, Enthusiasmus und Überzeugung. Das Plus an Alternsforschung tut sich an der Paris-Lodron-Universität flächendeckend hervor, will heißen erstreckt sich über alle Fakultäten und ist somit eine universitäre, also eine Angelegenheit der gesamten PLUS, geworden.

Die Initiative, WissenschaftlerInnen und UniversitätslehrerInnen, die über das Altern und das Alter forschen zu vernetzen, kommt zu einem Zeitpunkt, in dem nicht nur die PLUS aufgefordert ist, Lösungen zum gesellschaftlichen Wandel aufzubereiten. Der erste Schritt wurde damit getan, dass sich eine Gruppe WissenschaftlerInnen selbst organisierte, das PLUS

Geronto_Netzwerk bildete und neben anderen Aktivitäten mit diesem Buch eine einfach verständliche Zusammenfassung fachspezifischen Wissens vorlegt. Es freut uns auch besonders, dass viele DoktorandInnen uns dabei unterstützen. Was in diesen speziellen Buchbeiträgen sichtbar wird, sind die anspruchsvollen Forschungsfragen, die mit unglaublich großem Engagement seit vielen Jahren an der PLUS vorangetrieben werden. Diese Zusammenstellung soll sich an alle Interessenten der Gerontologie richten: Angefangen bei der wissensbegierigen Öffentlichkeit über unsere Studierende, denen wir hier Überblick und Details gleichzeitig bieten wollen, bis zu unseren FachkollegInnen.

Diese Zusammenstellung ist nicht vollständig. Aufgrund umfangreicher Tätigkeiten konnten viele Mitstreiterinnen und Mitstreiter noch nicht heute Beiträge verfassen. Somit darf diese Schriftensammlung nicht als abgeschlossen betrachtet werden. Die Aktivitäten des PLUS Geronto_Netzwerkes haben ja auch erst kürzlich begonnen! Es gibt somit die erwartungsfrohe Aussicht hier den ersten Band einer Schriftenreihe in Händen halten, denn das Engagement „Altern und Alter" an der PLUS zu beforschen wird nicht enden. Die schnelle Wandlungsfähigkeit einer Universität besteht vor allem in der Begeisterung ihrer Studierenden für zeitgeistige Fächer und moderne Themen. Zurzeit gibt es schon in vielen Fächern einzelne einführende Lehrveranstaltungen, die das Thema Altern und Alter aufgreifen und besprechen. Die Lehrveranstaltungen sind meist gut besucht. Viele Studierende wünschen sich weiterführende Ausbildung auf diesem Gebiet, auch weil man erwartet, dass mit der Brisanz um das Thema, unterschiedlichste Arbeitgeber und die öffentliche Hand Absolventinnen und Absolventen mit einem solchen Ausbildungshintergrund nachfragen werden. Noch gibt es an der PLUS kein Studium, das diesen Nachfragen gebündelt Rechnung tragen kann. Mit den hier vorgelegten fundierten Fachkompetenzen und langjährig erworbenen breiten Expertisen ausgewiesener Universitätslehrer sollte es aber gelingen, gute fachliche Standards und richtungsweisende Lösungen für die Zukunft zu finden. Erfolgreich wird das Netzwerk jedenfalls, wenn junge Denker und Forscher sich dieses wichtigen Themas annehmen und breit ausgebildet, den Netzwerkgedanken über die Universität hinaustragen. Dadurch kann aus dem nun etablierten PLUS-Geronto_Netzwerk eine dynamisierte Salzburger Schwungscheibe für gerontologische Forschung und Entwicklung gemacht werden. Auch dafür soll der hier vorgelegte erste Themenband Überzeugungsarbeit leisten.

Vorwort zum Band des Geronto_Netzwerkes der PLUS

von Urs Baumann, Leiter der UNI 55-PLUS

International ist die gerontologische Forschung von zunehmender Bedeutung, was auch mit dem immer größer werdenden Anteil an älteren Menschen an der Gesamtbevölkerung zu tun hat. An der Paris Lodron Universität Salzburg (PLUS) hat die gerontologische Forschung in den 90er Jahren und in der ersten Dekade des 21. Jahrhunderts mit zwei wichtigen Ausnahmen keine große Rolle gespielt: Michael Breitenbach (Arbeitseinheit Genetik) widmete sich eingehend der biologischen Altersforschung, während Urs Baumann und Anton Laireiter (Arbeitseinheit für Klinische Psychologie, Gesundheitspsychologie und Psychotherapie) sich verstärkt mit der klinischen Gerontopsychologie, vor allem in den SeniorInnenheimen, befasst haben. Zu diesen beiden Bereichen kamen diverse Forschungsbeiträge von unterschiedlichen ForscherInnen hinzu, die jedoch innerhalb der Universität unzureichend vernetzt waren und somit an der PLUS wenig in Erscheinung traten.

In der zweiten Dekade des 21. Jahrhunderts hat sich bezüglich der Gerontologie an der PLUS eine erfreuliche Wandlung vollzogen. Mit der Gründung der *Uni 55-PLUS* im Wintersemester 2012/13 unter der Leitung von Urs Baumann hat die PLUS eine SeniorInnen-Universität für die zweite Lebenshälfte etabliert und in Österreich ein deutliches Zeichen für die Wichtigkeit von Life-Long-Learning gesetzt. In Nachfolge von Michael Breitenbach hat die PLUS durch die Neuberufung von Günter Lepperdinger am Fachbereich Zellbiologie und Physiologie die *biologische Alternsforschung* verstärkt. Damit hat sich die PLUS klar zu einer Weiterführung der biologischen Altersforschung bekannt. Im vorliegenden Band wird u.a. auch Einblick in diese Forschungsaktivitäten gegeben.

Dem Zeitgeist folgend, durch Schwerpunkte und Zentren Akzente zu setzen und Forschungsaktivitäten zu bündeln, wurde, auf Initiative von Urs Baumann und Günter Lepperdinger, 2015 ein Netzwerk für gerontologische Forschung *(Geronto_Netzwerk)* etabliert. Damit sollten die Vielzahl an Forschungsaktivitäten in allen Fakultäten und den interfakultären Fachbereichen an der PLUS zusammengeführt werden. Dieses erfreulich breite und komplexe Netzwerk vereint KollegInnen, die ausschließlich gerontologische Forschung betreiben, aber auch jene, die im begrenzten Umfange spezielle Teilaspekte und Facetten zu dieser Thematik bearbeiten. Der Erfolg dieses Netzwerkes wird durch den vorliegenden Band, aber auch durch ein einschlägiges Doktoratskolleg der Doctorate School PLUS (DSP) mit dem Arbeitstitel *„Gesund Altern"* belegt.

Nachdem im vorliegenden Band der Schwerpunkt auf die Forschung gelegt wird, soll hier besonders auf die *Lehre* eingegangen werden. Gerontologische Lehre kann unterschiedlich verstanden werden. Zum einen kann sie sich an die ordentlichen Studierenden richten, zum anderen geht es auch um Lehre an solchen Personen, die den gerontologischen Sektor ausmachen, also um Menschen, die häufig als „SeniorInnen" bezeichnet werden. Für ordentliche Studierende kann das gerontologische Lehrangebot unterschiedlich gestaltet sein. Zum einen sollen Studierende im Rahmen der Bachelor-, Master- und Doktoratsstudien für den Gerontologie-Sektor sensibilisiert werden, indem fachspezifische Themen unter gerontologischer Perspektive abgehandelt werden, wie z. B. gerontologische Themen für PsychologInnen, KommunikationswissenschafterInnen, BiologInnen. Weiters wünschenswert sind gerontologische Spezialisierungsmöglichkeiten in bestehenden Studiengängen, wie dies zeitweise im Masterstudium der Psychologie möglich war. Zum anderen sind spezifische Masterstudiengänge und /oder Hochschullehrgänge in Gerontologie, aber auch Spezialisierungen im Doktoratsstudium denkbar, was für wissenschaftliche Arbeiten zu dieser Thematik für eine moderne Universität unumgänglich ist.

Neben Lehre für die jüngeren Studierenden, wo es gilt, deren gerontologische Kompetenz nicht nur zeitgeistig zu erhöhen, ist aber auch *Lehre für die Betroffenen* selbst, d. h. für die SeniorInnen oder Personen der zweiten Lebenshälfte, wichtig.

Wenn wir von SeniorInnen, älteren Menschen etc. sprechen, so ist es offen, welcher Altersbereich mit „älteren Menschen" gemeint ist. Die Gerontologie spricht teilweise von zwei Altersbereichen: 3. Lebensalter (60/65 – 75/80) und 4. Lebensalter (> 80). In neuerer Zeit wird auch von drei Gruppen gesprochen: Junge Alte (60/65 – 75/80), Ältere Alte (80 – 95/100), Hochbetagte (> 95/100) (Martin und Kliegel, 2010). Wir verwenden an der Uni 55-PLUS als übergeordneten Begriff „Personen der zweiten Lebenshälfte".

Seit den 1960er Jahren, vermehrt aber seit den 1990er Jahren finden wir das Konzept des erfolgreichen Alterns, sinnerfüllten oder gelingenden Alterns (Baltes und Baltes, 1990). Dabei sind kognitive Aktivitäten als zentrale Elemente dieser Konstrukte wesentlich für Prävention *und* Gesundheitsförderung (Pohlmann, 2016). Es ist daher nicht verwunderlich, wenn in neuerer Zeit das Thema *Bildung im Alter* vermehrt Beachtung gefunden hat (z. B. Sagebiel, 2009; Kruse und Wahl, 2010). Ebenso finden wir in der Bildungsdiskussion häufig Begriffe wie *Lebenslanges Lernens* bzw. *Lebensbegleitendes Lernen* bzw. *Life-Long-Learning*.

Aufgabe der Universität ist primär die Bereitstellung von Bildungsangeboten für berufliche Qualifikationen. Diese Angebote richten sich vor allem an jüngere Menschen nach der Matura bzw. Abitur. Ergänzend bieten die Universitäten heute vielfach Fort- und Weiterbildungsangebote an, die die Berufsqualifikation optimieren. Mit dem Konzept der *Universitäten für die zweite Lebenshälfte* wird primär Bildung als „Selbstzweck" oder „zweckfreie" Bildung vermittelt. Die Angebote orientieren sich an den Interessen und Bedürfnissen der Personen der zweiten Lebenshälfte.

Die Wichtigkeit der Bildung für diese Bevölkerungsgruppe wird politisch immer stärker betont. Als Beispiel sei der Bundesplan für Seniorinnen und Senioren des Österreichischen Bundesministeriums für Arbeit, Soziales und Konsumentenschutz (2012) genannt. Unter Punkt 3.5 „Bildung und lebensbegleitendes Lernen" findet sich die Empfehlung 4 (S. 50), das Bildungsangebot im Bereich Hochschulen und Erwachsenenbildung für Frauen und Männer in der nachberuflichen Lebensphase sowie Entwicklung neuer intergenerationeller Formen der wissenschaftlichen Weiterbildung weiter auszubauen und zu verbreitern. Zusammenfassend kann man festhalten, dass mit unterschiedlichen Argumenten sowohl von der Politik, als auch der Wissenschaft Bildung im Alter gefordert wird. Eine Forderung, denen sich Universitäten in unterschiedlichem Ausmaß stellen bzw. gestellt haben[1].

Während international seit den 70er Jahren das universitäre Angebot für Personen der zweiten Lebenshälfte immer breiter wurde (für Deutsch-

---

[1] Im Bereich der Hochschulen/ Universitäten finden sich für Angebote, die sich an ältere Menschen richten, unterschiedliche Begriffe. Als Beispiele seien genannt „Universität des dritten Lebensalters" (Frankfurt, Göttingen), „Seniorenstudium" (LMU München, Hamburg), „Studium im Alter" (Münster). In Salzburg sprechen wir von der „Uni 55-PLUS", einem Angebot, das sich an Personen der *zweiten Lebenshälfte* richtet. Im englischsprachigen Raum findet man häufig den Begriff „University of the Third Age (U3A)", aber auch andere Begriffe wie „Leisure Time Universities", „Open Universities", „Golden Age Universities" etc. (Lemieux, Boutin und Riendeau, 2007).

land: Sagebiel und Dahme, 2009), hat Österreich leider an dieser Entwicklung - mit Ausnahme von Klagenfurt („Seniorenstudium liberale") und Salzburg mit der Uni 55-PLUS - nicht teilgenommen. Die Gründe für die passive Haltung zu diesem Thema sind nicht bekannt. Die bei der Uni 55-PLUS stark

Was ist die Uni 55-PLUS?	Die Uni 55-PLUS ist die SeniorInnen-Universität der Paris Lodron Universität Salzburg. Im Universitätsleben eingebettet zu sein, erweitert das geistige und emotionale Erleben, außerdem hält Kontakt mit Personen der gleichen Altersgruppe bzw. mit jungen Studierenden TeilnehmerInnen „geistig fit".
Wer kann daran teilnehmen?	Personen ab 55 Jahre; Matura/ Abitur ist nicht notwendig.
Uni 55-PLUS und volles Studium?	Das Angebot umfasst einzelne Lehrveranstaltungen bzw. die Kombination einzelner Lehrveranstaltungen. Ein Abschlusszeugnis mit akademischem Grad wird nicht erworben, die Uni 55-PLUS beinhaltet kein volles Studium. Es gibt daher keine Studiendauer für TeilnehmerInnen an der Uni 55-PLUS.
Lehrveranstaltungstypen	Über 400 Lehrveranstaltungen (LV) der ordentlichen Studien unterschiedlichster Fachrichtungen und spezifische LV, die für die TeilnehmerInnen der Uni 55-PLUS konzipiert sind, werden angeboten. Im Vordergrund stehen Vorlesungen, daneben gibt es aber auch Proseminare, Exkursionen und Computerkurse.
Veranstaltungsverzeichnis	Zu Semesterbeginn erscheint ein Veranstaltungsverzeichnis auf Papier und online.
Anwesenheitspflicht bei Lehrveranstaltungen	Bei Vorlesungen besteht keine Anwesenheitspflicht, bei Proseminaren, Exkursionen, Übungen etc. gilt Anwesenheitspflicht
Prüfungen in den Lehrveranstaltungen	Bei Vorlesungen kann man auf freiwilliger Basis Prüfungen ablegen.

Allgemeine Informationen und Hilfestellungen	Es besteht ein umfassendes Beratungs- und Unterstützungsangebot durch das Büro der Uni 55-PLUS, insbesondere beim Einstieg, sowie Informationsveranstaltungen, Computerkurse, Einführung in das Bibliothekwesen.
Anmeldung/Inskription an der Uni 55-PLUS für neue TeilnehmerInnen	Zur Teilnahme an der Uni 55-PLUS bedarf es einer formalen Anmeldung (= Inskription). Dazu gibt es ein Merkblatt, welches man auf der Homepage findet bzw. welches im Büro der Uni 55-PLUS erhältlich ist.
Verlängerung bzw. Beendigung der Teilnahme an der Uni 55-PLUS	Verlängerung der Teilnahme ist unbürokratisch mit wenigen Schritten möglich. Wenn man nicht mehr an der Uni 55-PLUS teilnehmen will, braucht man keine weiteren Schritte zu unternehmen. Indem man zum jeweiligen Semesterstichtag keine Verlängerung beantragt, wird man automatisch gesperrt.
Gebührenregelung der Uni 55-PLUS	Die Teilnahmegebühr beträgt derzeit pro Semester € 180,- (zusätzlich ÖH-Beitrag: derzeit € 19,20). Bei finanziellen Notsituationen bestehen Unterstützungsmöglichkeiten.

Tab. 1 Strukturelemente der Uni 55-PLUS[2]

zunehmende Nachfrage (Wintersemester 2016/17 fast 500 TeilnehmerInnen) weist aber auf großes Bedürfnis nach Bildung hin. In Tabelle 1 sind - als Beispiel für eine SeniorInnen-Universität - die Strukturelemente der Uni 55-PLUS dargestellt (Baumann und Windberger, 2016).

Die PLUS ist mit dem Geronto Netzwerk unter Leitung von Günter Lepperdinger auf dem Weg, einen umfassenden und komplexen Beitrag zur Gerontologie zu bieten, bei dem Forschung und Lehre über SeniorInnen und Lehre an SeniorInnen jeweils ihren speziellen Stellenwert haben. Sowohl Forschung über SeniorInnen, als auch Lehre für SeniorInnen sind derzeit auf

---

[2] Kontakt und Auskunft zur Uni 55-PLUS: *Postadresse*: Universität Salzburg, Uni 55-PLUS, Kaigasse 17, 5020 Salzburg; *E-Mail:* uni-55plus@sbg.ac.at; *Telefon:* + (0)662-8044 2418; *Homepage:* www.uni-salzburg.at/uni-55plus

einem erfreulichen Niveau, die Lehre über SeniorInnen an Studierende müsste aber noch mehr vernetzt und vertieft werden. Dieser Band soll daher nicht nur Bilanz über eine erfreuliche bisherige Entwicklung, sondern auch ein Programm für den Stellenwert der Gerontologie an der Paris-Lodron-Universität Salzburg sein.

Literatur

Baltes PB und Baltes MM (1990): *Successful Aging*. New York: University of Cambridge Press.

Baumann U und Windberger H (2016): *Prävention und Gesundheitsförderung durch universitäre Bildungsangebote*. In S. Pohlmann, S. (Hrsg.), Alter und Prävention S. 221-238. Wiesbaden: Springer VS.

Kolland F und Ahmadi P (2010): *Bildung und aktives Altern: Bewegung im Ruhestand*. Bielefeld: Bertelsmann.

Kruse A und Wahl HW (2010): *Zukunft Altern: Individuelle und gesellschaftliche Weichenstellungen*. Heidelberg: Spektrum.

Lemieux A, Boutin G und Riendeau J (2007): *Faculties of Education in Traditional Universities and Universities of the Third Age: A Partnership Model in Gerontology*. Higher Education in Europe, 32, 151 – 161

Martin M und Kliegel M (2010): *Psychologische Grundlagen der Gerontologie* (3. Aufl.). Stuttgart: Kohlhammer (Kohlhammer-Urban Taschenbücher, Grundriss Gerontologie Band 3).

Österreichischen Bundesministeriums für Arbeit, Soziales und Konsumentenschutz (2012): *Bundesplan für Seniorinnen und Senioren*. Wien: Bundesministerium für Arbeit, Soziales und Konsumentenschutz

Pohlmann S (Hrsg.) (2016): *Alter und Prävention*. Wiesbaden: Springer VS.

Sagebiel F (Hrsg.) (2009): *Flügel wachsen – Wissenschaftliche Weiterbildung im Alter zwischen Hochschulreform und demographischem Wandel*. Berlin: LIT-Verlag.

Sagebiel F und Dahmen J (2009): *Erforschung der Ist-Situation von Studienangeboten für Ältere an deutschen Hochschulen* (Beitrag Nr. 48). Hamburg: Deutsche Gesellschaft für wissenschaftliche Weiterbildung und Fernstudium.

Inhaltsverzeichnis

Inhalt	Seite
Danksagung	**5**
PLUS Scientiae Gerontologicae, mehr Gerontowissenschaft!	**7**
Vorwort zum Band des Geronto_Netzwerkes der PLUS	**11**
Inhaltsverzeichnis	**19**
Einleitung zum Geronto_Netzwerk Sammelband	**21**
Beiträge zum Sammelband des Geronto_Netzwerkes	**25**
1 Die sozialräumlichen Herausforderungen des demographischen Wandels	**27**
2 Alt, doch umworben – ein Forschungsüberblick	**45**
3 Active Assisted Living	**63**
4 Gesund Altern – eine europäische Perspektive	**73**
5 Alterung von Blutgefäßen	**97**
6 Grundlagen der Biogerontologie	**105**
7 Yin und Yang des Alterns	**137**
8 Hautalterung	**151**
9 Auf der Suche nach Methusalem-Genen in potenziell unsterblichen Organismen	**169**

10   Lipid Droplets im Kontext von zellulärem Stress   **177**

11   Lungenschädigung durch DNA Netze bei COPD   **187**

12   Sarkopenie vorbeugen durch Bewegung im betreuten
     Wohnen   **203**

13   Care in Movement – technologieunterstütztes
     Trainingskonzept für Ältere im Pflegesetting   **225**

14   Ventilatorische Indizes und Fettstoffwechsel   **233**

15   Altersbedingte Veränderung schlafspezifischer
     Gehirnoszillation   **239**

16   Das Gesundheitsförderungsprojekt Fidelio

     – Gesundheitsförderung und Prävention im Alter   **251**

17   Prävalenz psychischer Störungen in Salzburger
     Seniorenheimen   **281**

18   Betreuung und Pflege betagter Menschen

     – eine ethische Perspektive   **293**

Vorstellung der AutorInnen   **309**

Glossar: Zur Erklärung von (Fach-)Begriffen   **321**

Einleitung zum Geronto_Netzwerk Sammelband

Magdalena Schimke, Senior Scientist

„Im Grunde haben die Menschen nur zwei Wünsche: Alt zu werden und dabei jung zu bleiben.", formulierte schon Peter Bamm (eigentlich Curt Emmrich, 1897-1975) ein deutscher Arzt und Schriftsteller, der sich in den Kriegsjahren u.a. gegen den Holocaust stark gemacht hat. Dieser Wunsch ist heutzutage so präsent wie damals, wenn nicht sogar um vieles stärker geworden, da die Medizin und Technologie enorme Fortschritte erzielt haben. Eine Vielzahl von Krankheiten und Verletzungen können heute geheilt oder zumindest deren Symptome gelindert werden. In Folge hat sich einerseits die durchschnittliche Lebensspanne der Menschen in der „westlichen Welt" deutlich verlängert (durchschnittlich 81,6 Jahre in Österreich (2016), bei einer Steigerung von 10 Jahren über die letzten 50 Jahre hinweg) und andererseits auch die Lebensqualität im Alter stark verbessert.

Trotz massiven Fortschritts im Gesundheitswesen und der Entwicklung von unterstützender Technik (Stichwort Active Assisted Living (AAL) worauf in weiterer Folge und in konkreten Kapiteln des Bandes eingegangen wird) ist die Situation für viele ältere Menschen noch lange nicht zufriedenstellend. Dies liegt unter anderem daran, dass global gesehen relativ wenig Institutionen konkrete Förderprogramme für Alte entwickeln, noch weniger Alternsforschung betreiben, und sich kaum welche davon interdisziplinär vernetzen um dem Phänomen Altern und dem Prozess des Altwerdens auf die Spur zu kommen, zu verstehen und entsprechende Maßnahmen zu setzen.

Mit der Gründung des **Geronto_Netzwerk Vereins** an der Paris-Lodron-Universität Salzburg (PLUS) gelang es 2015, ein einzigartiges Projekt ins Leben zu rufen. Das Geronto_Netzwerk (*Gerontologie, die Wissenschaft vom Altern des Menschen*) vereint Arbeitsgruppen aus verschiedensten Fachbereichen der PLUS, vernetzt ihre Expertisen am Gebiet der gerontologischen Forschung und lässt dadurch neue Ideen und Konzepte entstehen, die vorab in dieser Form nicht möglich waren. In diesem Sammelband stellen einige Mitglieder des Netzwerkes sich bzw. ihre Forschungsbereiche vor und ermöglichen so allen Interessenten Einblick in aktuelle Themen und Schwerpunktgebiete an der PLUS, sowie in die Leidenschaft, Energie und Arbeit die in die Erforschung des Alter(n)s gesteckt werden. Die Beiträge und Kapitel stammen aus den Fachbereichen Kommunikationswissenschaft, Biologie und Psychologie, dem Interfakultären Fachbereich Sport- und Bewegungswissenschaften, dem Zentrum für Ethik und Armutsforschung sowie dem Center for Human-Computer Interaction. Thematisch wird im Zuge des Sammelbandes u.a. auf intrazelluläre sowie physiologische Stoffwechselvorgänge, Proteinbiosynthese, die Rolle des Schlafes in Lernprozessen, neuartige Fitnessprogramme und Bewegungsstrategien, technologieunterstützes „Active Aging", aber auch Organalterung (Lunge – COPD, Muskel – Sarkopenie), psychische Veränderungen im Alter (siehe auch „Fidelio" – das Gesundheitsförderprojekt), veränderte Ansprüche im Pflegedienst und den Umgang mit Stereotypen („junge Alte") in Massenmedien, eingegangen.

Dieser Sammelband erhebt keinen Anspruch auf Vollständigkeit, sondern zielt darauf ab, Lesern einen Überblick über die oben erwähnten Forschungsaktivitäten der PLUS und generelle Fragestellungen zum Thema Altern zu liefern. Vor allem, da dies ausnahmslos jedes Lebewesen betrifft. Die Beiträge sollen Auskunft über den neuesten Stand der Wissenschaft geben, aber auch zu Diskussionen anregen und den Lesern neue Denkansätze und Überlegungen bieten zu denen oft (noch) keine Antwort gegeben werden kann: Wie wird die Gesellschaft der Zukunft im Hinblick auf Medizin und demographischen Wandel aussehen? Soll das Erreichen eines möglichst hohen Alters das Ziel eines Individuums und der Allgemeinheit sein oder soll der Fokus auf Gesundheit und Glück stehen? Lässt sich beides vereinen – nicht nur in technologischer sondern auch wirtschaftspolitischer (länger arbeiten und/oder weniger Pensionsanspruch) Hinsicht? Wer wird die SeniorInnen der Zukunft pflegen oder wird dies von Maschinen übernommen? Und wie sieht es auf der anderen Seite unseres Tellerrandes aus? Weltweite Verbesserungen der Lebensqualität erlaubt es mittlerweile auch Menschen aus ärmeren Regionen der Welt ein höheres Alter zu erreichen. Aufgrund der allgemein ansteigenden Bevölkerungsdichte entstehen regional Lebensmittelengpässe – und viele Länder der „dritten Welt" müssen sich auch einem neuartigen Phänomen stellen: Altersassoziierte Erkrankungen wie Diabetes, neurodegenerativen Erkrankungen oder etwa Osteoporose.

Als Gerontologen befinden sich die Forscher an der PLUS in einem Themengebiet, das global kontinuierlich wichtiger wird. Jedoch wird diese Diskussion oft als „unangenehm" empfunden wird, da sich die meisten Menschen nicht mit der unvermeidbaren eigenen Vergänglichkeit beschäftigen wollen. Umso wichtiger ist der Zusammenschluss der verschiedenen Disziplinen und die Kommunikation der neuesten Erkenntnisse, Strategien und möglicher Maßnahmen nach außen, um die Menschen zu informieren und vor allem zu faszinieren – vom Prozess des Altwerdens, der mit der Geburt (oder schon vorher?) beginnt und Leben bzw. Evolution als solche erst ermöglicht.

Beiträge zum Sammelband des Geronto_Netzwerkes

1 Die sozialräumlichen Herausforderungen des demographischen Wandels

Andreas Koch

Die Weltbevölkerung wächst ca. seit Anfang des 19. Jahrhunderts exponentiell, gegenwärtig nimmt sie pro Jahr um knapp 84 Mio. Menschen zu, das sind etwa 160 Menschen pro Minute. Gleichzeitig ist dieses Wachstum nicht gleichmäßig über den Globus verteilt: auf Asien entfallen 4,5 Mrd. Menschen, auf Afrika 1,2 Mrd., gefolgt von Europa mit 740 Mio. und Lateinamerika mit 640 Mio. Menschen. Innerhalb Europas gibt es Länder mit einer künftig signifikant abnehmenden Bevölkerung (u. a. Deutschland, Polen, Rumänien und Griechenland) und andererseits Länder mit deutlich steigender Bevölkerung (u. a. Frankreich, Großbritannien, Italien, Belgien und Schweden) (Statista, 2016). Auch nimmt die Lebenserwartung in vielen Ländern weltweit kontinuierlich zu.

Schrumpfung und Wachstum der Bevölkerung sind zeitlich und räumlich ungleich verteilt, und auch die gesellschaftlichen Folgen entziehen sich einer einheitlichen Bewertung, da der politische, ökonomische und kulturelle Umgang mit dem demographischen Wandel und seinen Folgen sehr unterschiedlich ist (Birg, 2005). Eine Konstante in der Analyse und Interpretation des demographischen Wandels lässt sich jedoch ausmachen: der räumliche Fokus richtet sich auf territoriale Einheiten wie den Nationalstaaten, Provinzen, Bundesländern, Landkreisen, politischen Bezirken und Gemeinden. Dieser Fokus wird im folgenden Beitrag aus einer sozialräumlichen und kosmopolitischen Perspektive problematisiert, weil er dazu tendiert, politisch und sozial nach innen zu homogenisieren und nach außen zu exkludieren.

Der demographische Wandel

Der demographische Wandel beschäftigt sich mit der Altersstruktur und dem Geschlechterproporz der Bevölkerung im Zeitverlauf. Zentrale Indikatoren hierfür sind der Saldo der natürlichen Bevölkerungsentwicklung (Verhältnis der Geburten und Todesfälle), der Saldo der räumlichen Bevölkerungsentwicklung (Verhältnis von Zu- und Abwanderung) und die Lebenserwartung. Bevölkerung ist somit „[...] lediglich ein statistischer Begriff für die Menge an »natürlichen« (im Unterschied zu »juristischen«) Personen, die mit bestimmten sozialen Einrichtungen (z. B. Nationalstaat, Stadt, Kirche, Unternehmung, Sozialversicherung) durch Mitgliedschaft oder andere Beziehungen [...] verbunden ist" (Kaufmann, 2005, S. 97). Daraus ergibt sich jedoch nicht zwangsläufig und ausschließlich, wie Kaufmann an anderer Stelle postuliert: „Als »Bevölkerung« gelten die statistisch erfassbaren Einwohner einer Gebietskörperschaft oder eines sonstwie eindeutig abgrenzbaren *Raumes*. Der Bevölkerungsbegriff hat also regelmäßig einen territorialen Bezug" (Kaufmann, 2005, S. 23; Hervorhebungen im Original).

Eine gewisse Plausibilität erfährt dieser Zusammenhang dann, wenn Bevölkerung als politischer Begriff verstanden und damit eine autochthone Solidargemeinschaft mit kollektiver Identität assoziiert wird. Als legitimierte Instrumente ihrer Aufrechterhaltung dienen dann u. a. Rechts- und Sozialstaatlichkeit[3]. Aber auch dann ist der territoriale Bezug nur eine von mehreren Optionen, denn zum einen ließen sich rechts- und sozialstaatliche Prinzipien an globale Institutionen delegieren, und zum anderen sind kollektive Solidarität und Identität inhärent soziale Kategorien, die auf vielfältige Räumlichkeiten Bezug nehmen könnten (Miegel, 2002). Insbesondere erfordern auch die von Kaufmann angesprochenen sozialen Reformpostulate eine adäquate räumliche Entsprechung, die sowohl faktisch als auch moralisch eine Alternative zum Nationalstaat nahe legen. Zum einen fordert er im Lichte des demographischen Wandels eine Verbesserung der Vereinbarkeit von Familie und Beruf; zum zweiten gilt es, Kinderarmut zu bekämpfen und die Bildungschancen junger Menschen zu verbessern; und drittens gilt es, die Pensionen nachhaltig zu sichern (hierzu verlangt er gar, dass Kinderlosen eine höhere steuerliche und Sozialversicherungsbelastung aufzuerlegen sei) (Kaufmann, 2005, S. 18).Welche Ansätze hier zur Verfügung stehen, soll nachfolgend diskutiert werden.

Sozialräumliche Herausforderungen

Die vorangegangenen Ausführungen haben deutlich gemacht, dass die Beschreibung und Problematisierung demographischer Strukturen und Prozesse in ihren räumlichen Differenzierungen auf einem territorial-administrativen Raumverständnis beruhen. Während für globale Vergleiche der nationalstaatliche Raum als Bezugsgröße fungiert, werden für innerstaatliche Vergleiche kleinräumige politische Administrationsräume herangezogen – von Bundesländern bis zu Kommunen in Deutschland und Öster-

---

[3]   Kaufmann diskutiert zwar andere Alternativen zum Nationalstaat, bleibt aber letztlich bei dieser Konstruktion als „Schicksalsraum", der die Lebensverhältnisse der Bevölkerung strukturiert (Kaufmann, 2005, S. 27).

reich bzw. von „*Nomenclature des Unités Territoriales Statistiques*" (NUTS) 1 bis „*Local Administrative Units*" (LAU) 2 in der Europäischen Union[4]. Diese ausschließliche Kontextualisierung des Gesellschaft-Raum Verhältnisses ist angesichts von Globalisierung, Technologisierung und Mobilisierung gegenwärtiger (europäischer) Gesellschaften für die Beurteilung demographischer Herausforderungen nicht länger adäquat. Diese Kritik firmiert unter dem Stichwort des *methodologischen Nationalismus*[5] und hat unterschiedliche problematische Implikationen.

Der methodologische Nationalismus als Problem

Eine problematische Implikation des „methodologischen Nationalismus", also der Idee, gesellschaftliche Phänomene und Probleme methodisch auf den territorialen Raum des Staates zu beziehen, besteht darin, dass er soziale Diversität im Allgemeinen und demographische Diversität im Besonderen räumlich nach innen homogenisiert und damit (potenzielle) Probleme des gesellschaftlichen Zusammenlebens unzulässig nivelliert. Dies gelingt, indem er eine Gleichverteilung der Werte der gewählten demographischen Indikatoren innerhalb des gewählten Territoriums suggeriert. An diese geographische Implikation schließt sich nahtlos eine politische an, die sich aus der

---

[4] Bei NUTS-Regionen (*Nomenclature des Unités Territoriales Statistiques*) der EU handelt es sich um die administrativen Räume vom Mitgliedsstaat (NUTS 0) bis zu den politischen Bezirken (Österreich) bzw. Landkreisen (Deutschland) (NUTS 3). LAU (*Local Administrative Units*) bezeichnen dagegen die kleinräumigen Administrationen der Gemeindeverbände (LAU 1) und Gemeinden (LAU 2). In Österreich wird LAU 1 nicht verwendet.

[5] Der etablierte Begriff des methodologischen Nationalismus (Beck, 2010, S. 18ff; Beck, 2008a, S. 16ff; Beck, 2008b, S. 285ff) wird hier auch stellvertretend für alle subnationalen Territorialräume verwendet, da die mit ihm assoziierten Phänomene und Probleme auch auf diese angewendet werden können. Eine implizite Stützung der Kritik des methodologischen Nationalismus im Zusammenhang der Migration findet sich bei Pries (2015), eine implizite Gegenkritik bei Weiß (2015).

scharfen Grenzziehung zwischen den homogenisierten Einheiten ergibt. Aus einer ungleichheitssoziologischen Perspektive, die auch – und gerade – für Erkenntnisse demographischer Veränderungen relevant ist, kritisiert Beck (2008a, S. 19) die unterstellte Kongruenz von unterschiedlichen Grenzen: „einerseits der Kongruenz von territorialen, politischen, ökonomischen, gesellschaftlichen und kulturellen Grenzen; andererseits der Kongruenz von Akteursperspektive und sozialwissenschaftlicher Beobachterperspektive". Das Problem besteht somit nicht darin, dass demographische Prozesse der Migration, der Alterung und der steigenden Lebenserwartungen mit unterschiedlich wirkenden Grenzregimen gerahmt werden, sondern darin, dass diese Grenzziehungen als identische (als isomorphe) Überlagerung gedacht und konzipiert werden (Beck, 2010, S. 19).

Diese Kritik impliziert nicht, dass territoriale Rahmungen für gesellschaftliche oder politische Auseinandersetzungen hinfällig würden. Denn in staatlichen Institutionen manifestieren sich gerade die positiven Ausprägungen von über homogenisierte Räume erfolgende Gleichheitspolitiken, wie sie z. B. in Strategien zum Abbau regionaler Disparitäten (Ungleichheiten über Indikatoren gemessen) innerhalb wie zwischen Nationalstaaten zum Ausdruck kommen[6]. Zum Problem wird Territorialisierung dann, wenn sie als ausschließliches Raumkonzept zur Durchsetzung gesellschaftspoliti-

---

[6] Dies zeigt sich in den ökonomischen und sozialen Konvergenzstrategien der EU (Maastricht-Vertrag bzw. Kohäsions-, Regional- und Sozialfonds (Ungerer, 2012)) wie auch im bundesdeutschen Grundgesetz, Artikel 72 (das Ziel, gleichwertige Lebensverhältnisse in allen Teilräumen des Bundesgebietes herzustellen (Hahne/Stielike, 2013)). Aber auch diese erwähnten *positiven Ausprägungen* sind nicht a priori gegeben, wie u.a. Liessmann (2012, S. 90) betont: „Der Staat wird diejenige Institution sein, die [...] von den nicht sonderlich begüterten Unselbständigen und Immobilen jene Steuern erpresst, die notwendig sind, um die Armen und Arbeitslosen zu unterstützen und eine gerade noch ausreichende Infrastruktur für jene errichten, die sich die Qualitäten privater Institutionen nicht leisten können". Auch in dieser Hinsicht avanciert der demographische Wandel zu einem Motor der Veränderung.

scher Ziele verwendet bzw. missbraucht wird. Denn mit der Homogenisierung nach innen werden Mechanismen der Inklusion und Exklusion eingeführt, die soziodemographische Zuschreibungen von Menschen und Gruppen instrumentalisieren, um politische Interessen über räumliche Machtkonstellationen durchzusetzen. Beispiele hierfür sind die Bindung von Menschenrechten – also Rechten, die Menschen eigentlich unabhängig ihres Aufenthaltsortes gewährt werden müssten – an staatliche Politiken, die Bindung der Prüfung von Asylanträgen – ebenso ein eigentlich universales Recht – an das zuerst erreichte Eintrittsland, und die Bindung von räumlicher Planung – als Ausdruck von eigentlich örtlichen Besonderheiten und über-örtlichen Prinzipien – an lokale Politiken. Für das zuletzt genannte Beispiel sei exemplarisch auf Hamburg verwiesen: dort gelang es dem wohlhabenden Stadtteil Rissen, seinen vorgesehenen Anteil von aufzunehmenden Flüchtlingen drastisch zu reduzieren, indem er verlangte, das geltende Baurecht für diesen Stadtteil mit 15.000 Einwohnern konsequent anzuwenden[7] (Pletter, 2016). Auch wenn Bebauungspläne kleinräumige(re) Differenzierungen zulassen, so zeigt das Beispiel doch auch seinen Charakter eines nach außen schließenden Mechanismus, mit dem Ziel, eigensinnig nach innen zu homogenisieren. Warum? Weil auch hier wieder nach innen eine soziale Vereinheitlichung und nach außen eine Exklusion angestrebt wird.

Um den sozialräumlichen Herausforderungen demographischer Prozesse angemessener zu begegnen, scheinen andere theoretische Zugangswei-

---

[7] Ob eine gleichmäßig anzuwendende Quotenregelung als Lösung oder ebenfalls als Problem einer territorialen Verteilungspolitik angesehen wird, soll hier nicht weiter diskutiert werden. Angemerkt sei nur, dass auch in diesem Fall eine rein territoriale Verteilungslogik unabhängig von bereits vorhandenen Möglichkeiten der Aufnahme von flüchtenden Menschen wohl zu kurz greift. Hinsichtlich Wohnmöglichkeiten sei an die ungleichmäßige Verteilung leerstehender Wohnungen oder ungenutzter Bürogebäude erinnert, die einen flexiblen und adaptiven Verteilungsschlüssel nahelegt (vgl. exemplarisch für Deutschland Fuhrhop, 2015; für die Stadt Salzburg SIR, 2015).

sen zu Raum und Ort angebracht zu sein. Dabei ist es bemerkenswerterweise nicht notwendig, eine völlig neue Raumkonzeptionalisierung zu entwickeln; vielmehr existieren derartige sozialgeographische Überlegungen bereits seit Längerem, ihre gleichberechtigte Anwendung mit territorialen Raumgebilden steht mitunter noch aus[8]. Nachfolgend sollen geeignet erscheinende Ansätze knapp und selektiv vorgestellt werden.

Alternative Sozialgeographien als Lösungsvorschlag

Alternative sozialgeographische Raumkonzeptionalisierungen setzen sich zum Ziel, den raumwissenschaftlichen Zugang des Territorialraums zu überwinden. Die für diesen Raumtyp prägende Denkfigur ist der Containerraum. Er versinnbildlicht begrifflich einen Behälter, der nach innen homogenisiert und äußere Einflussfaktoren nur selektiv – und mitunter opportunistisch – berücksichtigt[9]. Zum Problem wird diese Denkfigur dann, wenn erstens die beabsichtigten Komplexitätsreduktionen zu unverhältnismäßigen Vereinfachungen führen, und wenn zweitens die Denkfigur als materielles Korrelat im physischen Raum substantialisiert wird – wenn also versucht wird, die Vorstellung eines Behälters als einen wirklich existierenden Raum zu sehen. Wichtig ist dabei eine feine Unterscheidung: es sollen nicht die materiellen Artefakte wie Häuser, Straßen, Industriebauten, Parks, etc. geleugnet wer-

---

[8] Ein Grund hierfür liegt auch in der an territorial-administrativen Raumeinheiten basierten Datenerhebung und -analyse. Auch für dieses Problem liegen mit geostatistischen Verfahren der *spatial interpolation* oder des *dasymetric modeling* alternative Ansätze vor, die hier lediglich erwähnt seien (Lloyd, 2007; Nagle et al., 2014).

[9] Dieser Opportunismus äußert sich beispielsweise in der kommunalen Siedlungs- und Infrastrukturplanung. Jede Gemeinde plant den Bau von Wohnungen, Straßen, Gewerbegebieten, etc. nach internen Bedarfskriterien – weil dies durch Vorgaben des nationalstaatlichen Containers über Einkommens- und Unternehmenssteuern als Anreizmechanismus bedingt ist – und nimmt dabei selten die überörtlichen Bedingungen mit in den Blick.

den; diese aber mit Raum gleichzusetzen, führt zu einer unzulässigen Verschiebung des sozialgeographischen Raumverständnisses.

Dies kann als Ausgangspunkt für die folgende Darstellung sozialwissenschaftlicher Raumtheorien gewählt werden. Eine Option, die gesellschaftlichen Implikationen des demographischen Wandels sozialräumlich zu fassen, bietet der handlungstheoretische Ansatz von Werlen (1993, in: Escher und Petermann, 2016, S. 44): „Wissenschaftliche Geographie ist auch ohne Forschungsobjekt „Raum" denk- und praktizierbar". Werlen stellt das handelnde, mit je spezifischen Machtressourcen ausgestattete Subjekt und dessen tägliches *Geographie-Machen* in den Mittelpunkt. *Geographie-Machen* heißt, dass Menschen durch ihr Handeln geographische Räume produzieren oder reproduzieren: beim Kauf eines T-Shirts beispielsweise ist nicht allein der Ort des Kaufaktes (z. B. ein Shopping-Center) relevant, sondern alle Handlungsschritte an Orten, die letztlich dazu geführt haben, dass das T-Shirt an diesem Ort zum Kauf angeboten werden kann. Das schließt Anbau-, Produktions- und Transportorte – mitsamt ihren dort handelnden Personen und institutionellen Gefügen – für das gekaufte T-Shirt mit ein.

„Nicht der Raum ist Gegenstand geographischer Forschung, sondern die menschlichen Tätigkeiten unter bestimmten sozialen und räumlichen Bedingungen" (Escher und Petermann, 2016, S. 44). Wie die sozialen, so werden auch die räumlichen Bedingungen nicht als materielles Ding verstanden, sondern als formaler Begriff, der Handeln ermöglicht oder verhindert[10]. Damit wird die Vereinheitlichung demographischer Prozesse zugunsten einer subjektiven Differenzierung aufgegeben. Allerdings räumt dieser

---

[10] Für diese Interpretation von Raum gibt es bereits frühe Vorformen. Der *relationale* Ansatz von Leibniz spricht von Raum als einer Möglichkeit der Ordnung von gleichzeitig existierenden Dingen (im Unterschied zurzeit als einer Möglichkeit der Ordnung von diachronen Dingen). Kant idealisiert Raum noch weiter, indem er von einer *Form* der Anschauung spricht. Beide Ansätze lehnen eine gegenständliche Auffassung von Raum dezidiert ab.

Ansatz der Individualisierung des Handelns und damit der Autonomie der Menschen einen sehr hohen (zu hohen?) Stellenwert ein und unterschätzt die Wirksamkeit kollektiver bzw. institutioneller Akteure[11].

Mit einer Raumkonzeption, die sich an die Idee sozialer Interaktionen als systemischen Interaktionen anlehnt, lässt sich die Engführung am Individuum und seinem Handeln überwinden und das Postulat der Deterritorialisierung aufrechterhalten. Die Theorie sozialer Systeme (Luhmann, 1993) setzt die Differenz an den Ursprung ihrer Überlegungen. Soziale Systeme entstehen, indem sie eine komplexitätsreduzierende Unterscheidung zu einer damit gleichzeitig entstehenden Umwelt treffen. Diese Unterscheidung gelingt durch Kommunikation der an ihr beteiligten Individuen, die ihrerseits durch Beobachtung (Wahrnehmung) hervorgebracht wird.

In diesem Kontext fungiert Raum als ein Medium der Wahrnehmung und Kommunikation (Pott, 2007, in: Escher und Petermann, 2016, S. 95ff). Klüter (1994) spricht demzufolge von *Raum als Element sozialer Kommunikation*. Auch hier existiert Raum als solcher nicht, vielmehr werden Raumsemantiken zur Organisation sozialer Interaktionen eingesetzt. Raum als Raumsemantik ist dabei eine Komposition aus materiellen Objekten, den hergestellten Beziehungen zwischen diesen Objekten und ihre begriffliche Einfassung (Koch, 2004). Die Rede von Migration, Flucht, Alterung der Gesellschaft, etc. wird somit in sozialen Systemen diskutiert und dabei mit vielfältigen Raumsemantiken konnotiert. Dies schließt den territorialen

---

[11]   Hierauf verweist auch Beck (2010, S. 27; ohne dabei natürlich auf Werlen einzugehen): „Die Individualisierungstheorie steht für einen *Paradigmenwechsel sozialer Ungleichheit*. Sie ist damit gerade *nicht* eine Beschwichtigungstheorie [...], sondern eine *Krisentheorie* [...].“ Und weiter: „Es geht nicht um ein subjektives Orientierungsmuster, sondern um einen Struktursachverhalt, der vielleicht besser als *institutionalisierte Individualisierung* bezeichnet werden kann [...]“ (ebd.; alle Hervorhebungen im Original).

Raum nicht aus, umfasst aber viel mehr (z. B. Nachbarschaft, Stadt, Periphe-
rie, Grenze, Migrationsrouten, Herkunft).

Eine zentrale Schwierigkeit besteht nun darin, das alltägliche Geographie-Machen von Individuen und Gruppen im Medium Raum quantitativ
und qualitativ zu messen bzw. messbar zu machen, denn in beiden Fällen
der Verknüpfung von Sozialem und Räumlichem besteht die Gefahr der
Reterritorialisierung. So werden z. B. in der Sozialen Arbeit Programmräume
für die Jugendhilfe, Seniorenbetreuung, Integration von MigrantInnen etabliert, die in Struktur und Funktion den territorialen Administrativräumen des
Politischen entsprechen. Damit gehen wieder, bewusst oder unbewusst,
Versuche einer Verdinglichung des Räumlichen – und letztlich auch des
Sozialen – einher (Reutlinger, 2005, S. 87f). Diese Kritik trifft u. a. auf Bourdieus Unterscheidung von sozialem und physischem Raum zu, indem er
jedem Akteur einen Platz im einen wie im anderen Raum zuweist und dann
kausal bzw. deterministisch verknüpft: „Die Position eines Akteurs im Sozial-
raum spiegelt sich in dem von ihm eingenommenen Ort im physischen
Raum wider" (Bourdieu, 2009, in: Escher und Petermann, 2016, S. 116).
Statt von *physischem Raum*, wäre es angemessener von *materialisiertem
sozialem Raum* zu sprechen. In dieser Form wird die gebaute, also sozial
produzierte, Umwelt als relevante Einflussgröße sozialen Handelns gewür-
digt, ohne sie als geographischen Raum zu identifizieren[12].

Einen wichtigen Impuls für diese Debatte steuert Foucault (1987) bei.
Ausgehend von einem konstatierten Wandel des Raumverständnisses seit

---

[12] Hierauf verweist auch Henri Lefebvre (1991, S. 73): "(Social) space is not a thing among
other things, nor a product among other products: rather, it subsumes things produced,
and encompasses their interrelationships in their coexistence and simultaneity [...]. [...] At
the same time there is nothing imagined, unreal or 'ideal' about it [social space; A.K.]
[...]". Zur handlungstheoretischen Kritik an Bourdieus Kopplung von physischem und sozialem Raum siehe Werlen (2005, S. 21f).

dem Mittelalter von einem hierarchisierten Ortungsraum über einen flächenhaften Ausdehnungsraum hin zu einem zeitgenössischen Lagerungsraum, stellt er das Beziehungsgeflecht von Platzierungen in den Vordergrund der Betrachtung:

> *„Noch konkreter stellt sich das Problem der Platzierung oder Lagerung für die Menschen auf dem Gebiet der Demographie. Beim Problem der Menschenunterbringung geht es nicht bloß um die Frage, ob es in der Welt genug Platz für den Menschen gibt – eine immerhin recht wichtige Frage, es geht auch darum zu wissen, welche Nachbarschaftsbeziehungen, welche Stapelungen, welche Umläufe, welche Markierungen und Klassierungen für die Menschenelemente in bestimmten Lagen und zu bestimmten Zwecken gewährt werden sollen. Wir sind in einer Epoche, in der sich uns der Raum in der Form von Lagerungsbeziehungen darbietet"* (Foucault, 1987, in: Escher und Petermann, 2016, S. 124).

Raum *in der Form von* Lagerungsbeziehungen, und damit nicht als Gleichsetzung von Raum *als* Lagerungsbeziehungen, bringt dabei auch besondere Orte und Plätze hervor, die zugleich real und doch unwirklich sind: Heterotopien[13]. Obgleich diesen anderen, besonderen Räumen eine ähnliche strukturelle und funktionale Bedeutung zukommt wie den territorialen Räumen, speist sich ihre Hervorbringung vordergründig aus den internen Interaktionsmechanismen – den Handlungsvorgängen, die durch die Ordnung und Anordnung von gebauter Umwelt gelenkt werden (sollen). Es sind damit aber gerade nicht die materiellen Begrenzungen gemeint, und auch nicht die Vorstellung, dass von diesen eine Handlungsdetermination ausge-

---

[13] Beispiele für Heterotopien sind Gefängnisse, psychiatrische Anstalten, Friedhöfe oder Jahrmärkte.

hen würde. Allerdings sind auch Heterotopien nicht unbeeinflusst vom Eindringen territorialisierender Prozesse, worauf nun am Beispiel der Segregationsprozesse eingegangen werden soll.

Abschließend sei noch erwähnt, dass es weitere Überlegungen zu De-, Re-, und Transterritorialisierungen gibt, die sich ebenfalls den fließenden Übergängen von lokal bis global (Stichwort Glokalisierung) und damit dem Aufbrechen des methodologischen Nationalismus widmen – auf sie kann hier nicht weiter eingegangen werden[14].

Segregation als Herausforderung

Die Problematik der Verräumlichung sozialer Strukturen und Prozesse über territoriale Raumgebilde ist in der Demographie - sowie Segregationsforschung ebenso bekannt wie Versuche einer Überwindung dieser Problematik. Administrative Einheiten mögen zwar aus der Perspektive der Datengewinnung praktisch sein, ihre Verwendung zur Untersuchung soziodemographischer Verbreitungs- und Verteilungsmuster stößt jedoch rasch an Grenzen. Das liegt zum einen an ihrem artifiziellen Charakter (historisch bedingte oder nach wie auch immer gearteten pragmatischen Gesichtspunkten abgegrenzte Einheiten), zum anderen aber auch an ihrer unterschiedlichen Größe. Diese Probleme lassen sich durch die Verwendung gleichmäßiger Gitternetze zwar lösen, bestehen bleibt jedoch das Problem der artifiziellen Begrenzung sozialer Beziehungen.

---

[14] Der Ansatz der fluiden Landschaften von Appadurai (1996) sei hier stellvertretend genannt: diese Landschaften dienen dem Versuch, Gruppenidentitäten zu generieren, also durchaus auch, Kohärenz nach innen zu erzeugen, jedoch nicht länger "[...] tightly territorialized, spatially bounded, historically unselfconscious, or culturally homogenous [...]" (Appadurai, 1996, S. 48) zu sein. Diese *ethnoscapes* treten mit anderen Landschaften wie *technoscapes* oder *financescapes* in eine nicht vorhersagbare, weil nicht länger territorial relationierte, Beziehung.

Mit dem Konzept der (residentiellen) Segregation wird zu analysieren versucht, ob und inwieweit Menschen, Haushalte, Bevölkerungsgruppen nach bestimmten Kriterien von einer hypothetisch angenommenen räumlichen Gleichverteilung empirisch abweichen. Hierfür entwickelte Maßzahlen sind z.B. der Dissimilaritätsindex, der Segregationsindex und der Gini-Koeffizient[15]. Räumlich gesehen, lässt es sich als Zusammenspiel von hierarchischen und dialektischen Beziehungen zwischen einer Makro-, Meso- und Mikroebene verstehen, wobei der Makromaßstab den zu definierenden Gesamtraum repräsentiert, der Mesomaßstab die Gruppenbildungs- und Gruppenschließungsprozesse umfasst, und der Mikro-maßstab die raumbezogene Handlungsebene abbildet (Dangschat, 2008, in: May und Alisch, 2012, S. 10). Auch eine maßstabsdifferenzierte Segregationsforschung kann jedoch nicht verhindern, Segregationsphänomene zu messen wo keine sind, oder auch in sozialer Wahrnehmung vorhandene Segregationsphänomene zu unterschlagen. Wie will man beispielsweise den Konflikt zwischen alteingesessenen InländerInnen mit niedrigem sozialen Status und zugezogenen MigrantInnen in einem ethnisch gemischten Stadtteil bewerten? Oder jenen zwischen Flüchtlingen unterschiedlicher Herkunftsregionen?

Komplementär zur territorial-räumlichen Perspektive, die hier in ihrer Bedeutung nicht geleugnet werden soll, braucht es eine sozial-räumliche Perspektive auf das Phänomen der Segregation, die mit den im vorigen Kapiteln angedeuteten Ansätzen umgesetzt werden können. Aus Platzgründen sei nachfolgend nur noch einmal auf die Heterotopien Foucaults verwiesen (siehe Kapitel „Alternative Sozialgeographien als Lösungsvorschlag").

---

[15] Während der Segregationsindex die Verteilung *einer* Bevölkerungsgruppe ggü. der Gesamtbevölkerung hinsichtlich eines Kriteriums (z. B. Staatsangehörigkeit) über räumliche Teileinheiten (z. B. Stadtteile) einer Gesamteinheit (die Stadt) misst, vergleicht der Dissimilaritätsindex zwei Bevölkerungsgruppen auf die sonst selbe Weise. Der Gini-Koeffizient ist ein Maß für die relative Abweichung zweier Variablen zueinander.

Entsprechend den Definitionskriterien und charakteristischen Eigenschaften für heterotope Orte kann eine Zunahme und Differenzierung dieses Typs unterstellt werden. Hochgradig segregierte Orte, die aufgrund sozialräumlicher Arrangements entstehen, lassen sich u. a. für Kindergärten und Schulen, Seniorenheime und demographisch schrumpfende Orte, für Einkaufszentren, Flüchtlingsunterkünfte, gentrifizierte Stadtteile[16], Gated Communities, Kreuzfahrtschiffe, religiöse Quartiere und Tourismusorte belegen. All diesen Orten ist gemeinsam, dass sie räumlich und sozial segregiert sind, d. h. die dort lebenden, arbeitenden, lernenden, sich versorgenden und Freizeit verbringenden sozialen Gruppen schotten sich zunehmend räumlich und sozial ab. Soziale Interaktionen finden innerhalb der nach Alter, Einkommen, religiöser Zugehörigkeit oder kulturellem Kapital homogenisierten Gruppen statt, eine Umweltwahrnehmung mit entsprechendem moralischem Commitment, Solidarität und Empathie, findet, wenn überhaupt, selektiv und medial vermittelt statt[17]. Etliche dieser Heterotopien beruhen zudem auf Freiwilligkeit – des Zuzugs, der Zuweisung oder der Zustimmung. Eine rein räumlich-territoriale Erfassung von Segregation ist für diese Entwicklungen unzugänglich und unzulänglich, sie bedarf der Ergänzung um sozial-räumliche Perspektiven.

---

[16] Gentrifizierte Stadtteile, wie z. B. der Spittelberg in Wien oder das Glockenbachviertel in München, sind Stadtteile, die sich durch eine bauliche, soziale und kulturelle Aufwertung charakterisieren lassen. Der Begriff „Aufwertung" ist dabei nicht unproblematisch, suggeriert er doch eine Vorstellung von sozialen Verhältnissen, die sich an Menschen mit hohem Einkommen, hohem Bildungsstand und hohem Partizipationsvermögen orientieren (bzw. an Bauten, die hochwertig und kostspielig sind).

[17] Diese Einschätzung unterschlägt nicht die große Hilfsbereitschaft vieler einheimischer Menschen ggü. flüchtenden Menschen, wie sie seit dem Sommer 2015 vielerorts zu beobachten war und ist. Der Punkt ist hier ein anderer: soziale und räumliche Segregation verhindert oder erschwert Interaktion über soziale Grenzen hinweg. Auf einer aggregierten Ebene mag soziale Diversität gegeben sein, auf lokaler Ebene weicht sie mehr und mehr dem Typ sozialer Monokulturen.

Fazit

„Uns fehlt das dritte Kind" – so wurde kürzlich in DER ZEIT (Niejahr, 2016) ein Interview mit einem Bevölkerungsforscher überschrieben. Wenn damit gemeint ist, dass der deutschen Bevölkerung (nicht: der *in* Deutschland lebenden Bevölkerung) der deutsche Nachwuchs ausgeht, dann versinnbildlicht diese Aussage ein Denken im methodologischen Nationalismus auf eindrückliche Weise. Abgesehen von dem artikulierten ethnischen Homogenisierungsbedürfnis, blendet dieses Verständnis von nationaler demographischer Entwicklung die globale Umwelt völlig aus. Laut Schätzungen der Deutschen Stiftung Weltbevölkerung (Statista, 2016) leben derzeit 7,4 Mrd. Menschen (Stand Februar 2016) auf der Welt. Prognostiziert werden für das Jahr 2050 9,7 Mrd. Menschen, bis zum Jahr 2100 werden es 11,2 Mrd. Menschen sein.

Das territoriale Raumdenken ist, so der Tenor dieses Beitrags, um das „soziale Raumdenken" zu ergänzen. Der steigenden Alterung und den abnehmenden Geburtenraten in vielen westlichen Ländern stehen gleichzeitig gegensätzliche Entwicklungen in Ländern des globalen Südens gegenüber. Es wäre somit verfehlt, den demographischen Fokus mitsamt seinen wirtschaftlichen und gesellschaftlichen Folgen ausschließlich auf die eigenen nationalen Belange zu richten. „Soziales Raumdenken" soll beim Blick auf die eigenen Belange die Folgen für die Belange anderer mitbedenken – und dies jenseits administrativer Behälterräume. Territoriale Grenzen verlieren auf diese Weise für die Beschreibung demographischer Phänomene zunehmend an Bedeutung, wie dies auch für gesellschaftliche Fragen und Probleme allgemein gilt. Entgrenzungen – sowohl der Gleichheit als auch der Ungleichheit (Beck, 2008, S. 10) – erfordern einen anderen Blick auf das Verhältnis von Gesellschaft und Raum. Einen Versuch dieses Blickwechsels hat der Beitrag zu zeigen versucht.

Literatur

Appadurai A (1996): *Modernity at Large. Cultural Dimensions of Globalization.* Minneapolis: University of Minnesota Press

Beck U und Poferl A (Hrsg.) (2010): *Große Armut, großer Reichtum. Zur Transnationalisierung sozialer Ungleichheit.* Frankfurt: Suhrkamp Verlag

Beck U (2008a): *Die Neuvermessung der Ungleichheit unter den Menschen.* Frankfurt: Suhrkamp Verlag

Beck U (2008b): *Weltrisikogesellschaft. Auf der Suche nach der verlorenen Sicherheit.* Frankfurt: Suhrkamp Verlag

Bergmann J (Hrsg.) (2012): *Handlexikon der Europäischen Union.* C. H. Beck: München

Birg H (2005): *Die demographische Zeitenwende. Der Bevölkerungsrückgang in Deutschland und Europa,* 4. Auflage. München: Verlag C. H. Beck

Bourdieu P (2009): Ortseffekte. Bourdieu P. et al. (Hrsg.): *Das Elend der Welt.* Konstanz. Escher und Petermann 115–122

Dangschat JS und Alisch M (2012): Perspektiven *der soziologischen Segregationsforschung.* May und Alisch 23–50

Escher A und Petermann S (Hrsg.) (2016): *Raum und Ort. Basistexte.* Stuttgart: Franz Steiner Verlag

Foucault P (1987): Andere Räume. Senator für Bau- und Wohnungswesen (Hrsg.): Idee, Prozess, Ergebnis. Die Reparatur und Rekonstruktion der Stadt. Berlin: Escher und Petermann 123–130

Fuhrhop D (2015): Verbietet das Bauen! Eine Streitschrift. München: oekom Verlag

Hahne U und Stielike JM (2013): Gleichwertigkeit der Lebensverhältnisse. Zum Wandel der Normierung räumlicher Gerechtigkeit in der Bundesrepublik Deutschland und der Europäischen Union. *ethik und gesellschaft, ökumenische zeitschrift für sozialethik,* Nr. 1, 1–39

Kaufmann F-X (2005): *Schrumpfende Gesellschaft. Vom Bevölkerungsrückgang und seinen Folgen.* Frankfurt: Suhrkamp Verlag

Klüter H (1986): Raum als Element sozialer Kommunikation. *Gießener Geographische Schriften* 60, Gießen

Koch A (2004): Dynamische Kommunikationsräume. Ein systemtheoretischer Raumentwurf. *Geographie der Kommunikation,* Band 4. Münster: LIT Verlag

Liessmann KP (2012): *Lob der Grenze. Kritik der politischen Unterscheidungskraft.* Wien: Verlag Paul Zsolnay

Lloyd CD (2007): *Local Models for Spatial Analysis.* Boca Raton, London, New York: CRC Press

Luhmann N. (1993): *Soziale Systeme.* Frankfurt: Suhrkamp Verlag

Mau S und Schöneck NM (Hrsg.) (2015): *(Un-)Gerechte (Un-)Gleichheiten.* Frankfurt: Suhrkamp Verlag

May M und Alisch M (Hrsg.) (2012): *Formen sozialräumlicher Segregation*. Opladen, Berlin und Toronto: Verlag Barbara Budrich

May M und Alisch M (2012): *Formen der Segregation*. May und Alisch 7–22

Miegel M (2002): *Die deformierte Gesellschaft*. Berlin: Propyläen Verlag

Nagle NN, Buttenfield BP, Leyk S et al. (2014): *Dasymetric Modeling and Uncertainty*. Annals of the Association of American Geographers 104, 80–95

Niejahr E (2016): *Uns fehlt das dritte Kind. Der Bevölkerungsforscher Martin Bujard erklärt, warum Vorurteile gegen Großfamilien Deutschland zurückwerfen*. DIE ZEIT 42, 06.10.2016, 30

Pletter R (2016): *Die unsichtbare Wand. Wohlhabende Einwohner schützen ihre Viertel vor Armen und Ausländern – ausgerechnet mithilfe des Baurechts*. DIE ZEIT 40, 22.09.2016, 24

Pott A (2007): *Systemtheoretische Raumkonzeption*. Pott Andreas: *Orte des Tourismus. Eine raum- und gesellschaftstheoretische Untersuchung*, 25–46. Escher und Petermann 93–112

Pries L (2015): *Transnationalisierung sozialer Ungleichheit und gerechte Migration*. Mau und Schöneck 2015, 175–182

Projekt „Netzwerke im Stadtteil" (Hrsg.) (2005): *Grenzen des Sozialraums. Kritik eines Konzepts – Perspektiven für die Soziale Arbeit*. Wiesbaden: VS Verlag

Reutlinger C (2005): Gespaltene Stadt und die Gefahr der Verdinglichung des Sozialraums – eine sozialgeographische Betrachtung. *Projekt Netzwerke im Stadtteil* 87–106

SIR – *Salzburger Institut für Raumordnung und Wohnen* (Hrsg.) (2015): Wohnungsleerstand in der Stadt Salzburg (Autoren: Straßl Inge, Riedler Walter). Salzburg: Selbstverlag

Statista (2016): *Statistiken zur Weltbevölkerung*. Online: https://de.statista.com /themen/75/weltbevoelkerung/ (Abruf: 31.10.2016)

Ungerer L (2012): *Konvergenz*. Bergmann: o. S.

Weiß A (2015): *Wie nah ist das Ferne? Gerechtigkeit in Zeiten der Globalisierung*. Mau und Schöneck 167–174

Werlen B (2005): *Raus aus dem Container! Ein sozialgeographischer Blick auf die aktuelle (Sozial-)Raumdiskussion*. Projekt Netzwerke im Stadtteil 15–35

Werlen B (1993): *Gibt es eine Geographie ohne Raum?* Erdkunde 47, 241–255. Escher und Petermann 43–62

2 Alt, doch umworben – ein Forschungsüberblick

Martina Thiele

Mächtige Medien?

„Den" Medien wird große Macht bei der Konstruktion von Altersbildern zugeschrieben und häufig auch Mitschuld an der Existenz negativer Altersstereotype gegeben. So weist z. B. die frühere deutsche CDU-Familienministerin und Gerontologin Ursula Lehr in ihrem zum Standardwerk avancierten und in mehreren Auflagen publizierten Buch *Psychologie des Alterns* auf den Anteil, den die Massenmedien an der Dominanz eines negativen Altersbildes haben: „Nach weitverbreiteten Annahmen bedeutet Älterwerden einen Verlust seelisch-geistiger Fähigkeiten, einen Abbau psychischer Funktionen. Nach diesen Vorstellungen, die durch *Massenmedien* [...] immer wieder genährt werden [...], geht Älterwerden mit zunehmender Gebrechlichkeit, Isolation und sogar mit zunehmender Unzurechnungsfähigkeit einher." (Lehr, 1973, S. 19)

Neben „den" Medien wird ebenso pauschal „die" Werbung als Ort der Produktion von Alters- und Geschlechterstereotypen erkannt, wogegen sich VertreterInnen der Werbewirtschaft wehren. Volker Nickel, Sprecher des Zentralverbands der deutschen Werbewirtschaft und des Deutschen Werberats, relativiert die Macht „der" Werbung: „Bereits der Begriff ‚die Werbung' verleitet zum irrigen Denken. Es handelt sich bei der Wirtschaftswerbung zwar um ein massenhaft auftretendes Phänomen, nicht aber um gleichgeschaltete Entscheidungen über Gestaltung und Inhalte von Werbebotschaften sowie ihre Verbreitung.[...] Eine gleichgeschaltete Darstellung von Älteren in der Werbung ist also nicht möglich und widerspräche ohnehin der im Grundgesetz verankerten Meinungsfreiheit, die auch für werblichen Ausdruck gilt." (Nickel, 1994, S. 117)

Die Meinungsfreiheit einschränken möchte sicher niemand, jedoch auf diskriminierende Tendenzen in der Werbung aufmerksam machen und an die Verantwortung der werbetreibenden Unternehmen appellieren. So kritisiert Ursula Lehr: „In der Werbung kennzeichnen Rigidität, Unkenntnis über neuere Entwicklungen, Festhalten am Gewohnten das Bild der älteren Frau. Der ältere Mann wird als Zahnprothesenträger, der auf vitalisierende Medikamente angewiesen ist, charakterisiert; bestenfalls als stiller Genießer von Alkohol, Kaffee und Schokolade." (Lehr, 1976, S. 63) Und auch Regina Hastenteufel, die eine der ersten Studien zu Alters- und Geschlechterstereotypen in der Zeitschriftenwerbung vorlegt, sieht in den Medien die HauptverursacherInnen des vorherrschend negativen, stereotypen Altersbildes: „Vermittler von Alternskonzepten sind neben den Interaktionspartnern des täglichen Lebens die *Massenmedien*. Sie pflegen das gängige Stereotyp vom passiven, kränklichen, wenig attraktiven und ziemlich überflüssigen alten Menschen [...]." (Hastenteufel, 1980a, S. 530)

In allen nachfolgenden Studien wird das Ergebnis, dass die Medien ein negatives, verzerrtes Bild vom Alter(n) und den Alten zeichnen, bestätigt. Bis heute hält die Klage über das trotz aller Aufklärungsbemühungen vorherrschende negative Altersbild an. Weil „den" Medien überwiegend ein großer Einfluss auf die Vorstellungen vom und Einstellungen zum Alter attestiert wird, scheinen sie aber auch geeignet, Veränderungen in Richtung positiveres Altersbild bewirken zu können. Und in der Tat sind seit den

1990er Jahren Anzeichen für ein sich wandelndes Altersbild, für die Auflösung bestehender Stereotype zu erkennen (Amann, 2004, S. 417).

Studien zu älteren Menschen in den Medien

Im vorliegenden Beitrag wird ein Überblick über die Forschung zu medialen Altersbildern, speziell in der Werbung, gegeben.[18] Nicht berücksichtigt werden Studien, die nur die redaktionelle Berichterstattung oder beides, redaktionelle Berichterstattung *und* Werbung, untersuchen, obwohl gerade letztere wichtig sind, um zu prüfen, inwiefern sich redaktionelle Beiträge und Anzeigen in ihrer Aussage widersprechen oder ergänzen, wie sehr auf den journalistischen Trennungsgrundsatz von redaktionellem Teil und Werbung tatsächlich geachtet oder aber seitens der Verlage ein „werbefreundliches Umfeld" geboten wird. Die Auswahl der vorgestellten Studien ist u. a. bestimmt durch den Nachweis eines sich verändernden, differenzierteren Altersbildes. Von Interesse ist, wann ältere Menschen in welchem Umfang und in welcher Qualität in der Werbung repräsentiert werden. Erkennbar sind eine erste Phase der Forschung, die angestoßen u. a. durch Robert Butlers Überlegungen zu *Ageism* (Butler, 1969), von den 1970er bis Ende der 1980er Jahre reicht, und eine zweite, die in den 1990er Jahren beginnt und in der sich die Auswirkungen eines „Strukturwandels des Alters" (Tews, 1993; Backes und Clement, 2008) auch in der Werbung niederschlagen. Es erscheinen insbesondere im neuen Jahrtausend vermehrt Studien, die sich dem gewandelten Altersbild, speziell der Darstellung der „jungen Alten", widmen.

---

[18] Für einen umfassenden, theoretischen fundierten Überblick siehe Thiele 2015.

Dabei sieht sich die Forschung zu medialen Altersrepräsentationen mit verschiedenen theoretischen und methodologischen Fragen konfrontiert. Zu klären ist, wer oder was als „alt" gilt, woran Alter festzumachen ist. Zumeist geschieht das über konkrete Altersangaben oder aber -schätzungen und über visuelle Zeichen bzw. Altersmarker, den *old age cues*. Zu ihnen zählen graue Haare bzw. schütteres Haar/Glatze, Falten, eine gebeugte Körperhaltung, Hilfsmittel wie Brillen, Hörgeräte, Gehhilfen, zudem Kleidungsstücke in bestimmten Farben und Mustern sowie Frisuren, die als „altmodisch" gelten. Hinzu kommen als kontextuelle Merkmale Altersrollen(stereotype) wie das der „Oma" und des „Opas" (Horn und Naegele, 1976; Thimm, 1998, S. 122). Dennoch ist Alter nicht ohne weiteres zu bestimmen, denn gerade in der Werbung wird Alter häufig *nicht* thematisiert, weder auf der sprachlichen noch auf der visuellen Ebene. Werbung für Antifaltencreme oder für medizinische Produkte und Hygieneartikel meiden Begriffe wie „alt" und sprechen beschönigend z. B. von „reifer Haut" oder verwenden Anglizismen. In solchen Anzeigen sind die eingesetzten Models jung und attraktiv. Sie weisen die *old age cues* nicht auf, um indirekt die Botschaft zu vermitteln, dass das beworbene Produkt Probleme des Alter(n)s löst. Hier stößt quantitative Forschung an Grenzen, wenn nicht eine Kategorie „unsichtbares Alter" oder „negiertes Alter" definiert werden kann (Thiele, Atteneder und Gruber, 2013, S 46–47).

Die frühe Phase der Forschung

Eine der ersten Studien im deutschsprachigen Raum, die nach Altersbildern in der Werbung fragt, ist die von Mechthild Horn und Gerhard Naegele (1976). Die AutorInnen untersuchen mittels Inhaltsanalyse die Anzeigen in sieben Publikumszeitschriften, u. a. *Hörzu, stern* und *Bild am Sonntag,* aus dem ersten Quartal des Jahres 1975. Ausgewählt werden Anzeigen, die sich explizit an Ältere wenden, sowie Anzeigen, die alle KonsumentInnen ansprechen wollen und dabei auch Ältere als Werbefiguren einsetzen. Horn und Naegele verwenden dafür die Bezeichnungen „altenspezifische" und „alteninklusive" Werbung (Horn und Naegele, 1976, S. 465). Insgesamt berücksichtigen sie 694 Anzeigen, 448 sind „altenspezifische", 246 „alteninklusive" (Horn und Naegele, 1976, S. 466). Die AutorInnen ermitteln, für welche Produkte und Dienstleistungen in diesen Anzeigen geworben wird. Spitzenreiter sind mit 90% medizinische Produkte. Während bei der altenspezifischen Werbung das Defizitmodell von Alter(n) bestimmend ist, gilt für die alteninklusive Werbung, dass dort Ältere positiver, aktiver und integrierter gezeigt werden.

Interessant ist die Diskrepanz zwischen Informationen, die auf der textlichen und die auf der visuellen Ebene vermittelt werden - ein Phänomen, das Bernhard Wember bezogen auf audio-visuelle Medien im selben Jahr als „Bild-Text-Schere" beschrieben hat (Wember, 1976). Horn und Naegele halten fest: „Bemerkenswert ist, daß lediglich die textliche Beschreibung des alten Menschen am Defizitmodell orientiert ist, während die Mehrzahl der bildlich dargestellten alten Menschen kerngesund und rüstig (53% der 195 Altenabbildungen) oder zumindest nicht augenfällig leidend (24,1%) wirken." (Horn und Naegele, 1976, S. 468) Ihre Ergebnisse zusammenfassend konstatieren die ForscherInnen, „dass die Werbung vom Defizitmodell des Alters ausgeht und somit die vorherrschenden negativen Altersstereotype verstärkt. Deren Existenz ist notwendiger Bestandteil des ökonomischen Ziels nach Absatzerhöhung, denn nur die Internalisierung des negativen Fremdbildes garantiert langfristig den Absatz der medizinischen Produkte." (Horn und Naegele, 1976, S. 471)

Ein Vorherrschen negativer Altersbilder in der Werbung registriert auch Regina Hastenteufel in ihrer von Ursula Lehr und Hans Thomae betreuten Dissertation *Das Bild von Mann und Frau in der Werbung* (1980a). Hastenteufel berücksichtigt neben der Strukturkategorie Geschlecht die Kategorie Alter für ihre Inhaltsanalyse von Anzeigen in auflagenstarken Publikumszeitschriften. Sie gelangt bezüglich Altersrepräsentationen in der Werbung zu dem Ergebnis: „Ignorierung, Verfälschung und Restriktion sind die Hauptmerkmale werblicher Darstellung des alten Menschen, der alten Frau noch viel mehr als des alten Mannes." (Hastenteufel, 1980a, S. 274)

Die Studien von Horn und Naegele (1976) sowie Hastenteufel (1980a; 1980b) ziehen weitere Analysen von Altersbildern in der Werbung nach sich. So replizieren 1985 Ursula Dennersmann und Rüdiger Ludwig in ihrer gemeinsam verfassten Diplomarbeit das Untersuchungsdesign von Horn und Naegele, ebenso Una M. Röhr-Sendlmeier und Sarah Ueing (2004). Beide ForscherInnenteams suchen Antworten auf die Frage, ob das in den 1970er Jahren vorherrschende defizitär-generalisierende Altersbild in der Werbung abgelöst worden ist durch ein individuell-differenzierendes. Röhr-Sendlmeier und Ueing untersuchen 364 Anzeigen, 103 altenspezifische und 261 alteninklusive, die in den Zeitschriften *Hörzu, Stern, Bild der Frau* sowie der *Bild am Sonntag* Ende 1999 und Anfang 2000 erschienen sind. Ihre Ergebnisse vergleichen sie in einem Aufsatz für die *Zeitschrift für Gerontologie* mit denen von Horn und Naegele (1976) und Dennersmann und Ludwig (1985). Weiterhin seien, so die ForscherInnen, alte Menschen in der Werbung deutlich unterrepräsentiert. Zu verzeichnen sei sogar ein Rückgang seit 1985 (1985: 14,9%; 1999/2000: 10,7%). Auch das unausgewogene Geschlechterverhältnis bleibe bestehen, bevorzugt würden männliche Werbefiguren eingesetzt (Röhr-Sendlmeier und Ueing, 2004, S. 58). Was die beworbenen Produkte anbelangt, dominieren bei den altersspezifischen Anzeigen mit 92,2% medizinische Produkte. Ein Wert, den schon Horn und Naegele festgestellt haben (s. o.). Bestätigt wird auch die Bild-Text-Schere: Während im Text für Produkte geworben wird, die gegen die verschiedensten „Verschleißerscheinungen" und „Altersprobleme" helfen sollen, werden auf der visuellen Ebene Botschaften vermittelt, die vom „Erfolg" des beworbenen Produktes insofern künden, als gesunde, aktive SeniorInnen abgebildet sind. Doch gibt es auch Anzeigen, z. B. für Haut- und Faltencremes, in denen das Alter im Text wie im Bild positiv dargestellt wird, z. B. wirbt *Oil of Olaz* mit dem Satz „50 zu sein ist wundervoll" oder *Nivea* mit Produkten für die „reife" Haut (Röhr-Sendlmeier und Ueing, 2004, S. 59).

Ein Ergebnis lautet, dass durch den Rückgang der altenspezifischen Anzeigen (1976: 64,6%; 1985: 29,1%; 1999/2000: 28,3%) negative Stereotypisierungen abnehmen. Für ihre Erhebung stellen Röhr-Sendlmeier und Ueing fest, dass 67% der altenspezifischen Reklame im Text mit dem Defizitmodell von Alter arbeiten, nimmt man jedoch die alteninklusiven Anzeigen hinzu, sinkt der Anteil der ein negatives Altersbild vermittelnden Anzeigen auf 17%. Ein weiteres Ergebnis, das auf ein verändertes Altersbild schließen lässt, ist der gestiegene Anteil an Anzeigen, in denen Ältere bei der Ausübung von Tätigkeiten gezeigt werden. Im Vergleich zu den Daten von 1985 habe eine verstärkte Integration in die Berufswelt stattgefunden, „obwohl die Altersgrenze in der vorliegenden Studie angehoben wurde" (Röhr-Sendlmeier und Ueing, 2004, S. 59). In ihrer Studie gelten Personen über 50 als „alt", in der Studie von Dennersmann und Ludwig (1985), bereits Personen über 40. Ältere werden also Ende der 1990er Jahre in Beruf und Freizeit aktiver präsentiert, zudem äußerlich attraktiv und sozial integriert. Die ForscherInnen erkennen auch eine Tendenz zu Wohlstand und Luxus in der Darstellung und bestätigen die Existenz eines positiven Stereotyps von den „neuen, jungen Alten", d. h. der Altersgruppe der 55–70-Jährigen. Doch blenden sie die möglicherweise negativen Effekte der Trendwende hin zu den fitten, unternehmungslustigen, wohlhabenden *„Best Agers"* nicht aus: „Auf Hilfe angewiesene ältere Menschen, die dem Ideal des aktiven Alterns nicht entsprechen, könnten angesichts dieser Leitvorstellung vom Alter zu einer neuen Außenseitergruppe werden." (Röhr-Sendlmeier und Ueing, 2004, S. 61)

Umworbene „junge Alte"

Die Bezeichnung „junge Alte" taucht Ende der 1980er Jahre auf, als Vorruhestandsgesetze das frühzeitige Ausscheiden aus dem Berufsleben ermöglichen bzw. erzwingen (van Dyk und Lessenich 2009: 26). Marketing- und WerbespezialistInnen beginnen sich mit der Altersgruppe zu beschäftigen, die in Zukunft die Mehrheit stellen wird. Weil Alte offenbar nicht als Alte angesprochen werden dürfen, wenn sie als KonsumentInnen gewonnen werden sollen, werden neue Namen für die Zielgruppe kreiert: „50+", „60+", *„Master Consumers"*, *„Best Agers"*, *„Silver Generation"*, *„Fiftyfree"* usw. Beschrieben wird die Zielgruppe als kaufkräftig, konsumfreudig und markenbewusst. Solche jung gebliebenen SeniorInnen interessierten sich nicht nur für Treppenlifte und Gebissreiniger, sondern seien wohlhabend, gesund, aktiv und wollten das Leben genießen (Jäckel, Kochhan und Rick, 2002; Röhr-Sendlmeier und Ueing, 2004; Schwender, 2009). Zu den Produkten, die eigens für zahlungskräftige ältere Menschen angeboten werden und gleichzeitig attraktive Werbeplattformen darstellen, zählt etwa die Publikumszeitschrift *viva!* aus dem Verlagshaus *Gruner und Jahr*. Sie konkurriert mit Magazinen wie *Lenz ... für die besten Jahre, Hulda - Die Zeitschrift für alle ab 50* oder *go longlife! Ab 50 erst jung!* (Wiese, 2010). In der Ankündigung des neuen Lifestylemagazins für Junggebliebene heißt es: *„viva!* ist ein neues

Magazin für Frauen und Männer, die sich in einer spannenden Lebensphase befinden: Die Kinder sind flügge, der Job ist (fast) geschafft, die finanziellen Spielräume sind gesichert. Eine neue Freiheit ist in Sicht. [...] Wann, wenn nicht jetzt?!"[19] Angesprochen werden sollen jene „jungen Alten", die über Geld verfügen, während ältere arme Menschen als Zielgruppe irrelevant sind und höchstens als „Streuverlust" verbucht werden.

Im ersten Jahrzehnt des neuen Jahrtausends erscheinen kommunikationswissenschaftliche Publikationen mit Titeln wie *Die ergrauende Werbung* (Femers, 2007), *Die Entdeckung der neuen Alten? Best Ager in der Werbung* (Burgert und Koch, 2008), *Grau oder großartig? Die kommerzielle Inszenierung von Alter* (Boos 2008) oder *Von Greisenrepublik bis Generation 50plus* (Wiese 2010), in denen die „neuen Alten" im Mittelpunkt stehen. Die Farbe „Grau" erfährt dabei ganz unterschiedliche Wertungen: Während Susanne Femers „die ergrauende Werbung" positiv als Zeichen für das Ende der Unterrepräsentanz grauhaariger = „älterer" Menschen in der Werbung deutet und zu dem Ergebnis gelangt, dass durch die Berücksichtigung der Farbe Grau insgesamt mehr „Buntheit" erreicht wird, steht bei Linda Boos „grau" im Gegensatz zu „großartig", wodurch graues Haar zum Marker für die „alten Alten", das vierte Lebensalter, wird.

Ausgangspunkt des Forschungsbooms zu „neuen" oder „jungen Alten" ist die Behauptung, dass die bisherige Forschung lückenhaft und die vorliegenden Ergebnisse widersprüchlich seien (Burgert und Koch, 2008, S. 165). Carolin Burgert und Thomas Koch prüfen deshalb 2008, ob die vom Zukunftsforscher Horst Opaschowski 1997 prophezeite „Entdeckung" der „neuen Alten", die ja, wie hier dargelegt, schon einige Jahre eher entdeckt worden sind, „bereits Tatsache ist" (Burgert und Koch 2008, S. 165). Durch

---

[19] Online unter: http://www.stern.de/das-ist-viva--3130276.html; abgerufen am 06.01.2017.

eine quantitative Inhaltsanalyse der Anzeigen in je drei Exemplaren der Zeitschriften *Der Spiegel*, *stern* und *Bunte* aus den Jahren 1987 bis 2006 erheben die ForscherInnen das Vorkommen älterer Werbemodels im Zeitverlauf, zudem für welche Art Produkt oder Dienstleistung geworben wird. In die Untersuchung gehen 604 Anzeigen mit 741 dort abgebildeten älteren Personen ein. Die Ergebnisse lauten, dass entgegen der Vermutung, dass mehr mit Älteren für Ältere geworben wird, diese Altersgruppe weiterhin gemessen an ihrem Anteil an der Gesamtbevölkerung unterrepräsentiert ist. Auch Geschlechterausgewogenheit herrscht nicht. Dreiviertel der *Best-Ager* in Anzeigen sind männlich, erst in den letzten drei Untersuchungsjahren ist ein Anstieg des Frauen-Anteils auf rund 40% zu verzeichnen (Burgert und Koch, 2008, S. 168). Geschlechterunterschiede zeigen sich auch beim *Face-Ism-Index*[20], der Auskunft darüber gibt, wie „kopflastig" oder „körperbetont" Menschen dargestellt werden. Gerade in den frühen Untersuchungsjahren ist die körperbetonte Darstellung bei Frauen häufiger. Frauen werden aber auch aktiver und gesünder präsentiert, allerdings ist ihr Aktionsradius eingeschränkter, sie werden eher Zuhause, im privaten Bereich, gezeigt (Burgert und Koch, 2008, S. 169). Und weiterhin werben ältere Modells überwiegend für pharmazeutische und Körperpflege-Produkte (36,6%),

---

[20] Der Face-Ism-Index drückt das Verhältnis zweier Längenmaße, nämlich Kopflänge geteilt durch Körperlänge, aus und variiert je nach Geschlecht der dargestellten Personen. Während von Frauen bevorzugt Ganzkörperfotos verbreitet werden oder nur die Brüste oder Beine gezeigt werden, sind Männer überwiegend als „Kopfmenschen" medial präsent, so ein Ergebnis der Inhaltsanalysen, die zuerst für US-amerikanische Printmedien und dann international vergleichend durchgeführt worden sind. Zusätzliche Befragungen belegen: „Fotos mit hoher Gesichtsbetonung erhielten mehr positive Beurteilungen in Intelligenz, Ehrgeiz und äußerer Erscheinung. Dieses Ergebnis lässt vermuten, daß Urteile über intellektuelle (und andere) Qualitäten signifikant und positiv durch etwas so Einfaches wie die relative Betonung des Gesichts einer Person beeinflußt werden können." (Archer et al., 1989, S. 71)

Dienstleistungen (18,7%) und Nahrungsmittel (12,4%) (Burgert und Koch 2008, S. 170).

Viel verändert hat sich also im Vergleich zu den Daten von Horn und Naegele (1976), Dennersmann und Ludwig (1986) und Röhr-Sendlmeier und Ueing (2004) nicht: „Über die letzten 20 Jahre betrachtet findet sich kein Trend, vermehrt mit Älteren zu werben." (Burgert und Koch, 2008, S. 172) Ein Ergebnis, dass auch für die TV-Werbung zutrifft, die Clemens Schwender 2005 untersucht hat. In die Stichprobe gelangten 656 Werbespots, die während der Primetime in den acht bundesdeutschen Sendern mit dem höchsten Marktanteil ausgestrahlt wurden. In 35 dieser Spots treten 49 ältere Personen auf (Schwender, 2009, S. 86). Die Spots wurden daraufhin analysiert, ob Alter „neutral" dargestellt oder mit „Gewinnen" oder „Verlusten" assoziiert wird, ob so gesehen positive oder negative Vorstellungen vom Alter evoziert werden. Wenn Altersdefizite mehr oder weniger offen angesprochen werden, so um sie als behebbar zu deklarieren – vorausgesetzt, das beworbene Produkt findet Anwendung. Darüber hinaus werden Ältere, gerade auch prominente Testimonials, durchaus positiv als erfahrene ExpertInnen eingesetzt und, so der Autor: „Es finden sich wiederholt Muster, die Alter in Verbindung mit Natur und Nahrungsmitteln bringen. Dies verweist metaphorisch auf natürliche Produktionsweisen, auf eine lange Tradition von Herstellungsverfahren und darüber hinaus auf entspannte Genuss-Situationen." (Schwender, 2009, S. 91–92) Insgesamt sei die Zahl der Spots mit älteren Erwachsenen zu gering, um verlässliche Aussagen zu treffen.

Auch hält der Autor wenig von einem Vergleich von Medienpräsenz und prozentualem Bevölkerungsanteil, wenngleich auch er feststellt, dass Ältere seltener in der Werbung vorkommen als erwartet. Erforderlich seien genauere Analysen stereotyper Darstellungsmuster, narrativer Funktionen und Gebrauchswertversprechen der beworbenen Produkte (Schwender, 2009, S. 93).

Linda Boos (2008) und Julia Maria Derra (2012) stellen in ihren Studien die mediale Präsenz „junger Alte" in den Mittelpunkt der Betrachtung. Boos fragt ausgehend von Überlegungen zur strategischen Kommunikation und der Werberelevanz gerontologischer Forschung nach der „kommerziellen Inszenierung von Alter". Mit dem Titel der Arbeit „Grau oder großartig?" spielt sie auf die konkurrierenden Alterskonzepte an, die sich in der Anzeigenwerbung der von ihr untersuchten Publikumszeitschriften *Der Spiegel*, *Neue Post* und *Bunte* finden lassen. Anders als Burgert und Koch (2008), kann Boos keine Unterrepräsentanz weiblicher älterer Personen feststellen, räumt jedoch ein, dass dieses Ergebnis durch die Auswahl der Illustrierten *Neue Post* und *Bunte* bedingt sein wird. Qualitative Geschlechterunterschiede sind hingegen weiterhin gravierend. Sie äußern sich in den beworbenen Produkten, im Aussehen und Auftreten der Werbefiguren, in Handlungsmustern und Tätigkeitsbereichen und auch in der Werbebotschaft: „Während bejahrte Frauen mehrheitlich mit Verkaufsargumenten wie Attraktivität und Schönheit in Verbindung gebracht werden, stehen Angebote im Zusammenhang mit gealterten Männern häufig für Qualität, Sicherheit, Genuss und Bildung [...]." (Boos, 2008, S. 293)

Was die Darstellung älterer Menschen in der Anzeigenwerbung anbelangt, attestiert Boos den Kreativen mangelnde Kreativität und eine Vernachlässigung der vielfältigen Lebensweisen im Alter. Es genüge nicht, zusätzlich zum traditionellen, auf Defizite verweisenden Altersbild das geschönte Bild des „Ewig-Vitalen" anzubieten. Auch fehlten „Bilder jenseits von Alters- und Jugendlichkeitsklischees, die eine eigenständige Ästhetik aufweisen" (Boos, 2008, S. 285).

Anzeichen für ein „realistischeres" und „authentischeres" Altersbild in den Medien erkennt hingegen Julia Maria Derra, die wie Boos mittels Inhaltsanalyse Anzeigen in Publikumszeitschriften untersucht, zusätzlich aber auch noch eine Onlinebefragung von 38030 Personen zwischen 18 und 88 Jahren durchführt. Die Daten sind im Rahmen des Projekts „Männlich und Weiblich im Spiegel der Werbung" an der Universität Trier erhoben worden. Analysiert wurden Anzeigen, die zwischen 2004 und 2006 in den Zeitschriften *Bild der Frau, Brigitte, Joy, Tina, Auto Bild, Computer Bild, Computer Bild Spiele, Sport Bild, Bravo, Focus* und *stern* erschienen sind. Je nach beworbenem Produkt und avisierter Zielgruppe zeigen sich deutliche Unterschiede in der Inszenierung von Alter, Geschlecht, Körperlichkeit und Attraktivität, im Setting sowie in den Interaktionen der Werbefiguren. Diese Unterschiede arbeitet die Autorin heraus und bestätigt zwar das Ergebnis, dass über 50-Jährige in der Anzeigenwerbung im Vergleich zu ihrem Anteil an der Bevölkerung unterrepräsentiert sind. Dennoch würden sie sichtbarer und es finde keine einseitige und ausschließliche Fixierung auf Attraktivität im Sinne von Jugendlichkeit mehr statt (Derra, 2012, S. 243).

Ambivalente Angebote

Die Unterrepräsentanz und stereotype Darstellung Älterer sowie deutliche Geschlechterunterschiede bestätigen die frühen empirischen Studien zu Altersdarstellungen in der Werbung ebenso wie die neueren Untersuchungen. Doch die Entdeckung der „jungen Alten" zu Beginn der 1990er Jahre und die Entwicklung neuer Marketingkonzepte beflügelte auch die kommunikationswissenschaftliche Forschung. In zahlreichen Studien wird seit der Jahrtausendwende versucht, die mediale Existenz der „jungen Alten" nachzuweisen und mit Hilfe von Längsschnittstudien einen Wandel hin zu einem differenzierteren, gar positiveren Altersbild nachzuzeichnen.

Dass es vermehrt Repräsentationen „junger Alter" in den Medien gibt, nicht nur in der Werbung, sondern auch in redaktionellen Beiträgen, fiktionalen und non-fiktionalen Genres, gilt inzwischen als belegt. Auch dass Alte und vor allem die „jungen Alten" nicht mehr zu den vernachlässigten, sondern umworbenen Zielgruppen gehören, steht außer Frage – so sie denn über ausreichend Geld verfügen. Die mediale Präsenz der „neuen Alten" wirft jedoch auch Fragen auf: Wer profitiert von dem herrschenden Altersbild? Führt die Beschäftigung mit den „jungen Alten" nicht zu einer Blindheit gegenüber den „alten Alten"? Auch auf die gesellschaftspolitische Debatte, z. B. über ein späteres Rentenantrittsalter, wirken sich die Werbebilder von den jungen, aktiven, doch noch leistungsfähigen und konsumfreudigen *Best Agers*" aus. Dieser makrosoziologische und hochpolitische Aspekt, bei dem die neuen, vermeintlich positiveren medialen Altersrepräsentationen aus einer ideologiekritischen Perspektive betrachtet werden, bleibt bei vielen neueren Studien außen vor. Auch auf ästhetische und kognitionspsychologische Aspekte wird in der Debatte über die „jungen Alten" kaum eingegangen. Wie wird diese Altersgruppe präsentiert, wie wahrgenommen? Handelt es sich bei den „jungen Alten" nicht auch um einen Stereotyp? Ihre Darstellung ist auf so wenige, immer wieder hervorgehobene Merkmale reduziert – zwar graues Haar und einige Fältchen, ansonsten aber „jung": schlank, attraktiv, mobil, unternehmungslustig etc. –, dass durchaus von einem neuen Alters*stereotyp* gesprochen werden kann. Es ergänzt traditionelle, eher negative Altersstereotype um das positiv besetzte Bild einer verlängerten mittleren Lebensspanne und suggeriert, durch den Konsum bestimmter Produkte und Dienstleistungen sowie eigenverantwortliches Handeln länger jung und leistungsfähig bleiben zu können.

Selbst wenn über die Wirkungen der neuen Altersstereotype noch keine wissenschaftlich abgesicherten Erkenntnisse vorliegen, üben sie vermutlich einen enormen Druck auf älter werdende Menschen aus, den Anforderungen gerecht zu werden, die durch Bilder jung gebliebener, aktiver SeniorInnen kommuniziert werden. In Ruhe und Würde zu altern, wird in Zeiten neoliberaler Selbstoptimierung schwerer. Zugleich sind traditionelle vom Defizitmodell geprägte Altersstereotype weiterhin vorhanden. So existieren mehr oder weniger realistische Altersbilder nebeneinander, die sowohl diskriminierende als auch emanzipatorische Wirkungen entfalten können. Produktion, Inhalte und Rezeption dieser ambivalenten Angebote zu untersuchen, bleibt eine Herausforderung für die Kommunikationswissenschaft.

Literatur

Amann A (2004): *Wandel der Altersstrukturen – Widersprüche und Zukunftsszenarien.* SWS-Rundschau, 44. Jg., H. 4/2004, 415–436

Archer D, Bonita I, Kimes D et al. (1989): *Männer-Köpfe, Frauen-Körper: Studien zur unterschiedlichen Abbildung von Frauen und Männern auf Pressefotos.* Schmerl, Christiane (Hg.): In die Presse geraten. *Darstellungen von Frauen in der Presse und Frauenarbeit in den Medien.* 2. Aufl. Köln: Böhlau, 53–75

Backes GM und Clemens W (2008): *Lebensphase Alter. Eine Einführung in die sozialwissenschaftliche Alternsforschung.* 3., überarb. Aufl. Weinheim, München: Juventa

Boos L (2008): *Grau oder großartig? Die kommerzielle Inszenierung von Alter: Altersbilder und Identifikationsangebote. Eine empirische Fallstudie zu Alterskonzepten in der strategischen Kommunikation.* Dissertation, Philosophische Fakultät, Universität Münster

Burgert C und Koch T (2008): *Die Entdeckung der neuen Alten? Best Ager in der Werbung.* Holtz-Bacha, Christina (Hg.): *Stereotype? Frauen und Männer in der Werbung.* Wiesbaden: VS, 155–175

Butler RN (1969): *Age-Ism: Another Form of Bigotry.* The Gerontologist 9, 243–246.

Dennersmann U. und Ludwig R. (1985): *Das gewandelte Altersbild in der Werbung.* Zeitschrift für Gerontologie 19, 362–368

Derra JM (2012): *Das Streben nach Jugendlichkeit in einer alternden Gesellschaft.* Eine Analyse altersbedingter Körperveränderungen in Medien und Gesellschaft. Baden-Baden: Nomos

Dyk S, Van und Lessenich S. (Hg.) (2009): *Die jungen Alten. Analysen einer neuen Sozialfigur.* Frankfurt am Main, New York: Campus

Femers S (2007): *Die ergrauende Werbung. Altersbilder und werbesprachliche Inszenierungen von Alter und Altern.* Wiesbaden: VS

Hastenteufel R (1980a): *Das Bild von Mann und Frau in der Werbung. Eine Inhaltsanalyse zur Geschlechtsspezifität der Menschendarstellung in der Anzeigenwerbung ausgewählter Zeitschriften unter besonderer Berücksichtigung des alten Menschen.* Dissertation, Universität Bonn, o.V., Druck: Rheinische Friedrich-Wilhelms-Universität Bonn

Hastenteufel R (1980b): *Die Darstellung alter Menschen in der Anzeigenwerbung.* Zeitschrift für Gerontologie 13, 530–539

Horn M und Naegele G (1976): *Gerontologische Aspekte der Anzeigenwerbung. Ergebnisse einer Inhaltsanalyse von Werbeinseraten für ältere Menschen und mit älteren Menschen.* Zeitschrift für Gerontologie 9, 463–472

Lehr U (1973): *Älterwerden – psychologisch gesehen.* Becker, Karl Friedrich (Hg.): *Älter – doch dabei! Ruhestand in der Leistungsgesellschaft zwischen Krise und Möglichkeiten.* 2. durchges. Aufl. Stuttgart u.a.: Klotz 19–33

Lehr U (1976): *Die Alten sind anders als wir sie sehen.* Bild der Wissenschaft 13, 63–67

Nickel V (1994): *Das vergilbte Bild der Älteren in der Werbung*. Verheugen, Günter (Hrsg.): *60plus. Die wachsende Macht der Älteren*. Köln: Bund-Verlag, 107–117

Röhr-Sendlmeier UM und Ueing S (2004): *Das Altersbild in der Anzeigenwerbung im zeitlichen Wandel*. Zeitschrift für Gerontologie und Geriatrie 37, 56–62

Tews HP (1993): Neue und alte Aspekte des Strukturwandels des Alters. Naegele, Gerhard/Tews, Hans Peter (Hg.): *Lebenslagen im Strukturwandel des Alters. Alternde Gesellschaft – Folgen für die Politik*. Opladen: Westdeutscher Verlag. 15–42

Thimm C (1998): *Sprachliche Symbolisierungen des Alters in der Werbung*. Jäckel, Michael (Hg.): *Die umworbene Gesellschaft. Analysen zur Entwicklung der Werbekommunikation*. Opladen: Westdeutscher Verlag 113–140

Thiele M (2015): *Medien und Stereotype. Konturen eines Forschungsfeldes*. Bielefeld: transcript

Thiele M, Atteneder H und Gruber L (2013): *Neue Altersstereotype. Das Diskriminierungspotenzial medialer Repräsentationen „junger Alter"*. Hoffmann, D., Schwender C. und Reißmann W. (Hg.): *Screening Age: Medienbilder – Stereotype – Altersdiskriminierung*. München: KoPaed 39–53

Wiese K (2010): *Von Greisenrepublik bis Generation 50plus. Die sprachliche Darstellung von Altersbildern in ausgewählten Zeitschriften*. Berlin: ProBUSINESS

Willems H und Kautt Y (2002): *Werbung als kulturelles Forum: Das Beispiel der Konstruktion des Alter(n)s*. Willems, Herbert (Hg.): *Die Gesellschaft der Werbung. Kontexte und Texte. Produktionen und Rezeptionen. Entwicklungen und Perspektiven*. Wiesbaden: Westdeutscher Verlag 633–655

Wember B (1976): *Wie informiert das Fernsehen?* München: Paul List

3 Active Assisted Living (AAL)
Beiträge der Mensch-Computer Interaktion zum Gesunden Altern

Katja Neureiter, Alina Krischkowsky, Manfred Tscheligi

Der demographische Wandel, der sich in einer zunehmenden Lebenserwartung und einem Rückgang der Geburtenrate widerspiegelt, hat die Altersstruktur unserer Gesellschaft in den letzten Jahren stark verändert und ist zu einer der größten sozialpolitischen Herausforderungen geworden. Die EU hat mit der Lissabon-Strategie einen ersten Grundstein gelegt, um diesen Herausforderungen zu begegnen (Kröhnert et al., 2008). Vielversprechende Ansätze wie „Aktives Altern" sind auch im Rahmenprogramm, Strategie Europa 2020, verankert und zielen unter anderem darauf ab, es älteren Menschen zu ermöglichen, aktiv in der Gesellschaft teilzunehmen sowie bei guter Gesundheit und in angemessenen Wohnbedingungen im eigenen Zuhause alt zu werden (Europäische Kommission, 2012). Genau hier können moderne Technologien Lösungsansätze für bestehende Herausforderungen bieten. Europäische Programme, wie *Active Assisted Living*[21] (AAL), oder auch nationale Programme, wie *Benefit – Intelligente Technologien für ältere Menschen*[22], fördern Forschung und Entwicklung von innovativen Konzepten, Produkten und Dienstleistungen, um altersgerechte Assistenzsys-

---

[21] http://www.aal-europe.eu/
[22] https://www.ffg.at/news/intelligente-technologien-fuer-aeltere-menschen

teme für mehr Lebensqualität im Alter bereitzustellen. Dabei ist das Ziel der Human-Computer Interaction (HCI) im Rahmen des AAL, möglichst intuitive und zugängliche, Technologien speziell für ältere Menschen zu entwickeln, um sie dadurch in ihrem Alltag sowie ihrer Teilhabe und Autonomie im täglichen (sozialen) Leben mit zu unterstützen.

In folgendem Beitrag werden die zentralen Zielsetzungen von AAL vorgestellt und methodische Ansätze aus dem Bereich der HCI diskutiert und anhand eines Beispiels veranschaulicht. Darüber hinaus werden zukünftige Themenbereiche in der Schnittmenge zwischen HCI und dessen Rolle für gesundes Altern kritisch beleuchtet.

Zielsetzungen und Themenbereiche des Active Assisted Living Programmes

Das Active Assisted Living (AAL) Förderprogramm zielt darauf ab, die Lebensqualität von älteren Menschen zu verbessern und dabei die industrielle Entwicklung von Informations- und Kommunikationstechnologien (IKTs) auf internationaler Ebene zu stärken. Im Rahmen des AAL Programmes werden zwischenstaatliche Projekte gefördert, wobei klein- und mittelgroße Unternehmen (KMU) als auch Forschungs- und Endnutzerorganisationen involviert werden. Dabei müssen mindestens drei EU-Staaten im Projektkonsortium repräsentiert sein. Das AAL Projektschema zeichnet sich durch eine starke Marktorientiertheit aus. Demnach sollen in einem Zeitraum von zwei bis drei Jahren die im Rahmen des Projektes entwickelte(n) Lösung(en) am Markt erhältlich sein. Aus diesem Grund wird im Rahmen der gesamten Projektlaufzeit darauf geachtet, industrielle Stakeholder aus dem Bereich der IKT und auch potenzielle Geschäftspartner in den gesamten Entwicklungsprozess einer Technologie oder eines Systems zu involvieren. Um die Potentiale von entwickelten Lösungen auf ihre Markttauglichkeit zu testen, wird im Rahmen des AAL Förderprogrammes auch stark darauf geachtet, dass es am Ende des jeweiligen Projektes zu einem realitätsnahen Versuchsaufbau kommt, um die Entwicklungen mit potentiellen Endnutzern über einen längeren Zeitraum zu testen[23].

Die Philosophie des AAL Förderprogrammes versteht sich als Konzept, das darauf abzielt, die Autonomie, das Selbstbewusstsein und die Mobilität von älteren Menschen insofern zu steigern, als dass diese solange wie möglich in ihrem gewohnten und vor allem präferierten Lebensumfeld bleiben können. Damit einhergehend hat es sich AAL zum Ziel gesetzt sowohl die Sicherheit und das Sicherheitsgefühl älterer Menschen zu erhöhen als auch sozialer Isolation entgegenzuwirken um das multifunktionale Netzwerk einzelner Individuen zu erhalten. Dabei steht vor allem auch die Unterstützung und das Miteinbeziehen weiterer Stakeholder sowie Pflegepersonal, Familien und auch Pflegeeinrichtungen im Fokus jedweder Entwicklungsaktivitäten. Als letzten Punkt zielt AAL besonders auch darauf ab, die gesundheitlichen Ressourcen von älteren Menschen zu bewahren und, wenn möglich, kontinuierlich zu stärken[24]. Seit der ersten Projektausschreibung im Jahr 2008 bis zur aktuellen Ausschreibung 2016 wurde eine Vielzahl an EU-weiten Projekten im Rahmen des AAL Förderschemas finanziert."

Der Nutzer im Fokus: „User-Centered Design"

Zentrale methodische Ansätze in der Entwicklung von innovativen Lösungen für die alternde Gesellschaft sind beispielsweise „User-Centred Design" (UCD) oder „Participatory Design" (PD), die vor allem darauf abzielen, die Bedürfnisse potenzieller Endnutzer in den Mittelpunkt des gesamten Ent-

---

[23]   Vgl. http://www.aal-europe.eu/about/objectives/
[24]   Vgl. http://www.aal-europe.eu/about/objectives/

wicklungsprozesses zu stellen (Abras, Maloney-Krichmar und Preece, 2004; Ellis und Kurniawan, 2000; Muller, 2000; Norman und Draper, 1986). Das UCD wird auch oft als ein mehrstufiger Problemlösungsansatz verstanden, dessen Ziel es unter anderem ist, eine hohe Nutzerfreundlichkeit (Usability) der entwickelten Technologie zu erreichen. Große Relevanz hat dies vor allem bei speziellen Nutzergruppen, wie beispielsweise SeniorInnen oder Kindern, da diese oftmals besondere Bedürfnisse oder aber auch Einschränkungen im Umgang mit Technologien haben. Demnach sind hier vor allem eine intuitive Nutzerführung und eine hohe Nutzerfreundlichkeit von besonderer Relevanz.

Drei zentrale Phasen des UCD: Analyse, Design, und Evaluation

In der *Analysephase* ist es zentral, den spezifischen Nutzungskontext (z. B., unter welchen Bedingungen werden potentielle NutzerInnen die Technologie verwenden?) zu definieren sowie Nutzerbedürfnisse zu erheben (z. B., welche Ziele, Wünsche und Bedürfnisse stellen potentielle NutzerInnen an die Interaktion mit einer Technologie?). Im Zentrum der Analyse von Anforderungen und Bedürfnissen steht demnach der/die NutzerIn mit seinen/ihren Aufgaben vor dem Hintergrund des jeweiligen Kontexts (z. B., soziales Umfeld).

Nach der Analysephase folgt die *Designphase*, in der erste Designkonzepte und interaktive Prototypen entwickelt werden, welche maßgeblich die erhobenen Anforderungen und Bedürfnisse der potentiellen NutzerInnen berücksichtigen. Entwickelte Designkonzepte und interaktive Prototypen werden wiederholt im Rahmen der *Evaluationsphase* mit potentiellen NutzerInnen getestet (z. B., mittels Usability-Testing) und entsprechend adaptiert, d.h., die Ergebnisse dieser Evaluationsphase fließen wiederum in das Re-design der Technologie ein. Wobei die in der Analysephase erhobenen Anforderungen und Bedürfnisse der NutzerInnen fortwährend in der Entwicklung der Technologien berücksichtigt werden. Ziel ist es, die Bedürfnisse, Anforderungen und potentiellen Limitationen der Zielgruppe im Umgang mit Technologien von Beginn der Entwicklungsphase zu berücksichtigen. Im Folgenden soll nun am Beispiel eines internationalen Forschungsprojekts der Ansatz des UCD verdeutlicht werden.

Beispiel: Connected Vitality

„Connected Vitality"[25] ist ein internationales Forschungsprojekt, das von 2010 bis 2013 im Rahmen des Active Assisted Living Programmes gefördert wurde. Insgesamt waren sieben Partner aus den Niederlanden, Schweden, Budapest und Österreich an der Entwicklung beteiligt. Außerdem wurden auch drei sog. Endnutzerorganisationen miteinbezogen, die den Zugang zu SeniorInnen und sekundären Stakeholdern (z.B. Pflegekräften, Familie) herstellten und somit die Einbindung der Zielgruppe(n) während des gesamten Entwicklungsprozesses gewährleisteten. Zentrale Zielsetzung in dem Projekt war es, ein System zu entwickeln, das es älteren, in ihrer Mobilität eingeschränkten Menschen nicht nur ermöglicht in regelmäßigem Kontakt mit ihrer Familie und Freunden sowie Pflegekräften zu sein, sondern gleichzeitig bei den NutzerInnen auch ein Gefühl der Verbundenheit und Nähe, d.h. *Social* Presence (*Soziale Präsenz*), während der Kommunikation zu fördern, was als Gefühl des Zusammenseins in einer mediierten Kommunikation beschrieben werden kann, das durch ein Gefühl der Ko-Präsenz entsteht (Biocca und Harms, 2002). Dabei spielen das Kommunikationsmedium als

---

25   http://www.aal-europe.eu/projects/cvn/

auch Wahrnehmungsprozesse eine entscheidende Rolle. Damit sollte vor allem der Gefahr der Vereinsamung und sozialen Isolation der Zielgruppe entgegengewirkt werden.

Dem nutzerzentrierten Ansatz folgend, wurden im Rahmen der *Analysephase,* unter Einbeziehung von primären (SeniorInnen) und sekundären Stakeholdern, die Bedürfnisse der potenziellen EndnutzerInnen mittels verschiedener qualitativer als auch quantitativer Ansätze untersucht (z.B. Workshops, Interviews). Sowohl Bedürfnisse der Zielgruppe im Umgang mit neuen IKTs als auch soziale Aktivitäten, die für SeniorInnen von großer Bedeutung sind, standen ebenso im Fokus wie die Organisation von Aktivitäten des täglichen Lebens. Darüber hinaus wurden in einer umfangreichen Literaturrecherche die Einflussfaktoren auf Soziale Präsenz im Kontext von video-basierten Kommunikationssystemen untersucht.

Basierend auf diesen Erkenntnissen wurden in der *Designphase* erste Prototypen entwickelt, die drei so genannte Kommunikationsformate beinhalten: „Meet", „Club" und „Classroom" (Abb. 3-1). Das Meet-Format (Abb. 3-1a) ermöglicht eine Eins-zu-Eins-Kommunikation und zeichnet sich vor allem durch eine ganzheitliche Darstellung der Kommunikationspartner aus. Dabei ist nicht nur das Gesicht zu sehen, sondern auch der gesamte Oberkörper der Kommunikationspartner und so können wichtige non-verbale Signale, wie beispielsweise Gesten, übertragen werden. Diese Signale haben einen wesentlichen Einfluss auf das Gefühl der Sozialen Präsenz (Short und Christie, 1976). Das Club-Format (Abb. 3-1b) adressiert vor allem das Bedürfnis nach gemeinsamen Aktivitäten mit Freunden und Bekannten und erlaubt hierfür eine Interaktion im Rahmen von Spielen. Der als Touch-Screen implementierte untere Bildschirm ermöglichte hierbei eine einfache Interaktion und für die Visualisierung der Kommunikationspartner wurde der obere Bildschirm genutzt. Schließlich adressiert das Classroom-Format

(Abb. 3-1c) vor allem das Bedürfnis der SeniorInnen ihr über die Jahre gesammeltes Wissen und ihre Erfahrung als eine Art Lehrer an andere weiterzugeben. Im Gegensatz zum Club-Format erlaubte das Classroom-Format die vergrößerte und zentrierte Visualisierung der Kommunikationspartner. Auch in der Design-Phase wurden potenzielle EndnutzerInnen im Rahmen von Workshops eingebunden und erste Konzepte diskutiert. Darüber hinaus wurde dieser Prozess auch von Usability-Experten begleitet.

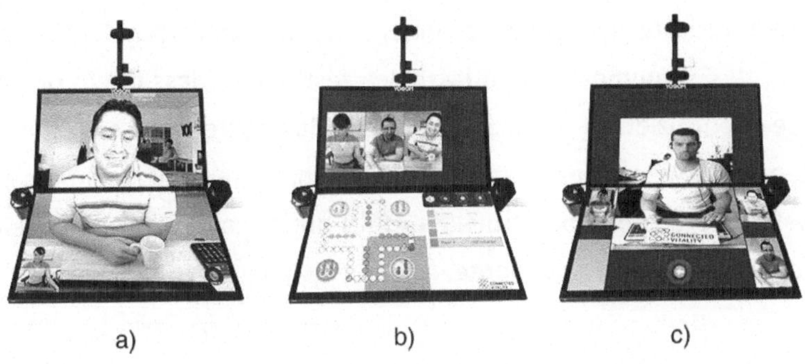

a)   b)   c)

Abb. 3-1 Entwickelte Kommunikationsformate im Rahmen des Projektes Connected Vitality

Während der *Evaluierungsphase* wurde im Rahmen von zwei experimentellen Nutzerstudien im Labor untersucht, inwieweit potenzielle EndnutzerInnen Soziale Präsenz in der Interaktion erlebten und welche Rolle Augenkontakt und Gesten in diesem Zusammenhang spielten (Neureiter et al., 2013; Neureiter, Moser und Tscheligi, 2014b). Die Ergebnisse zeigten, dass sowohl Augenkontakt als auch die ganzheitliche Darstellung der Kommunikationspartner einen positiven Einfluss auf das Gefühl von sozialer Präsenz während der Interaktion hat. Schließlich wurde das entwickelte System im Rahmen einer Feldstudie untersucht (Neureiter, Moser und Tscheligi, 2014a). Insgesamt acht SeniorInnen testeten das System über einen Zeitraum von sechs Wochen. Die Ergebnisse zeigten, dass das System während der Dauer der Nutzung ein stabiles Gefühl von sozialer Präsenz unterstützte. Außerdem zeigte sich, dass vor allem non-verbale Signale wie Gesten einen wesentlichen Beitrag dazu leisteten, dass sich SeniorInnen über das System mit ihrer Familie und Freunden verbunden fühlten. Zwei wesentliche Einflussfaktoren auf soziale Präsenz wurden dabei identifiziert: Ko-Präsenz, d. h. das Gefühl, dass der Kommunikationspartner tatsächlich präsent ist und gegenseitiges Verständnis, das wiederum die Interaktion zwischen den TeilnehmerInnen förderte und positiv zu einem Gefühl der Verbundenheit beitragen konnte. Zusammenfassend lässt sich festhalten, dass die in der Analysephase identifizierten Bedürfnisse durch das System adressiert werden konnten, auch wenn dies (aufgrund der beschränkten Anzahl an entwickelten Systemen während der Projektlaufzeit) nur anhand einer relativ kleinen Zielgruppe gezeigt werden konnte.

Reflexion und Ausblick

In den letzten Jahren ist die Thematik des Alterns zu einem sehr wichtigen und zentralen Bereich im Forschungsfeld der HCI geworden. Hierbei wird Altern jedoch oftmals als „Problem" verstanden. Dies mag vor allem auch daran liegen, dass eine Auseinandersetzung mit der Thematik oftmals ökonomisch und auch sozialpolitisch motiviert ist und demnach darauf abzielt, Problembereiche zu adressieren (Vines et al., 2015). Dementsprechend, findet man auch eine Vielzahl an Einzellösungen, die beispielsweise von Assistenzsystemen für SeniorInnen mit Bewegungseinschränkungen, zu Trainingsprogrammen bei Demenz bis hin zu Plattformen, die soziale Isolation und Vereinsamung vorbeugen sollen, reichen. Auch wenn in den letzten Jahren gerade im Bereich der HCI die eher defizit-orientierte Perspektive auf die Thematik des Alterns durch einige positive Ansätze (z. B. „Aktives Altern") (Nassir, Wah und Robertson, 2015) bereichert wurde, bedarf es insbesondere im Hinblick auf Entwicklungs- und Designprozesse ein neues Verständnis für die Thematik des Alterns. In diesem Zusammenhang und insbesondere auf Basis eines ressourcen- und chancenorientierten Verständnisses von Altern müssen auch soziale Netzwerke (z. B. Nachbarschaftsnetzwerke) als wichtige Kontexte berücksichtigt werden.

Ein weiteres wichtiges Themenfeld der HCI betrifft die Entwicklung so genannter intelligenter Wohnräume („Smart Homes") und umfasst vor allem die Komponenten Hausautomation, Notrufsysteme sowie vernetzte Unterhaltungselektronik. Intelligente Wohnräume zielen vor allem darauf ab, die Lebensqualität und Sicherheit für SeniorInnen im eigenen Zuhause zu erhöhen und ihnen zu ermöglichen, so lange wie möglich in ihrer gewohnten Umgebung zu verbleiben. Vor dem Hintergrund dieser Entwicklungen muss aus der Perspektive der HCI auch bei zukünftigen Entwicklungsprozessen die aktive Einbindung von SeniorInnen in jedweden Entwicklungsschritten im Vordergrund stehen. Eine kritische gesellschaftspolitische und ethische Auseinandersetzung mit aktuellen technologischen Entwicklungen (z.B. Smart Cities) und deren Zusammenspiel im Alltag von älteren Menschen ist bzw. sollte in Zukunft vermehrt Teil einer gegenwärtigen Forschungsagenda im Bereich des AAL sein.

Literatur

Abras C, Maloney-Krichmar D und Preece J. (2004): *User-centered design*. Bainbridge, W. *Encyclopedia of Human-Computer Interaction*. Thousand Oaks: Sage Publications, 37, 445–456

Biocca F und Harms C (2002): *Defining and measuring social presence: Contribution to the networked minds theory and measure*. Proceedings of the 5th Annual International Workshop on Presence 01/2002, 1–36

Europäische Kommission (2012): *Der EU-Beitrag für aktives Altern und Solidarität zwischen den Generationen*. Luxemburg: Amt für Veröffentlichungen der Europäischen Union http://ec.europa.eu/social/BlobServlet?docId=8710&langId=de (Abruf am 31.01.17)

Ellis DR und Kurniawan SH (2000): *Increasing the usability of online information for older users: A case study in participatory design*. International Journal of Human-Computer Interaction 12, 263–276

Kröhnert S, Hoßmann I und Klingholz R (2008): *Berlin-Institut für Bevölkerung und Entwicklung: Die demografische Zukunft von Europa: wie sich die Regionen verändern* (Vol. 34509). Deutscher Taschenbuch Verlag

Muller MJ (2002): *Participatory design: the third space in HCI*. Julie A. Jacko, Andrew Sears (Hrsg.): *The human-computer interaction handbook: fundamentals, evolving technologies and emerging applications*, L. Erlbaum Associates Inc., Hillsdale, 1051–1068

Neureiter K, Murer M, Fuchsberger V et al. (2013): *Hand and eyes: how eye contact is linked to gestures in video conferencing*. Proceeding CHI EA. 127–132 ACM

Neureiter K, Moser C und Tscheligi M (2014a): Social Presence as influencing factor for social capital. *Proceedings of Presence*, 57–64. Facultas

Neureiter K, Moser C und Tscheligi M (2014b): *Look into My Eyes & See, What You Mean to Me. Social Presence as Source for Social Capital*. Proc. SocInfo 183–198, Springer International Publishing

Norman DA und Draper SW (1986): *User centred system design: New perspectives on human-computer interaction*. L. Erlbaum Associates Inc., Hillsdale

Short JW und Christie B (1976): *The Social Psychology of Telecommunications*. John Wiley and Sons

Vines J, Pritchard G, Wright P et al. (2015): *An Age-Old Problem: Examining the Discourses of Ageing in HCI and Strategies for Future Research*. ACM Trans. Comput.-Hum. Interact. 22, Article 2

4 Gesund Altern – eine europäische Perspektive

Günter Lepperdinger

Altern ist ein lebenslanger Prozess

Altern ist ein Vorgang, der von vielen Bedingungen abhängt. Altern findet nicht vorwiegend nur während eines bestimmten späteren Lebensabschnittes statt. Der Prozess als solcher beginnt bereits früh im Leben. Im ersten Drittel der Schwangerschaft werden im weiblichen Embryo alle Eizellen angelegt und sind dann dort lebenslang bis zur jeweiligen Reifung im Ovar verwahrt. Bei der Befruchtung ist die reife Eizelle somit fast so alt wie die Mutter selbst (Moore et al., 2007). In diesem Sinne beginnt das Altern bereits lange vor der Geburt.

Der Alterungsprozess betrifft alle Körperfunktionen. Er ist in erster Linie durch eine abnehmende Leistungsfähigkeit und einen sinkenden Grundumsatz des Energiestoffwechsels gekennzeichnet. Mit steigendem Lebensalter wird der Körper außerdem für Krankheiten anfälliger. Laut dem Deutschen Statistischen Bundesamt erreichten 2015 ca. 85% der Verstorbenen mindestens das 65. Lebensjahr. Für die meisten Sterbefälle waren zu ca. 40% Krankheiten des Kreislaufsystems und 25% Krebserkrankungen verantwortlich. Ungefähr 7% der Todesfälle gehen auf Krankheiten des Atmungssystems zurück, bei 5% lagen die Gründe im Verdauungssystem (Statistisches Bundesamt, 2015). Fortschreitendes Alter gilt somit immer noch als wichtigstes Risiko für die Verschlechterung des gesamtkörperlichen Gesundheitszustandes. Denn ab dem Erwachsenenalter steigt auch das Sterberisiko mit zunehmendem Alter stetig (Gompertz, 1825).

Neben den Erbanlagen sind die allgemeinen Lebensbedingungen zusammen mit zahlreichen Umweltfaktoren, schicksalshaften Vorkommnissen, wie Unfällen sowie im Besonderen den jeweiligen persönlichen Lebensgewohnheiten dafür ausschlaggebend, dass der Alterungsprozess bei verschiedenen Menschen auch unterschiedlich schnell abläuft (Behl und Ziegler, 2016). Unter-65-Jährige haben besonders dann eine erhöhte Sterblichkeit, wenn sie Übergewicht und/oder Bluthochdruck haben bzw. wenn sie rauchen (Murray et al., 2012). Deshalb tragen gesunde Ernährung, regelmäßige Bewegung oder Nichtrauchen dazu bei, die allgemeine Gesundheit, das Wohlbefinden und die körperliche Leistungsfähigkeit bis ins hohe Alter zu erhalten. Es gibt bisher keinen wissenschaftlichen Beleg, dass der Prozess des Alterns gestoppt werden kann (Wahl und Heyl, 2015).

Bevölkerungsalterung in der Europäischen Union

EU Bürger werden immer älter. Die Entwicklung einer steigenden Bevölkerungsalterung setzte in Europa bereits vor mehreren Jahrzehnten ein. 2002 war das erste Jahr, für das Daten von allen EU-Mitgliedsstaaten vorliegen. Damals lag die Lebenserwartung bei 77,7 Jahren. Zehn Jahre später, 2013 lag in allen Mitgliedsstaaten der Europäischen Union (EU-28) die Lebenserwartung bei Geburt bei ca. 83,3 Jahre für Frauen und 77,8 Jahre für Männer, im Mittel also bei 80,6 Jahren und damit um 2,9 Jahre höher. Es kann davon ausgegangen werden, dass die Entwicklung der Wirtschaft insbesondere dort wo nachweislich bessere Umweltbedingungen erzielt werden konnten, durch eine gesündere Lebensweise bzw. Fortschritte im Gesundheitswesen und in der Medizin, einschließlich einer sinkenden Säuglingssterblichkeit, dazu geführt haben, dass die Lebenserwartung bei Geburt in Europa in den zurückliegenden Jahrzehnten kontinuierlich gestiegen ist.

Die Bevölkerung der EU-28 maß mit Beginn 2016 rund 510 Millionen[26]. Die rohe Sterbeziffer lag 2013 bei 9,9 Todesfällen pro tausend Einwohner. Damit verstarben in diesem Jahr gesamt etwas weniger als 5 Millionen. Der Bevölkerungsanteil der über 65-Jährigen stieg in den letzten zehn Jahren durchschnittlich um 2,1% pro Jahr, wenn auch in den verschiedenen Ländern unterschiedlich stark. Der Anteil der Kinder und Jugendliche (0 bis 14 Jahre) war 15,6%, knapp 66% waren im erwerbsfähigen Alter (15 bis 64 Jahre) während 18,5% über 65 Jahre alt waren. Irland hatte 2014 gemessen an der Gesamtbevölkerung den höchsten Anteil an Kindern und Jugendlichen (22,0%), Deutschland den niedrigsten (13,1%). In Italien gab es mit 21,4%, gefolgt von Deutschland mit 20,8%, den höchsten Anteil von Über-65-Jährigen. Irland hingegen hatte mit 12,6% den geringsten Anteil an Alten.

Aufgrund der stark gesunkenen Geburtenzahl pro Frau gibt es nun auch in der gesamten EU deutlich weniger Unter-15-Jährige und dieser Anteil sinkt weiter, aktuell um 1%. Gleichzeitig stieg in allen EU Ländern seit mehreren Jahrzehnten die Lebenserwartung. Damit vergrößerte sich der relative Anteil älterer Menschen weiter. Aus diesen Zahlen ergibt sich sehr deutlich, dass verglichen mit anderen Gruppen der Anteil der Über-80-Jährigen schneller als jedes andere Alterssegment der EU-Bevölkerung wächst. Es wird angenommen, dass sich diese Gruppe im Zeitraum bis 2080 verdoppeln wird.

Verschiedene Faktoren scheinen für den Rückgang der Sterblichkeit nicht nur bei den Über-80-Jährigen, sondern auch in allen Altersgruppen verantwortlich, wie die Verbesserung des Lebensstandards, des Gesund-

---

[26] Alle im Text angeführten statistischen Daten wurden aus den Datenbanken von Eurostat der Europäischen Kommission abgefragt: http://ec.europa.eu/eurostat/

heitsvorsorgeverhaltens, des Bildungsniveaus, der Ernährungsformen und der medizinischen Versorgung. Aus diesen Gründen bestehen große Differenzen zwischen EU-Ländern. Frauen und Männer in Schweden und Spanien hatten im zurückliegenden Jahrzehnt eine besonders hohe Lebenserwartung. Gering hingegen war diese in Litauen und Rumänien (OECD/EU, 2016, S. 61ff). Da die Lebenserwartung auch zwischen ausgewiesenen sozialen Gruppen innerhalb eines Landes oder einer Region oft deutliche Unterschiede zeigt, wird angenommen, dass der komplexe Alterungsprozess in modernen Gesellschaften neben biologischen Faktoren auch von Bildung und monetären Gegebenheiten abhängt. Es ist auffällig, dass die Lebenserwartung mit der Höhe des Bruttoinlandsprodukts bzw. mit dem Familieneinkommen korreliert (Preston, 1975). Sowohl zwischen den nördlichen und südlichen als auch den älteren und neueren EU-Mitgliedstaaten bestehen klare Einkommensunterschiede. Das absolute Einkommen lässt jedoch keine direkten Rückschlüsse auf eine zu erwartenden Lebensspanne zu, da neben den vorhandenen Vermögen auch die Kaufkraft berücksichtigt werden muss. Werden die Einkommen kaufkraftbereinigt, so konnten sich in Frankreich, Österreich und vor allem Luxemburg Menschen ab 65 Jahren am meisten von ihrem Einkommen leisten. Das schlechteste Verhältnis hatten Menschen in der Slowakei, Griechenland, den baltischen und anderen osteuropäischen Ländern. Berentete Männer verfügten in allen EU-Staaten über ein höheres Einkommen als Frauen. Besonders groß war der Abstand in Schweden und Lettland, wo das Einkommen der Frauen ab 65 Jahren nur 83% des Niveaus der gleichaltrigen Männer erreichte[27].

2014 betrug im Durchschnitt der 28 EU-Staaten die mittlere Lebenserwartung bei Geburt 83,6 Jahre bei Frauen und 78,1 Jahre bei Männern. In

---

[27] Eurostat: EU-SILC (European Union Statistics on Income and Living Conditions) http://ec.europa.eu/eurostat/web/income-and-living-conditions/data/database

den vorangegangenen 10 Jahren nahm die Lebenserwartung bei Männern ca. 3 Monate pro Kalenderjahr zu. Bei Frauen waren es 2,5 Monate pro Jahr. Wiederum im Vergleich der EU Staaten wurden die Frauen im Mittel in Bulgarien 78 Jahre alt, in Spanien aber sogar 86,2 Jahre. Männer erreichten im Mittel nur 69,1 Lebensjahren in Litauen, in Zypern hingegen 80,9. Somit existiert in den Staaten mit der niedrigsten und der höchsten Lebenserwartung zwischen den Geschlechtern ein beträchtlicher Unterschied von mehr als 10% der gesamten Lebenszeit. Deutliche Unterschiede ergeben sich bei 35 bis 64-jährigen Männern vor allem bei den Kreislaufkrankheiten. Die nach wie vor höhere Sterblichkeit der Männer hat aber auch Ursachen wie Unfälle, Suizid oder tätliche Angriffe. Der relativ große, wenn auch in den letzten Jahren kleiner werdende Geschlechterunterschied in der Lebenserwartung hat beachtenswerterweise neben biologischen auch verhaltens- und verhältnisbedingte Ursachen (Mucha et al., 2006).

Gesunde Lebensjahre

EU Bürger werden immer gesünder alt. Mit der von den „nationalen Statistischen Zentralstellen" dokumentierten Lebenserwartung kann aber nur indirekt auf hohe Lebensqualität in Gesundheit geschlossen werden. Der statistischen Berechnung der Lebenserwartung liegen die gut dokumentierten Sterbetafeln zugrunde. Allerdings benötigt man für die Bemessung der gesunden Lebenserwartung zusätzlich genauere altersspezifische Daten zum Auftreten von Krankheiten. Nur so lassen sich die Zahl der Lebensjahre darstellen, die man in Gesundheit verbringt. Der Schweregrad bzw. die Chronizität eines Krankheitsbildes sowie das gleichzeitige Auftreten von mehreren Krankheiten (Multimorbidität) werden auch dafür herangezogen, ein mögliches Behinderungsausmaß statistisch zu quantifizieren. In Anbetracht der

steigenden Lebenserwartung in Verbindung mit einer breit geführten Diskussion über „Gesundes Altern" wurden nun seit geraumer Zeit auch entsprechende Daten zur „Gesundheitserwartung" erhoben. Mit der Gesundheitserwartung lassen sich die Jahre bemessen, die jemand in guter Gesundheit bzw. ohne Behinderung verbringt.

Die entscheidende Frage ist, ob das Erreichen eines höheren Alters mit
einer Zunahme oder Abnahme der Gesundheitserwartung verbunden ist.
Zur Beurteilung des Gesundheitszustandes wurden entsprechende internationale Übereinkommen getroffen. 60 klar definierbare und in den verschiedenen Ländern erhobene, vergleichbare Gesundheitsindikatoren können nach Geschlecht, Alter und sozioökonomischem Status sowie auf regionaler Ebene aufgeschlüsselt bei Eurostat abgefragt werden[28]. Um die Gesundheitserwartung bewerten zu können, wird der eigene Gesundheitszustand subjektiv eingeschätzt, aber auch das Auftreten chronischer Krankheiten und funktionaler Beeinträchtigungen miteinbezogen. Letztere Angaben
geben auch einen guten Überblick über die Verteilung der wichtigsten Erkrankungen in der Bevölkerung (Harbers et al., 2015).

Unter dem Begriff chronische Erkrankungen werden langandauernde
körperliche Fehlfunktionen zusammengefasst, vor allem Erkrankungen des
Herz-Kreislauf-Systems, des Bewegungsapparats, der Lungen und Atemwege, des Stoffwechsels sowie Krebserkrankungen und psychische Störungen.
Chronische Erkrankungen bilden einen bedeutenden Teil der Krankheitslast
der europäischen Bevölkerung. Zusammen mit der Selbsteinschätzung des
Gesundheitszustandes gelten diese Daten als verlässlicher Indikator für die
zukünftige Inanspruchnahme des Gesundheitssystems aber auch der Sterb-

---

[28] Siehe European Commission of Health Indications (ECHI, Europäische Gesundheitsindi-
      katoren), ECHI: http://ec.europa.eu/health/indicators/echi_de

lichkeit (Bond et al., 2006). Diese Abfragen werden in den Staaten der EU seit zehn Jahren regelmäßig durchgeführt.

Im letzten Jahrzehnt zeichnet sich ein stabiler Trend ab. Die Menschen in fast allen EU-Staaten schätzen ihre eigene Gesundheit mit dem Prädikat gut bis sehr gut ein. Irland und Schweden haben die höchsten Werte, wo ca. 80% der Erwachsenen ihre eigene Gesundheit bisher als gut oder sehr gut bezeichneten. Der EU Durchschnitt liegt nur bei 68%, besonders deswegen, weil Erwachsene in den zentral- und osteuropäischen Ländern ihre Gesundheit seltener mit gut oder sehr gut beurteilen. Am niedrigsten ist diese Selbsteinschätzung in Litauen (44%) und Kroatien (47%). Wenig überraschend sinken die Zufriedenheitswerte bei Älteren. Dennoch erfreuten sich noch rund ein Fünftel (21%) der Über-85-Jährigen aus eigener Sicht guter oder sehr guter Gesundheit. Generell waren Männer in der EU deutlich häufiger mit ihrem Gesundheitszustand zufrieden als Frauen.

Wie erwähnt beeinflusst eine Vielzahl von Faktoren den Gesundheitszustand. Diese betreffen nicht nur das eigene Gesundheitsverhalten bzw. die individuellen genetischen Veranlagungen, sondern vor allem das persönliche Lebensumfeld. Die wahrgenommene Zufriedenheit mit der eigenen Gesundheit ist besonders abhängig vom Bildungsstand und der finanziellen Situation. So schätzten 2014 vor allem die einkommensstärksten 65- bis 74-Jährigen ihren Gesundheitszustand zu 60% als gut beziehungsweise sehr gut ein. Im einkommensschwächsten Fünftel waren es nur 36%. Bei den noch Älteren ist die Einkommenshöhe interessanterweise weniger entscheidend für einen guten Gesundheitszustand. Die Über-85-Jährigen wohlhabenden Menschen schätzten ihre Gesundheit zu 24% gut oder sehr gut, bei den Einkommensschwächsten waren es auch nur 22%[29].

---

[29] Siehe: Eurostat: EU-SILC (European Union Statistics on Income and Living Conditions) http://ec.europa.eu/eurostat/web/income-and-living-conditions/data/database

2012 litten in der EU-28 ca. 31% der Menschen an chronischen Krankheiten oder waren von einem langandauernden Gesundheitsproblem betroffen (Rechel et al., 2013). Dieser Anteil ist seit 2005 relativ stabil geblieben. Zwischen den verschiedenen europäischen Ländern gibt es beträchtliche Unterschiede. So sind in Bulgarien nur knapp 19% chronisch krank, während es in Finnland 47% der Bevölkerung sind. Allen Ländern gemeinsam ist, dass Frauen häufiger betroffen sind als Männer.

Wird nun die steigende Lebenserwartung der Gesundheitserwartung gegenübergestellt, so zeichnet sich eine positive Entwicklung deutlich ab: Die in (sehr) guter Gesundheit verbrachten Jahre stiegen stärker als die Lebenserwartung. 2014 verzeichneten Über-65-Jährige beiderlei Geschlechts ca. 11,3 "gesunde" Lebensjahre. Zwischen 1978 und 2014 stieg somit, gerechnet auf die gesamte Lebenserwartung, der Anteil der in subjektiv gutem Gesundheitszustand verbrachten Lebenszeit bei den Männern von 77% auf 84%, bei den Frauen von 70% auf 80%. Bei der gesunden Lebenserwartung liegen somit Männer mit 65,9 Jahren und Frauen mit 66,6 Jahren fast gleichauf. Über-65-Jährige waren in den vergangenen Jahrzehnten besonders vom Sterblichkeitsrückgang begünstigt. Zwischen 1978 und 2014 stiegen die noch vor einem liegenden Lebensjahre oder fernere Lebenserwartung bei Männern von 12,5 auf 18,2 Jahre, bei Frauen von 15,9 auf 21,5 Jahre. Obwohl die gesunden Lebensjahre auch stiegen, wurden wie oben beschrieben, kaum Unterschiede zwischen den Geschlechtern verzeichnet. Somit währt bei Frauen die Lebenszeit in Beeinträchtigung deutlich länger.

Der beschriebene Trend zum gesünderen Altern in den EU-28 wird auch damit untermauert, dass zwischen 2004 und 2012 die Todesursache Krebs rückläufig war, bei Männern mit 10,2% und 5,5% bei Frauen. Noch deutlicher war der Rückgang für ischämische Herzkrankheit als entscheidende Todesursache, die bei Männern um 28,5% und bei Frauen um 30,4% abnahm. Noch vor 2004 waren Herzkreislauferkrankungen die häufigste Todesursache in den damaligen Mitgliedsstaaten (EU-15). Verglichen mit den Herzkreislauferkrankungen war Krebs in weniger als der Hälfte der Fälle Grund des Sterbens. Heutzutage sind die Herzkreislauferkrankungen als Todesursache bei Männern in Belgien, Dänemark, Frankreich, Italien, Luxemburg, Niederlanden, Portugal, Slowenien, Spanien und Großbritannien bereits so gering geworden, dass nun Krebs die überwiegende Todesursache darstellt. Dieser Fortschritt ist mit großer Wahrscheinlichkeit Ergebnis von breiten Präventions- und Aufklärungsmaßnahmen. Aber nicht alle Länder folgen diesem positiven Trend. Insbesondere in osteuropäischen Ländern und Nichtmitgliedsländern sind Herzkreislauferkrankungen noch immer die führende Todesursache (Townsend et al., 2016).

Aktives Altern

EU Bürger sollen durch „Aktivität" gefördert länger gesund altern. Die Weltgesundheitsorganisation (WHO) prägte den Ausdruck „Aktiv Altern" in den späten Neunzigerjahren. Es sollten neben dem bewährten Vorsorgeprinzip „Gesundes Altern" weitere Faktoren geltend gemacht werden, die über die Wahrung der Gesundheit hinaus die Lebensqualität des Einzelnen sowie ganzer Bevölkerungsschichten im Verlauf des Älterwerdens bestimmen (Kalache und Kickbusch, 1997). Dieses Konzept beruht auf der These, dass Alternsprobleme, die aus Funktions- bzw. Beschäftigungslosigkeit resultieren, mithilfe von Ersatzaktivitäten bewältigt werden können (Tartler et al., 1961; Tobin und Neugarten, 1968; Havighurst, 1963, 1968).

Die Annahme war und ist, alternde Menschen haben grundsätzlich dieselben sozialen und psychischen Bedürfnisse wie im mittleren Erwachsenenalter. Die Annahme war weiter, dass „Aktives Altern" positive Effekte für die physische und psychische Weiterentwicklung einer Person oder einer Personengruppe haben kann (Tews, 1996). „Aktiv" bezieht sich in diesem Zusammenhang auch auf die anhaltende Teilnahme bzw. Teilhabe am gesellschaftlichen Leben in allen Dimensionen und darf nicht nur auf körperliche Aktivität oder Erwerbstätigkeit reduziert werden. Die Erwartung war und ist, dass Menschen, die sich aus dem aktiven Erwerbsleben zurückgezogen haben, in individueller Autonomie und Unabhängigkeit wertvolle Beiträge in der Familie oder für andere soziale Gruppen leisten. „Aktives Altern" muss gleichermaßen für alle alten Menschen gelten. Sie muss die Generationensolidarität fördern, und Rechte auf lebenslange Fürsorge bzw. lebenslange Bildung wahren. Es gibt dabei aber auch Pflichten, wie entsprechende Bildungsangebote wahrzunehmen, oder die Aufrechterhaltung von Aktivität einzufordern. Damit versteht sich dieses Konzept als Politikmaßnahme, die gesundes und aktives Altern fördern soll (Walker, 2002). Als unmittelbare Folge ergibt sich, dass die Gesellschaftspräsenz der alternden Bevölkerung gestärkt, die Teilnahme am Arbeitsleben erhöht, das Engagement für ehrenamtliche Tätigkeiten gesteigert und die Beteiligung am politischen Leben intensiviert wird (Walker und Maltby, 2012).

Die Europäische Kommission verabschiedete 2005 ein Grünbuch mit dem Titel "Angesichts des demografischen Wandels – eine neue Solidarität zwischen den Generationen"[30]. Mit dem Diskussionspapier wollte man Vorlagen für Verordnungen und Richtlinien vorstellen, um eine öffentliche und wissenschaftliche Diskussion herbeizuführen und grundlegende politische

---

[30] Siehe: Mitteilung der Kommission – nicht im Amtsblatt veröffentlicht: http://eur-lex.europa.eu/legal-content/DE/TXT/?uri=celex:52005DC0094

Ziele in Gang zu setzen. 2012 rief man das „Europäische Jahr des aktiven Alterns und der Solidarität zwischen den Generationen" aus. Diese Initiative sollte zur Schaffung besserer Beschäftigungsmöglichkeiten und Arbeitsbedingungen für die zunehmende Zahl älterer Menschen in Europa beitragen, ihnen helfen, eine aktive Rolle in der Gesellschaft zu übernehmen, und schlussendlich gesundes Altern fördern[31].

Um relevante Eckpunkte definieren und in weiterer Folge auch bemessen zu können, wurde von der EC ein Index für aktives Altern entwickelt. Der Aktiv-Alterns-Index (AAI)[32] erlaubt nun das gesellschaftliche aber auch wirtschaftliche Gestaltungspotenzial zu bewerten, das ältere bis hochbetagte Menschen entwickeln können. Der AAI ist ein Instrumentarium, das aus 22 Indikatoren besteht, die in vier Gruppen gegliedert sind: Beschäftigung, soziale Teilhabe, eigenständiges Leben und Kapazität für aktives Altern[33]. Für jeden Bereich wird das gewichtete arithmetische Mittel berechnet. Beschäftigung hat ein Gewicht von 35% am Gesamtergebnis des AAI, gesellschaftliche Teilhabe 35%, Selbständiges, gesundes und sicheres Leben 10%, Förderung von entsprechenden Kapazitäten und Schaffung eines produktiven Umfelds für aktives Altern 20% (Methodische Einzelheiten bzgl. der Gewichtung siehe Zaidi et al., 2013). Die Ergebnisskala für aktives Altern reicht von 0-100. Je höher der Wert, desto ausgeprägter ist der gesellschaftliche Beitrag älterer Menschen und desto günstigere Bedingungen liegen vor.

Einzelne nationale AAI Determinanten können gute Hinweise für die Wirkung politischer Maßnahmen bieten, um Investitionen so zu steuern, dass die hohe Qualität von zukünftigen Gesundheits- und Sozialleistungen auch weiterhin bezahlbar bleibt. Der Umstand, dass Länder mit hohen AAI-

---

[31] http://register.consilium.europa.eu/doc/srv?l=DE&f=ST%2017468%202012%20INIT
[32] http://www1.unece.org/stat/platform/display/AAI/Active+Ageing+Index+Home
[33] Eine ausführliche Beschreibung des Indexes Aktives Altern finden Sie unter http://www1.unece.org/stat/platform/display/AAI/Active+Ageing+Index+Home

Werten in allen Bereichen durchgehend gute Ergebnisse erzielen, deutet darauf hin, dass sich die verschiedenen Bereiche des aktiven Alterns gegenseitig verstärken können. Betrachtet man die Trends zwischen dem AAI von 2010 und dem von 2014, so ergibt sich im Durchschnitt der EU-28 ein leichter Anstieg um 2 Punkte (Abb. 4-1). Der höchste Anstieg von etwa 3 Punkten zeigt sich im Bereich der sozialen Teilhabe, während er in den Bereichen eigenständiges Leben und Kapazität für aktives Altern etwa 2 Punkte beträgt. Im Bereich Beschäftigung ist die Veränderung aufgrund der anhaltenden Wirtschafts- und Politikkrise marginal (0,6 Punkte).

Eine Zunahme des Gesamt-AAI um nahezu drei Punkte oder mehr ist in neun Ländern zu beobachten: Italien, Luxemburg, Malta, Österreich, Tschechische Republik, Irland, Bulgarien, Frankreich und Kroatien. In fünf dieser Länder ist diese Zunahme im Wesentlichen durch höhere Werte im Bereich der sozialen Teilhabe bedingt. Die Veränderung im Bereich der sozialen Teilhabe wird in vielen EU-Ländern durch eine starke Erhöhung des Anteils der Über-55-Jährigen beeinflusst, die Kinder oder Enkelkinder betreuen. Dies gilt besonders für Italien, aber auch für Zypern, Irland und die Slowakei.

Auch wenn der AAI in den meisten europäischen Mitgliedsstaaten angestiegen ist, so ist er doch in Griechenland und Lettland gesunken. In den meisten Ländern verbesserte sich der Gesamtindex sowohl für Männer als auch für Frauen, wobei jedoch das Geschlechtergefälle in nahezu allen Ländern beträchtlich war. Bemerkenswert ist die Analyse zwischen AAI und Lebenszufriedenheit, die aufzeigt, dass ein höherer AAI mit einer gesteigerten Lebensqualität von älteren Menschen korreliert. Strategien für aktives Altern wirken sich offensichtlich positiv auf das Wohlergehen des Einzelnen aus, sodass so auch die Lebensqualität älterer Mitmenschen zunimmt.

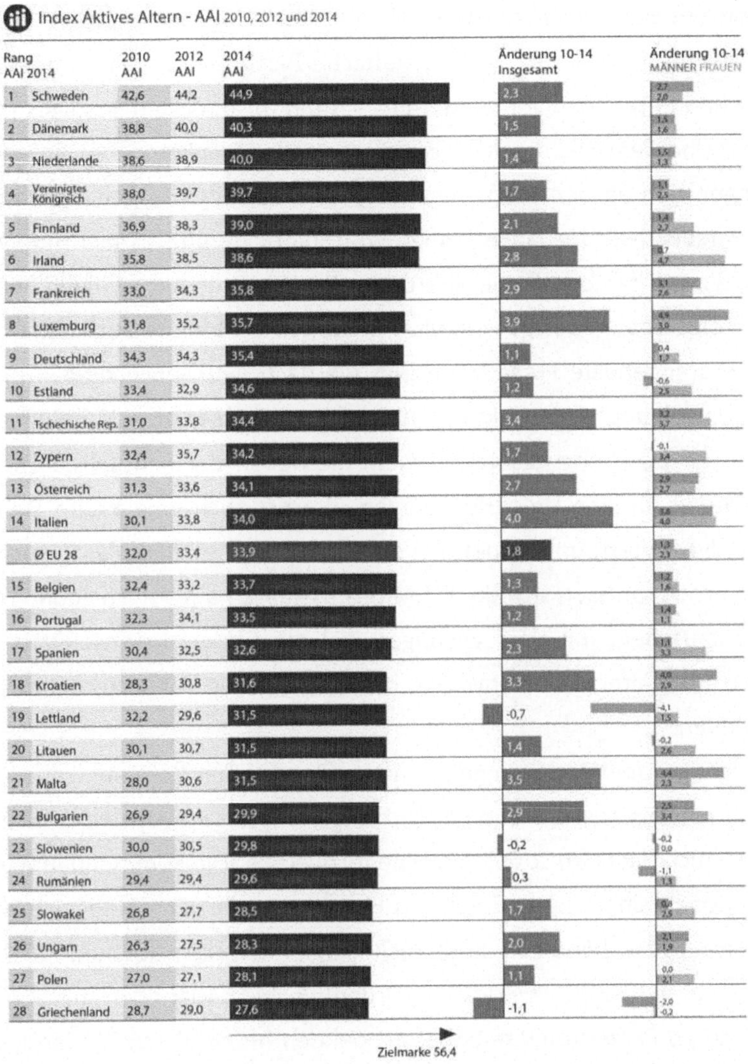

iii Index Aktives Altern - AAI 2010, 2012 und 2014

Rang AAI 2014	2010 AAI	2012 AAI	2014 AAI	Änderung 10-14 Insgesamt	Änderung 10-14 MÄNNER	Änderung 10-14 FRAUEN
1 Schweden	42,6	44,2	44,9	2,3	2,7	2,0
2 Dänemark	38,8	40,0	40,3	1,5	1,5	1,6
3 Niederlande	38,6	38,9	40,0	1,4	1,5	1,3
4 Vereinigtes Königreich	38,0	39,7	39,7	1,7	1,1	2,5
5 Finnland	36,9	38,3	39,0	2,1	1,4	2,7
6 Irland	35,8	38,5	38,6	2,8	0,7	4,7
7 Frankreich	33,0	34,3	35,8	2,9	3,1	2,6
8 Luxemburg	31,8	35,2	35,7	3,9	4,9	3,0
9 Deutschland	34,3	34,3	35,4	1,1	0,4	1,7
10 Estland	33,4	32,9	34,6	1,2	-0,6	2,5
11 Tschechische Rep.	31,0	33,8	34,4	3,4	3,2	3,7
12 Zypern	32,4	35,7	34,2	1,7	-0,1	3,4
13 Österreich	31,3	33,6	34,1	2,7	2,9	2,7
14 Italien	30,1	33,8	34,0	4,0	3,8	4,0
Ø EU 28	32,0	33,4	33,9	1,8	1,3	2,3
15 Belgien	32,4	33,2	33,7	1,3	1,2	1,6
16 Portugal	32,3	34,1	33,5	1,2	1,4	1,1
17 Spanien	30,4	32,5	32,6	2,3	1,1	3,3
18 Kroatien	28,3	30,8	31,6	3,3	4,0	2,9
19 Lettland	32,2	29,6	31,5	-0,7	-4,1	1,5
20 Litauen	30,1	30,7	31,5	1,4	-0,2	2,6
21 Malta	28,0	30,6	31,5	3,5	4,4	2,3
22 Bulgarien	26,9	29,4	29,9	2,9	2,5	3,4
23 Slowenien	30,0	30,5	29,8	-0,2	-0,2	0,0
24 Rumänien	29,4	29,4	29,6	0,3	-1,1	1,3
25 Slowakei	26,8	27,7	28,5	1,7	0,8	2,5
26 Ungarn	26,3	27,5	28,3	2,0	2,1	1,9
27 Polen	27,0	27,1	28,1	1,1	0,0	2,1
28 Griechenland	28,7	29,0	27,6	-1,1	-2,0	-0,2

Zielmarke 56,4

Abb. 4-1 Aktives Altern Index (AAI) für EU-28 Mitgliedsstaaten im Verlauf 2010 bis 2014, entnommen aus „Index Aktives Altern 2014 – Zusammenfassung, Juni 2015, herausgegeben University Southamptom & United Nations Economic Commission for Europe"

Das Konzept des aktiven Alterns baut auf Investitionen in soziale Nachhaltigkeit. Beschäftigungserhalt, gesellschaftliche Partizipation sowie das Bereitstellen und Entwickeln von modernen Mitteln für ein eigenständiges Leben im Alter sind Beiträge, die den Verlust wertvoller Fachkompetenzen und Erfahrungen von älteren Menschen verhindern. Dadurch ergeben sich auch neue Perspektiven für längerfristige wirtschaftliche und soziale Herausforderungen. Die demografische Alterung in Kombination mit „Aktivem Altern" gibt in Folge dessen positive Impulse für die Wirtschaft und Gesellschaft.

Die drängendste Frage ist derzeit die nach einer nachhaltigen praktischen Umsetzung eines „Aktiven Alterns". Es müssen nun Rahmenbedingungen auf EU-Ebene gesetzt werden, die neben der Sensibilisierung der Bevölkerung für den Wert des aktiven Alterns, auch eine breite Debatte über aktives Altern und Generationensolidarität einschließt. Um voneinander zu lernen, müssen sich die EU-Mitgliedsstaaten auf verschiedenen Ebenen austauschen, mit dem wichtigen Ziel die Generationensolidarität zu festigen und Altersdiskriminierung beziehungsweise Altersstereotypen zu überwinden.

Wichtige Überlegungen gelten neuen Formen der Kommunikation, des Informationsaustausches und der Nutzung von sozialstaatlichen Einrichtungen wie auch digitalen sozialen Onlinenetzwerken. Die kommenden älteren Generationen sind bereits durch das Berufsleben mit Computer und Internet vertraut bzw. benützen diese Technologien bereits zeitlebens. 2016 lag die Internet-Nutzerquote EU-weit bei den 55- bis 64-Jährigen mit 66% bereits rund 20 Prozentpunkte höher als bei den heute 65- bis 74-Jährigen[34]. Es gibt viele einsichtige Argumente warum gerade die Benützung dieser

---

[34] Siehe:
http://ec.europa.eu/eurostat/statistics-explained/index.php/Internet_access_and_use_statistics_-_households_and_individuals

Technologie zu einem unabhängigen Leben im Rentenalter beitragen kann und somit eine längere Selbstständigkeit im Alter fördern wird. Beispiele für Alltagserleichterungen sind online-Sprechstunden mit dem Arzt wahrnehmen zu können, virtuelle Behördengänge zu tätigen oder das Bestellen und Anliefern von Lebensmittel. Ausschlaggebend ist vor allem die Kontaktpflege, was durch den Einsatz von neuen (online) Medien in nahezu allen Lebenslagen erleichtert wird, familiäre Beziehungen stärken kann und intensiven persönlichen Austausch auch ohne persönliche Begegnungen ermöglicht. Jedoch bestehen auch bei der Internetnutzung in der EU deutliche Unterschiede zwischen Nord- und Südeuropa sowie zwischen West- und Osteuropa. In Dänemark, Luxemburg und den Niederlanden nutzten 2015 bereits mehr als drei Viertel der 65- bis 74-Jährigen das Internet, in Deutschland waren es und 56%, während es in Griechenland, Rumänien und Bulgarien weniger als 15% der älteren Menschen waren.

Gesundheitsverhalten

Und sie bewegen sich wenig! Bewegung beziehungsweise körperliche Aktivität fördert Fitness und Ausdauer und kann zu einem längeren beschwerdefreien Leben beitragen. Neben den vielen Aktiven gibt es, gewollt oder ungewollt, Ältere, die sehr wenig, oft sogar keine Bewegung machen. Eine Befragung zu Bewegungsverhalten ergab, dass 17% der Über-55 Jährigen in der Woche vor der Befragung nicht ein einziges Mal mindestens zehn Minuten zu Fuß unterwegs gewesen waren. Nur wenige Personen über 55 Jahren treiben Sport. 2013 betrieben laut einer Eurobarometer-Umfrage[35] in der EU nur 41% der Bevölkerung mehr oder weniger regelmäßig Sport. In der

---

[35] Siehe: http://europa.eu/rapid/press-release_MEMO-14-207_de.htm

Altersgruppe über 55 Jahren hielt sich sogar nur knapp jeder Dritte (30%) körperlich fit.

Während Männer in den jüngeren Altersklassen deutlich häufiger als Frauen sportlich aktiv sind, war in der Altersgruppe der Über-55-Jährigen der Unterschied zwischen den Geschlechtern nur noch minimal. Die meisten älteren Menschen machten Sport, um ihren Gesundheitszustand und die Fitness zu verbessern. Aber auch Entspannung, Spaß oder Gewichtskontrolle gehörten zu den Motiven.

Wenn nicht durch sportliche Tätigkeiten, so verschafften sich in der EU immerhin 43% der Generation ab 55 im Alltag Bewegung. Das Fahrrad wird vielerorts als Fortbewegungsmittel genutzt. Viele widmeten sich der Gartenarbeit. Männer waren dabei mit 46% etwas aktiver als Frauen (40%). Dieses Verhalten wird auch damit bestätigt bzw. verstärkt, dass die Altersgruppe ab 55 Betätigungen im Freien besonders schätzt. 44% gaben an, sich im Park oder in der freien Natur zu bewegen, nur 40% zu Hause. 25% nutzten tägliche Wege, um fit zu bleiben. Nur 10% besuchten einen Sportverein und 9% ein Fitnesscenter. Das klare Ergebnis war, dass bei Älteren der institutionalisierte Sport eine relativ geringe Rolle spielt, denn bei den 15- bis 24-Jährigen besuchten 21% einen Sportverein und 22% ein Fitnesscenter. Dieser negative Trend wird auch damit sehr deutlich bestätigt, dass sich nur 5% der Über-55-Jährigen ehrenamtlich für den Sport engagierten, also Sportveranstaltungen organisieren, Verwaltungsaufgaben übernehmen oder aber als Mitglied im Vereinsvorstand bzw. als Trainer und Ähnliches tätig sind.

Für eine lebenslange Erhaltung der Gesundheit insbesondere zur Verhinderung von Herzkreislauferkrankungen, Krebs, Diabetes und chronischen Atemwegserkrankungen spielt neben Bewegung und Sport das Halten des Normalgewichts, Tabakabstinenz sowie geringer Alkoholkonsum eine wesentliche Rolle. Laut WHO Bericht von 2014 liegt Gesamteuropa bei Übergewicht und Adipositas (Fettleibigkeit) nur geringfügig hinter der Region Gesamtamerika. Der Anteil an Übergewichtigen in einzelnen europäischen Staaten reicht von 45-67%.

Adipositas ist ein ernstzunehmendes Gesundheitsproblem. Der Body-Mass-Index (BMI)[36] erlaubt es Fettleibigkeit, die bei einem BMI über 30 besteht, statistisch zu erfassen. In der EU hatten 2014 nur 46,1% der Über-18-Jährigen Jahren Normalgewicht, 51,6% hingegen waren übergewichtig (35,7% präadipös und 15,9% adipös). 2,3% wiesen Untergewicht auf. Über 18 war also jede sechste Person fettleibig. Der Anteil adipöser Erwachsener variiert je nach Altersgruppe und Bildungsniveau. In der Altersgruppe der 65- bis 74-Jährigen lag der Anteil adipöser Menschen bei 22,1%, in der Altersgruppe der 18- bis 24-Jährigen dagegen bei unter 6%. Mit Ausnahme der Über-75-Jährigen gilt generell, dass mit dem Alter der Anteil adipöser Menschen steigt. Interessanterweise scheint das Bildungsniveau[37] wesentlich zu sein, denn der Anteil adipöser Menschen bei Personen mit niedrigem Bildungsniveau betrug fast 20%, bei Personen mit mittlerem Bildungsniveau 16% und bei Personen mit hohem Bildungsstand war er unter 12%.

Neben vielen biologischen und umweltbedingten Faktoren wird der Ernährung eine besonders wichtige Rolle beim Altern beigemessen. Menge und Auswahl der Nahrungsmittel beeinflussen den Alterungsprozess. Es gibt

---

[36] Der Body-Mass-Index (BMI) ist definiert als Körpergewicht in Kilogramm, geteilt durch das Quadrat der Körpergröße in Metern. Es gelten folgende Definitionen: - Untergewicht: BMI unter 18,5 - Normalgewicht: BMI zwischen 18,5 und unter 25 - Präadipositas: BMI zwischen 25 und 30 - Adipositas: BMI von 30 oder mehr - Übergewicht: BMI von 25 oder mehr (Präadipositas + Adipositas)

[37] Bildungsniveau bezieht sich auf die standardisierten Stufen der Internationalen Standardklassifikation für das Bildungswesen (ISCED); niedriges Bildungsniveau ISCED Stufen 0-2 oder Elementarbereich, Primarbereich sowie Sekundarbereich I; mittleres Bildungsniveau ISCED Stufen 3-4 oder Sekundarbereich II sowie postsekundärer, nicht tertiärer Bereich; hohes Bildungsniveau ISCED Stufen 5-8 oder ter-tiärer Bereich

viele Hinweise, dass besonders die Zusammensetzung und Zubereitung von mediterranem Essen die Entstehung von verschiedenen altersbedingten Krankheiten hintanhält, während fett- und proteinreiche westliche Ernährung das Gegenteil bewirkt. Leichte unterschwellige dafür chronische Entzündungen, die durch lösliche Entzündungsstoffe in den gesamten Körper getragen werden, sind ein Bestandteil des natürlichen Alterungsprozesses. Unterschwellige Entzündungen bei älteren Menschen stellen oft eine (Mit-) Ursache für die Entstehung altersbedingter Erkrankungen wie Arteriosklerose (Verdickung und Verhärtung der Arterienwände mit in der Folge erhöhtem Herzinfarkt- und Schlaganfallrisiko), Typ-2-Diabetes und zu geistigem Verfall führende Neurodegeneration. Der Verlauf und die Stärke einer solchen systemischen Entzündung lassen sich durch Art und Menge der Ernährung günstig beeinflussen.

Deshalb gilt zurzeit der Ausarbeitung einer alterungsspezifischen Ernährungspyramide nicht nur der Über-65-Jährigen besonderes Augenmerk. Es besteht breiter Konsens, dass Ernährungsleitlinien hilfreich sind. Insbesondere welche Mengen und genaue Bestandteile eine ausgewogene Ernährung ausmachen. An einer zukünftigen Empfehlung für eine Lebensmittelpyramide für ältere Menschen wird noch gearbeitet. Sie wird wohl verglichen zum nun gelten Standard anders aussehen. Der altersspezifische Nahrungsmittelbedarf muss sowohl auf der individuell benötigen Menge und Nährstoffdichte basieren, soll aber auch die Zufuhr einer entsprechenden Menge von Flüssigkeit, Ballaststoffen, Vitamin D und Vitamin B_{12} garantieren, um altersbedingten Erkrankungen und Leistungsabbau effizient entgegenzuwirken. Klarerweise bedarf es neben der Produktion gesunder Lebensmittel, eines positiven Images und eines besseren Verständnisses der Bedeutung der Ernährung für ein gesundes Altern. Nur so können sich die

Gesundheit und die Lebensqualität aller Menschen in Europa nachhaltig verbessern.

Neben falscher Ernährung und Übergewichtigkeit zählen Alkohol- und Tabakkonsum zu den Hauptrisikofaktoren für eine erhöhte Sterblichkeit. Laut WHO konsumiert in der Europäischen Region jeder Über-15-Jährige pro Jahr elf Liter reinen Alkohol, weltweit sind es nur 6,2 Liter, in Nord- und Südamerika sind es durchschnittlich 8,4 Liter, in Afrika sechs, in den Staaten östlich des Mittelmeers nur 0,7 Liter (Südostasien: 3,5 Liter, Westpazifik: 6,8 Liter). Neben Alkohol ist auch der Tabakkonsum in der EU am höchsten. 30 Prozent aller Über-15-Jährigen sind Raucher. 2014 rauchten 19,2% der Über-15-Jährigen, täglich irgendein Tabakerzeugnis und weitere 4,7% gelegentlich. Der Anteil der aktiven Raucher war bemessen an der Gesamtbevölkerung bei Frauen mit 19,5% deutlich niedriger als bei Männern mit 28,7%. Darüber hinaus waren etwas mehr als ein Fünftel (21,6%) der EU-Bevölkerung ab 15 Jahren täglich Tabakrauch in Innenräumen ausgesetzt. Der Tabakkonsum stellt eines der größten vermeidbaren Gesundheitsrisiken in der EU dar. Viele Krebsarten sowie zahlreiche Herz-Kreislauf- und Atemwegserkrankungen sind darauf zurückzuführen.

Ausblick

Die EU verpflichtete sich in ihrem Gründungsvertrag[38] mit Artikel 3 Absatz 1 explizit dazu, das Wohlergehen ihrer Völker zu fördern. Ein wichtiges unionsgesellschaftliches Ziel wird im Vertrag über die Arbeitsweise der EU definiert. In Artikel 6 wird darauf hingewiesen, dass Maßnahmen zur Verbesserung der menschlichen Gesundheit zu treffen sind. In vielen weiteren

---

[38] Siehe konsolidierte Fassungen der EU Verträge: http://eur-lex.europa.eu/legal-content/DE/TXT/HTML/?uri=OJ:C:2010:083:FULL&from=de

Ausführungsbestimmungen gilt es, den Schutz der Gesundheit der Bevölkerung in allen Politikbereichen zu berücksichtigen. Die öffentliche Gesundheit soll kontinuierlich verbessert, Krankheiten verhindert und Gefahrenquellen für die physische und psychische Gesundheit minimiert werden. Das geltende Rahmenkonzept für eine Gesundheitspolitik in der Europäischen Region heißt „Gesundheit 2020"[39]. Es soll Maßnahmen in allen Bereichen von Staat und Gesellschaft unterstützen, die der Verwirklichung folgender Ziele dienen: Verbesserung von Gesundheit und Wohlbefinden der Bevölkerung, Abbau von Ungleichheiten im Gesundheitsbereich, Stärkung der öffentlichen Gesundheit und Gewährleistung nachhaltiger bürgernaher Gesundheitssysteme, die flächendeckend sind und Chancengleichheit sowie qualitativ hochwertige Leistungen bieten. In dieser Gesundheitsstrategie werden Investitionen in Gesundheit und die Schaffung gesellschaftlicher Normen, die Gesundheit wertschätzen, vorrangig behandelt. Die von vielen geteilte und auf alle Altersgruppen zu beziehende Einschätzung jedenfalls ist es, dass eine gute ökonomische und soziale Entwicklung Europas ohne eine gesunde Bevölkerung nicht gelingen wird.

Die Verankerung des Themas „Gesundes Alter" kann nur in den unterschiedlichen nationalen Gesundheits- und Sozialsystemen stattfinden. Es sollte aber versucht werden, europaweit gültige Umsetzungsstandards zu entwickeln und einzusetzen, um bald schlagkräftige und kosteneffiziente Strukturen in der Medizin, Pharmazie und Pflege in möglichst allen Mitgliedsstaaten zu haben. Gesund zu altern gelingt, wenn individuelle vorbeugende Maßnahmen gelebt werden. Die grundlegenden Mechanismen von Alterungsvorgängen, insbesondere die damit verbundenen vielfältigen körperlichen und geistig seelischen Veränderungen, sind weitestgehend ver-

---

[39] Vgl. http://www.euro.who.int/de/health-topics/health-policy/health-2020-the-european-policy-for-health-and-well-being/about-health-2020

standen. Die Bevölkerung muss nun mit diesem detaillierten Wissen und mit zielführenden Umsetzungsstrategien zur Gesundheitsprävention und – vorsorge vertraut gemacht werden.

Aufgrund der Breite und Komplexität dieses Themas sind vor allem Universitäten aufgefordert „Gesundes Altern" mit den breiten Mitteln, die in Lehre und Forschung zur Verfügung stehen, nachhaltig zu stärken. Besonders gesellschaftlich wirksam ist es, wenn alle jene, die einen höherem Bildungsabschluss anstreben, ähnlich wie zu ökologischen Themen, grundlegende Zusammenhänge während ihrer Studien diskutieren und in fachspezifischen Ausbildungsbereichen vertiefen. Ihre spätere Tätigkeit als Verantwortungs- und Entscheidungsträger in den vielen unterschiedlichen Positionen erleichtert die breite Streuung des notwendigen Wissens aber auch die effiziente Implementierung von entsprechend präventiven Umsetzungsmaßnahmen.

Literatur

Behl C und Ziegler C (2016): *Molekulare Mechanismen der Zellalterung und ihre Bedeutung für Alterserkrankungen des Menschen.* Berlin, Heidelberg: Springer-Verlag, ISBN 978-3-662-48249-0

Bond J, Dickinson H, Matthews F, et al. (2006): *Self-rated health status as a predictor of death, functional and cognitive impairments: a longitudinal cohort study.* Eur J Ageing 3, 193–206

Gompertz B (1825): On the Nature of the Function Expressive of the Law of Human Mortality, and on a New Mode of Determining the Value of Life Contingencies. *Philosophical Transactions of the Royal Society of London* 115, 513–585

Harbers M, Verschuuren M und de Bruin A (2015): *Implementing the European Core Health Indicators (ECHI) in the Netherlands: an overview of data availability.* Arch Public Health 73, 9

Havighurst RJ (1963): *Dominant concerns in the life cycle.* Schenk-Danzinger, L. und Thomae, H. (Hrsg.) *Gegenwartsprobleme der Entwicklungspsychologie.* Göttingen: Hogrefe 301–331

Havighurst RJ (1968): *Ansichten über erfolgreiches Altern.* Thomae, H. und Lehr, U. (Hrsg.) *Altern – Probleme und Tatsachen.* Frankfurt: Akademische Verlagsanstalt, 567–571

Heuberger M (2012): *Theory based development of indicators as the foundation of an active design of demographic change in rural areas. Association luxembourgeoise des organismes de sécurité sociale.* Bulletin luxembourgeois des questions socials 29, 187-207

Kalache A und Kickbusch I (1997): *A global strategy for healthy ageing.* World Health 4, July–August, 4–5

Moore K, Persaud TVN und Viebahn, C (2007): *Embryologie: Entwicklungsstadien – Frühentwicklung – Organogenese – Klinik.* München: Elsevier, 5. Auflage 2007 ISBN 978-3-437-41112-0, 25–26

Mucha L, Stephenson J, Morandi N et al. (2006): *Meta-analysis of disease risk associated with smoking, by gender and intensity of smoking.* Gend Med 3, 279-291

Murray CJ, Vos T, Naghavi M et al. (2012): *Disability-adjusted life years (DALYs) for 291 diseases and injuries in 21 regions, 1990–2010: a systematic analysis for the Global Burden of Disease Study 2010.* Lancet 380, 2197–223

OECD/EU (2016): *Health at a Glance: Europe 2016 – State of Health in the EU Cycle, Paris.* OECD Publishing

Preston SH (1975): The Changing Relation between Mortality and Level of Economic Development. Population Studies 29, 231–248

Rechel B, Grundy E, Robine JM et al. (2013): *Ageing in the European Union.* Lancet 381, 1312–1322

Statistisches Bundesamt (2015): *Todesursachenstatistik ab 1998. Sterbefälle, Sterbeziffern (je 100.000 Einwohner, altersstandardisiert)* www.gbe-bund.de

Tartler R (1961): *Das Alter in der modernen Gesellschaft*. Stuttgart: Enke

Tews HP (1996): *Produktivität im Alter*. Baltes M. M. und Montada L. (Hrsg.) *Produktives Leben im Alter*. Frankfurt: Campus Verlag, 184-210

Tobin SS und Neugarten B (1968): *Zufriedenheit und soziale Interaktion im Alter*. Thomae H und Lehr U (Hrsg.) *Altern – Probleme und Tatsachen*. Frankfurt: Akademische Verlagsanstalt 572-578

Townsend N, Wilson L, Bhatnagar P et al. (2016): *Cardiovascular disease in Europe*: epidemiological update 2016. European Heart Journal 37, 3232–3245

Wahl HW und Heyl V (2015): *Gerontologie – Einführung und Geschichte*. Stuttgart, 2 Auflage, Kohlhammer GmbH, ISBN 978-3-17-026125-9

Walker A (2002): *A strategy for active ageing*. International Social Security Review, 55, 121–139

Walker A und Maltby T (2012): *Active ageing: A strategic policy solution to demographic ageing in the European Union*. Internat J Soc Welfare 21, 117–130

WHO (2002): *Aktiv Altern – Rahmenbedingungen und Vorschläge für politisches Handeln*. WHO/NHM/NPH/02.8 Geneva: World Health Organisation

Zaidi A, Gasior K, Hofmarcher MM et al. (2013): *Active Ageing Index 2012. Concept, Methodology and Final Results*. Research Memorandum/ Methodology Report, European Centre Vienna

5 Alterung von Blutgefäßen
Mikrofluidische Analysen von Stammzellen und Kalzifizierung der extrazellulären Matrix

Raffael Maurer

Mesenchymale Stammzellen sind Stammzellen des Bindegewebes, die zu Fett-, Muskel-, Knorpel- und Knochenzellen differenzieren können. Sie sind maßgeblich an der Knochenbildung beteiligt. Die Alterung dieser Zellen kann auch für ein vermehrtes Absondern und Einlagern von Kalzium in Geweben verantwortlich sein. Kalzifizierung von Gefäßen ist besonders relevant für den Verlauf von Herz-Kreislauf Erkrankungen (Cardio-Vascular Diseases (CVDs)). Nach der CVD-Statistik aus dem Jahre 2012 sterben in etwa 50% der Bevölkerung der Europäischen Union an einer CVD (Nichols, 2012). Dieser Problematik widmet sich die seit 1990 laufende Bruneck Studie, im Zuge derer Individuen aus der gleichnamigen Südtiroler Stadt in 5 Jahreszyklen insbesondere im Hinblick auf CVD Risiken untersucht werden.

Besonderes Augenmerk legte die Studie auf externe Faktoren wie Lebensweise und Ernährung (Willeit und Kiechl, 1993). Unser Ziel ist es nun, eine neuartige Analytik in Form eines Biochips zu entwickeln. Hierbei handelt es sich um einen Kunststoffteil vergleichbar in Größe und Beschaffenheit mit Glasobjektträgern wie sie für die Mikroskopie verwendet werden. In diesen Kunststoff sind Kanäle mit wenigen µm Breite (1-300 µm) und Tiefe (5-150 µm) eingearbeitet, um Zellen, Plasma, Medium und Reagenzien ähnlich wie in einem richtigen Labor, aber eben in mikroskopisch kleiner Form zusammenzuführen und Experimente oder Analysen damit zu machen. Mit einem solchen Biochip soll an Zellen der Einfluss von Blutbestandteilen und anderen Produkten von Zellen in Bezug auf die Kalzifizierung ihrer unmittelbaren Umgebung untersucht werden können. Letztendlich wollen wir diese Ergebnisse mit den klinischen Studienergebnissen der Bruneck Studie vergleichen. Das gemeinsame Ziel ist es direkt aus Blutproben Risiken für CVD Erkrankungen bestimmen zu können.

Wir sind überzeugt, dass das neue Verfahren deshalb zielführend ist, da wir erwarten mit sehr wenig klinischem Probenmaterial und geringsten Mengen an Reagenzien über einen schnellen und sensitiven Analyseverlauf reproduzierbare Ergebnisse zu erhalten (Whitesides, 2006). Mit den heute gängigen herkömmlichen Techniken der statischen Zellkultur ist es kaum möglich die Vielzahl an notwendigen Experimenten mit der begrenzten Menge an menschlichen Blut- und Gewebeproben durchzuführen.

Kalzium

Kalzium ist ein grundlegender Schlüsselbestandteil für den menschlichen Körper. So ist Kalzium wichtig für den Knochen- und Knorpelaufbau und auf zellulärer Ebene für den Signalaustausch zwischen den Zellen. Kalzium wird aus der Nahrung bezogen und in großen Mengen im Körper gespeichert. Bei der Nahrungsaufnahme wird grob ein Drittel vom Körper aufgenommen, der Rest wird wieder ausgeschieden. 99% werden in den Knochen und den Zähnen abgelegt. Das fehlende Prozent findet sich vor allem im extrazellulären Serum wieder. Die Menge an extrazellulärem Kalzium steht in Einklang mit dem Kalziumlevel im Plasma und hält dieses über verschiedene Hormone und andere bioaktive Faktoren in engen Grenzen, typischerweise zwischen 8,4 und 9,5 mg/dl (Beto, 2015). Dieser Pegel bleibt selbst bei Nahrungsaufnahme weitestgehend konstant. Deshalb kann die Serumkonzentration nicht als Indikator für die Regulation des Kalziumhaushaltes herangezogen werden. Dafür sind die Nieren, der Darm und die Knochen verantwortlich. Am schnellsten reagieren die Nieren, dann der Darm und zuletzt die Knochenmatrix. Neben dem Aufbau des Skeletts ist Kalzium unbedingt für die Gefäßkontraktion und -dilatation, Muskelfunktionen, nervöse Signalübertragung, innerzelluläre Signalwege und hormonelle Sekretion erforderlich (Beto, 2015).

Das Kalziumgleichgewicht im Serum hängt auch direkt mit dem Phosphatgehalt zusammen. Kalziumaufnahme korreliert stark mit dem Spiegel an Vitamin-D. Geringere Mengen an Vitamin-D im Plasma verlangsamen die Enzymaktivität von 25-OH-VitaminD3-1-alpha-Hydroxy-lase, was wiederum die Differenzierung und Proliferation von Kochenzellen beeinflusst (Beto, 2015). Bei der Entstehung, Erhaltung und notwendiger Reparatur von Knochen wandern Knochenvorläuferzellen, sogenannten Osteoblasten, die wiederum direkte Abkömmlinge von mesenchymalen Stammzellen sind, in nicht mineralisierte Matrixvesikel ein, die dann Phosphat- und Kalzium-Ionen anhäufen und so die Mineralisierung des Knochengewebes ankurbeln. Auf zellulärer Ebene werden Natrium- und Phosphat-Transportproteine zu Hydroxyapatit Kristallen zusammengebaut bevor daraus die eigentliche Knochenmatrix hervorgeht. Dieser Prozess ist stark vom Lebensalter abhängig. Nach 25-30 Jahren ist der Knochenaufbau abgeschlossen; danach liegt der Schwerpunkt in der Erhaltung der Knochensubstanz und dem Verhindern des Abbaus. Ab dem 50. Lebensjahr geht es nur mehr um die Erhaltung der Knochendichte und das Verhindern des Knochenverlustes (Beto, 2015). Der krankhafte Verlust an Knochensubstanz, auch Osteoporose genannt, geht mit einem erhöhten Risiko an Knochenfrakturen einher. Ergebnisse einer Studie von Yang und Kim zeigen eine klare Verbindung zwischen Osteoporose und einem erniedrigten Gehalt an Vitamin-D im Serum auf (Yang und Kim, 2014).

Kalzifizierung

Im Fall von Gefäßkalzifizierung ist der Sachverhalt bislang wenig verstanden. Bekannt ist, dass Kalziumanhäufungen zu Versteifungen der elastischen Blutgefäße führen und mitunter für Arteriosklerose und Herzanfälle verantwortlich sind. Welche Faktoren die Kalziumablagerungen begünstigen, wird jedoch sehr kontrovers diskutiert. Es gibt aber gesicherte Hinweise, dass Vitamin-K eine entscheidende Rolle spielt (Rennenberg, 2010; Schurgers, 2012); beispielsweise schützt Vitamin-K2 die Arterien vor Kalzifizierung (Okuyama, 2015).

Diese Fragestellungen sind Themen des von der FFG geförderten Forschungsprojektes VASCage. Die Ziele des Projektes sind besonders von der "European Society of Cardiology and Other Societies on Cardiovascular Disease Prevention in Clinical Practice" geforderte Forschungsaspekte (Eckardstein, 2016). Im speziellen sind wir daran interessiert nicht einfach einzelne im Serum vorkommende Faktoren auf deren Bedeutung in der extrazellulären Kalzifizierung von Blutgefäßzellen zu untersuchen, sondern deren Zusammenspiel zu verstehen.

Um die gewählte Fragestellung bearbeiten zu können benötigt man ein Modell, welches zumindest Teile des komplexen Aufbaues und Funktion eines Gefäßes im Labor simulieren und nachstellen kann. Biochips erlauben es einzelne Prozessparameter wie Temperatur, Gradienten, pH-Werte und Sauerstoffgehalt im Experiment zu überwachen und in engen Bereichen zu regulieren, was entscheidende Vorteile im Vergleich zu einem Tiermodell bringt. Basierend auf den Pionierarbeiten von Whitesides (Whitesides, 2006) bauen wir mikrofluidische Analyseeinheiten, die es auch erlauben lebende Zellen über längere Zeiträume zu kultivieren, zu manipulieren und zu beobachten. Dazu muss Diffusion von Reagenzien oder Blutbestandteilen erfolgen können bzw. deren Ausbreitungen innerhalb des Biochips von uns genau und unabhängig von anderen Parametern kontrolliert werden können. In einem einfachen Gradientendesign (Siehe Funktionsschema in Abbildung 5-1) wollen wir den Einfluss von Faktoren durch deren Zugabe in verschiedenen Konzentrationen innerhalb eines einzelnen Experiments untersuchen. Der Transport von den zelleigenen Reservoiren an Kalzium - dies sind das Endoplasmatische Retikulum und die Mitochondrien - in den Extrazellulären Raum werden wir zunächst mithilfe von spezifischen Farbstoffen messen. Auch möglich ist die Messung der Impedanz (frequenzabhängiger elektrischer Widerstand), die es erlaubt Zellveränderung und Ablagerungen um Zellen zu quantifizieren (Rutten, 2015). Der Vorteil bei dieser Methode besteht darin, dass die Messung kontaktfrei und ohne die Zuführung von Indikatorstoffen, die die Zellen stören könnten, funktioniert. Wir fertigen Biochips, in denen ein Impedanz-Sensor eingebaut ist, und wollen die Ergebnisse mit konventionellen Methoden überprüfen. Wir erhoffen uns damit eine schnelle und sensitive Testmethode zu entwickeln, die für die Serumdiagnostik anwendbar ist.

Die mikrofluidischen Biochips eignen sich auch hervorragend für Ko-Kulturen. So haben wir bereits begonnen diverse Zellen (U2OS, SAOS, HEK293, MRC5) in Chips gemeinsam mit Medium zu versorgen und können so die Beeinflussung einer Zelle auf die andere untersuchen. Wir hoffen, dass diese neuen Analyseformen für die Überprüfung von Ergebnissen unserer Forschungspartner im Projekt VASCage zweckdienlich sein werden, aber auch verwendet werden können, um die spezifischen Einflüsse von einzelnen Faktoren im Zusammenhang mit altersassoziierten Herz-Kreislauf-Erkrankungen im Zeitverlauf genauestens charakterisieren zu können.

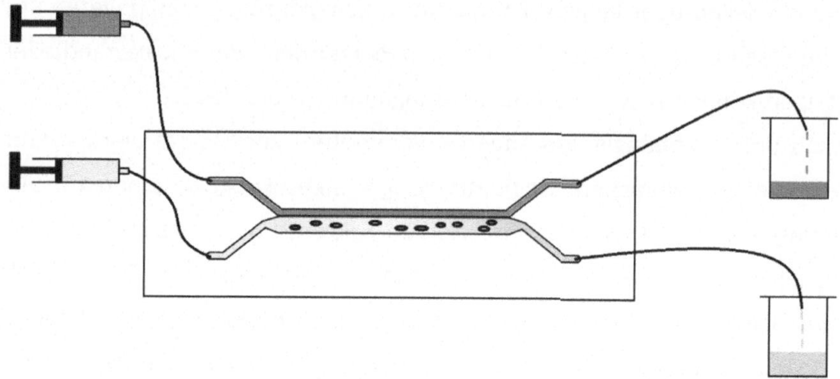

Abb.5-1: Schema des Gradienten-Biochips bestehend aus 2 Kammern. In der unteren leben und wachsen Stammzellen welche über eine Spritzenpumpe mit Medium versorgt werden. In der andern- über Poren mit der ersten Kammer verbundenen zweiten Kammer- fließen die auf die Zellen wirkende und zu untersuchenden Reagenzien. In der Zellkammer stellt sich somit ein von links nach rechts anwachsender Konzentrationsgradient ein. Der Chip befindet sich während des Experiments in einer Inkubationskammer die die notwendigen Konzentrationen an Sauerstoff und CO_2 sowie die Temperatur konstant hält.

Stammzellnische

Da die für die Fertigung der beschriebenen Biochips notwendigen Verfahren direkt auch auf andere Designs von Mikrostrukturierungen anwendbar sind, untersuchen wir parallel die Einflüsse der Biomechanik und Geometrie der unmittelbaren Umgebung der Zellen auf diese. Die nächste Umgebung von Stammzellen wird häufig unter dem Begriff ‚Nische' zusammengefasst. Wir gehen davon aus, dass die Nische von Stammzellen wesentlich für ihre Alterung ist. Die Aktivität von Stammzellen ist jedenfalls wesentlich für die Geweberegeneration. In diesem Zusammenhang müssen sie sich kontrolliert vermehren bzw. differenzieren und alte Zellen im Körper ersetzen. So konnte gezeigt werden, dass äußere Einflüsse wie z. B. mechanische Impulse oder die Steifigkeit der Nische, mesenchymale Zellen stimulieren und anleiten unterschiedliche Reparatur-Ersatzzellen zu bilden, sodass neben Knochenvorläufer auch Fettzellen entstehen können (Liu, 2013). Dieser letztgenannte Aspekt könnte auch für die Kalzifizierung von Gefäßen wichtig und aufschlussreich sein, besonders deshalb da die grundlegenden Mechanismen, die zur Verkalkung von Gefäßen im Menschen führen, derzeit noch unklar sind.

Wir glauben, dass die Verwendung dieser neuen Technologie uns helfen wird, die Umgebung von Zellen in unterschiedlicher Weise, in jedem Falle aber sehr kontrolliert, so manipulieren zu können, dass es uns gelingt herauszufinden, was die Alterung von Gefäßzellen beschleunigt. Im Besonderen wollen wir damit untersuchen was die Ablagerung von Kalzium begünstigt. Molekulare Mechanismen sowie zelluläre Interaktionen und Veränderungen genauestestens und auf kleinstem Raum kontrollieren und regulieren zu können, war für diese Fragestellung bisher noch nicht möglich.

Literatur

Beto JA (2015): *The Role of Calcium in Human Aging*. Clin Nutr Res 4, 1-8

Liu M, Liu N, Zang R et al. (2013): *Engineering stem cell niches in bioreactors*. World J Stem Cells 5, 124-135

Nichols M, Townsend TN, Scarborough P et al. (2014): *Cardiovascular disease in Europe 2014: epidemiological update* Eur Heart J 35, 2950-2959

Okuyama H, Langsjoen PH, Hamazaki T et al., (2015): *Statins stimulate atherosclerosis and heart failure: pharmacological mechanisms*. Expert Rev Clin Pharmacol 8, 189-99

Piepoli MF, Hoes AW, Agewall S et al. (2016): *2016 European guidelines on cardiovascular disease prevention in clinical practice*. Eur J Prev Cardiol 23, 1-96

Rennenberg RJ, Schurgers LJ, Kroon AA et al. (2010): *Arterial Calcifications*, J Cell Mol Med 14, 2203-2210

Rutten MJ, Laraway B, Gregory CR et al. (2015): *Rapid assay of stem cell functionality and potency using electric cell-substrate impedance sensing*. Stem Cell Res Ther 6, 192

Schurgers LJ, Joosen IA, Laufer EM et al., (2012): *Vitamin K-Antagonists Accelerate Atherosclerotic Calcification and Induce a Vulnerable Plaque Phenotype*. PLOS ONE 7, e43229

Villeda SA, Plambeck KE, Middeldorp J et al. (2014): *Young blood reverses age-related impairments in cognitive function and synaptic plasticity in mice*. Nat Med 20, 659-663

Whitesides GM (2006): *The origins and the future of microfluidics*. Nature 442, 368-373

Willeit J und Kiechl S (1993): *Prevalence and risk factors of asymptomatic extracranial carotid artery atherosclerosis. A population-based study*. Arter Thromb Vasc Bio 13, 661-668

Yang YJ und Kim J (2014): *Factors in relation to bone mineral density in Korean middle-aged and older men: 2008-2010 Korea National Health and Nutrition Examination Survey*. Ann Nutr Metab 6, 50-9

6 Grundlagen der Biogerontologie

Klaus Richter

Das Phänomen des Alterns hat seit jeher die Menschen beschäftigt. So haben sich schon im Altertum die Griechen in der Sage von Eos und Tithonos diesem Thema gewidmet: Eos, die Göttin der Morgenröte heiratete Tithonos, den Sohn des trojanischen Königs Laomedon. Vom Göttervater Zeus erbat Eos Unsterblichkeit für Tithonos, vergaß aber auch ewige Jugend zu erbitten. Und so lebte Tithonos zwar weiter, der Alterungsprozess hingegen schritt unaufhaltsam voran. Schließlich blieb von ihm nicht viel mehr als eine krächzende Stimme und letztendlich wurde er zur Erlösung in eine Zikade verwandelt.

Ist es nun tatsächlich so, dass der Alterungsprozess selbst bei göttlich garantierter Unsterblichkeit unerbittlich voranschreitet? Nicht unbedingt: Tatsächlich wurde gezeigt, dass Bakterien, die sich ständig symmetrisch teilen, nicht altern. Auch der Süßwasserpolyp Hydra, der immerhin schon ein ganz einfaches Nervensystem besitzt, zeigt keinerlei Alterungserscheinungen. Dies wird damit begründet, dass seine Stammzellen eine unbegrenzte Kapazität zur Selbsterneuerung aufweisen. Eine wesentliche Rolle spielt dabei der Transkriptionsfaktor FoxO (Boehm et. al.2012). Im Gegensatz zu Hydra altern alle Wirbeltiere, wenngleich recht unterschiedlich schnell. So beträgt die Lebensspanne der Hausmaus 2 bis 3 Jahre, wohingegen sie beim Grönlandhai jenseits von 400 Jahren liegen kann (Nielsen et.al.

2016). Das bisher am längsten lebende Tier dessen Lebenslauf dokumentiert ist war die Riesenschildkröte Adwaita („der Einzigartige"): Er schlüpfte 1750 oder schon früher auf den Seychellen aus seinem Ei und starb im März 2006 im Zoo von Kalkutta und wurde somit zumindest 256 Jahre alt.

Selbst wenn wir uns nur auf die Säugetiere beschränken, variiert die Lebensspanne zwischen verschiedenen Gattungen bis zum 100-fachen! Generell gilt hier, dass kleine Tiere kürzer leben als große: Ein Hund lebt viel länger als eine Maus und ein Elefant viel länger als ein Hund. Aber auch hier gibt es sehr große Abweichungen. Die Maus lebt wie schon erwähnt bis zu 3 Jahren, während der verwandte Nacktmull, der ebenfalls ein Nagetier ist, bis zu 28 Jahre alt werden kann. Obwohl also manche Organismen sehr rasch und manche recht langsam altern, so gilt doch ganz allgemein: Altern wird charakterisiert durch Abnahme der Fitness, Zunahme von schädlichen Veränderungen und vor allem auch durch die massive Erhöhung des Risikos zu sterben! Für den Menschen gilt, dass mit 80 Jahren das Risiko zu sterben 300 Mal größer ist als mit 20 Jahren (Lipsky und Mitch 2015).

Theorien zum Altern

Um Altern erklären zu können wurden zahlreiche Theorien entwickelt. Ein Herr Medvedev hat sich im Jahre 1990 die Mühe gemacht, sämtliche Theorien zu sammeln und ist dabei auf über 300 gekommen (Medvedev 1990). Mittlerweile sind noch einige dazu gekommen. Dies zeigt jedenfalls, dass das Altern ein sehr komplexer Vorgang ist, der noch keineswegs ausreichend verstanden wird. Eine jüngere Arbeit versucht die verschiedenen Theorien zu kategorisieren und zwar in „Programmtheorien", „Kombinierte Theorien" und „Schadenstheorien" (da Costa J.P. et al. 2016). Die „Programmtheorien" gehen davon aus, dass der Alterungsprozess zumindest teilweise genetisch programmiert ist. Zu diesen Theorien gehört auch jene der "Replikativen Seneszenz" (Hayflick 1965). Hayflick hat bereits 1965 beobachtet, dass sich Zellen, die in Zellkultur gehalten werden, etwa 40-50 mal teilen und dann in einen Zellzyklusstop gelangen, aus dem es kein Entkommen mehr gibt. Erklärt wurde dieses Phänomen damit, dass bei jeder Zellteilung ein Stück der Telomere, die gewissermaßen Schutzkappen der Chromosomen sind, verloren geht: Werden sie zu kurz, kann sich die Zelle nicht mehr teilen. Später hat sich herausgestellt, dass Seneszenz auch durch eine Reihe von Stressfaktoren, u.a. durch oxidativen Stress, hervorgerufen werden kann. Generell gilt, dass Seneszenz einen wichtigen anti-Tumor Mechanismus darstellt: Treten in einer Zelle schwere Schäden auf, wird damit verhindert, dass sich die Zelle weiter teilt. So wird verhindert, dass diese Schäden zur Tumorbildung führen können. In weiterer Folge werden seneszente Zellen vom Immunsystem erkannt und entfernt, ein Prozess, der mit zunehmendem Alter nicht mehr vollständig funktioniert. Werden im Mausmodell seneszente Zellen zerstört, so können altersbedingte pathologische Veränderungen an Lunge (Hashimoto et al. 2016) sowie an Nieren, Herz und Fettgewebe (Baker et al. 2016) hintan gehalten werden. Es deutet also vieles darauf hin, dass seneszente Zellen einen wesentlichen Anteil zu der reduzierten Funktionsfähigkeit alter Organe sowie zur Entstehung altersbedingter Erkrankungen beitragen (Childs et al. 2015). Die Ausbildung seneszenter Zellen kann auch als ein Aspekt der evolutionären Alternstheorie der "Antagonistischen Pleiotropie" gesehen werden die Folgendes besagt: Im Laufe der Evolution können sich Mutationen ansammeln, die für die frühe Lebensphase einen Vorteil bringen, später aber nachteilig wirken (Williams 1957). Im Fall der seneszenten Zellen wäre das die Verhinderung von Tumorbildung in frühen Jahren mit einer massiven Beeinträchtigung der Organfunktion im späten Leben. Ebenso zu den evolutionären Theorien gehört die „Disposable Soma Theorie" (Kirkwood und Austad 2000), die davon ausgeht, dass die Energieressourcen für einen Organismus nicht unbegrenzt sind und sie daher nur zu einem Teil für die Reproduktion und zum anderen Teil für die Aufrechterhaltung und Reparatur (somatic maintenance) des Organismus eingesetzt werden können. Ferner gehört zur Gruppe der „Programmtheorien" die "Neuroendokrine Theorie des Alterns" (Finch 2014), die davon ausgeht, dass das Altern, ähnlich wie Pubertät und Menopause, hormonell gesteuert wird. Tatsache ist jedenfalls, dass Tiere die schnell geschlechtsreif werden nur eine kurze Lebensspanne haben. Die Hausmaus wird in 6-8 Wochen geschlechtsreif und hat eine Lebensspanne von 2-3 Jahren, während der Grönlandhai erst mit etwa 150 Jahren geschlechtsreif wird, dann aber eben über 400 Jahre alt werden kann. Interessant ist in diesem Zusammenhang, dass es zu gewissen Verjüngungseffekten bei alten Mäusen kommt, wenn man ihren Blutkreislauf im Zuge eines Parabiose-Experiments mit jungen Mäusen koppelt (Katsimpardi et al. 2014). Ferner gibt es Forschungsergebnisse die zeigen, dass Veränderungen in der Regulation von Genen im Verlauf des Alterns besonders jene Gene betreffen, die für Wachstum und Entwicklung verantwortlich sind (de Magalhaes J.P. 2012). Unbestritten ist, dass das Alter das ein Organismus erreichen kann von seinen Genen abhängt: Selbst unter identischen Umweltbedingungen wird ein Mensch sehr viel länger leben als eine Maus. Andererseits wurde bisher noch kein Gen gefunden, das aktiv den Alterungsprozess steuern würde. Am anderen Ende des Spektrums stehen die „Schadenstheorien" und hier ist die „Freie Radikale Theorie des Alterns" (Harman D. 1981) wohl die prominenteste. Sie besagt dass bei der Atmung Sauerstoffradikale (engl. *Reactive Oxygen Species* (ROS)) entstehen, die chemisch sehr aggressiv sind und rasch mit organischen Komponenten (DNA, Fette, Proteine) der Zelle reagieren und diese dadurch erheblich schädigen.

DNA-Schäden

Werden DNA Schäden nicht ausreichend repariert, so kommt es zu einem stark beschleunigten Alterungsprozess wie das Patienten mit Progeria Syndrom (Werner Syndrom) zeigen. Allerdings gibt es eine Reihe von Reparatursystemen (Englische Standardnomenklatur für diese Systeme: direct reversal pathway, mismatch repair, base excision repair, nucleotide excision repair, homologous recombination, non-homologous end joining) die DNA Schäden sehr effizient beheben können (Hoeijmakers 2009). Daher ist es fraglich, ob die Schäden durch ROS tatsächlich substantiell zum Altern beitragen. Am ehesten dürften noch DNA Doppelstrangbrüche ursächlich am Alterungsprozess beteiligt sein (White und Vijg 2016).

Lipidperoxidation

ROS greifen in erster Linie ungesättigte Fettsäuren in den Membranen der Zelle an. Durch diese sogenannte Lipidperoxidation werden Fettsäuren buchstäblich zerhackt und es entstehen dabei chemisch sehr reaktive Aldehyde, die Proteine und DNA angreifen und somit chemisch verändern. Auf solche Art veränderte Proteine verlieren meist ihre Funktion und tendieren zum Verklumpen, wodurch sie von der Zelle nicht mehr abgebaut werden können.

Proteinoxidation

Durch ROS werden auch Proteine angegriffen. In allererster Linie sind es schwefelhaltige Aminosäuren, die oxidiert werden. In einem frühen Stadium können diese Oxidationsprozesse durch Reparatursysteme rückgängig gemacht werden, in fortgeschrittenen Stadien nicht mehr (Go et al. 2015). Auch oxidierte Proteine haben eine ausgeprägte Tendenz zu denaturieren und dann Aggregate zu bilden, die die Zelle nicht mehr abbauen kann. Eine solche Aggregatbildung kann letztendlich zum Tod der Zelle führen, wie das mit Nervenzellen bei Alzheimerpatienten passiert. Es ist tatsächlich so, dass an vielen Stellen innerhalb einer Zelle durch ROS Schäden verursacht werden, insbesondere wenn sie im Übermaß produziert werden. Allerdings muss hier auch betont werden, dass ROS wichtige Signalfunktionen erfüllen und daher eine vollständige Entfernung z.B. durch Antioxidantien keinesfalls wünschenswert ist.

Inflamm-Aging

Eine weitere „Schadenstheorie" zum Altern ist die Theorie des „Inflamm-Aging" die besagt, dass Altern durch fortwährende entzündliche Prozesse auf einem niedrigen Niveau verursacht wird (Franceschi et al. 2000). Tatsächlich haben alle degenerativen Erkrankungen des Alters als da sind Alzheimer, Parkinson, Arteriosklerose, Arthritis, Multiple Sklerose, Osteoporose, Diabetes Typ II eine entzündliche Komponente (Xia et al. 2016). Verantwortlich für die zahlreichen entzündlichen Prozesse sind Reste abgestorbener Zellen, die nicht ausreichend abgebaut werden sowie nicht abbaubare Proteinaggregate, was zur Prägung des Begriffs "Garb-Aging" (etwa: Müll-Alterung) als Ergänzung zum "Inflamm-Aging" geführt hat (Franceschi et.al. 2017).

Keine der bisher bekannten Theorien ist jedoch in der Lage Altern in allen seinen Facetten hinreichend zu erklären. So wurde nun unlängst eine neue Betrachtungsweise vorgestellt: „Aging: Progessive decline in fitness due to the rising deleteriome" (Gladyshev 2016). Hier wird argumentiert, dass in der Zelle weder die Syntheseprozesse völlig fehlerfrei verlaufen noch die

Reparatursysteme. Es is ja auch kaum möglich für jede chemische Nebenreaktion, die zwangsweise in geringfügigem Ausmaß auftritt ein eigenes Reparatursystem zu haben. D.h., die Gesamtheit aller nicht reparierten Schäden (=Deleteriome) nimmt mit der Zeit zu und verursacht so den Alterungsprozess.

Hallmarks of Aging (Hauptcharakteristika des Alterns)

Anders als Altern durch verschiedene Theorien verstehen zu wollen ist der Ansatz Altern durch seine grundlegenden Charakteristika zu definieren: „The Hallmarks of Aging" umfassen 9 Charakteristika (Lopez-Otin et al. 2013) die da sind:

1. Hallmark: Instabilität des Genoms

DNA ist ständig chemischen und physikalischen Angriffen ausgesetzt. Das kann durch ROS sein, durch hydrolytische Reaktionen, durch Fehler bei der Synthese, durch UV Strahlung (in der Haut) und vieles mehr. Dabei kann es zu sehr unterschiedlichen Schäden kommen, für die es eine Reihe von Reparatursystemen gibt. Trotzdem kommt es im Laufe der Zeit zu einer Anhäufung von Schäden. So wird etwa das Werner Syndrom, bei dem betroffene Kinder rasant altern, durch ein defektes DNA Reparatursystem bestimmt.

2. Hallmark: Verkürzung der Telomere

Telomere sind gewissermaßen Schutzkappen für die Chromosomen. Bei jeder Zellteilung werden die Telomere etwas verkürzt. Bei zu kurzen Telomeren können sich Zellen nicht mehr teilen und gehen in den Zustand der Seneszenz über, wo die Zellteilung vollständig unterbunden wird. Verschiedene Defekte an den Telomeren sind verknüpft mit einer Abnahme der regenerativen Kapazität und beschleunigtem Altern verschiedener Gewebe. Durch die Expression von Telomerase (das Enzym, das die Telomere verlängert) konnte in Mäusen das normale Altern verzögert werden (Bernardes de Jesus et al. 2012).

3. Hallmark: Epigenetische Veränderungen

Epigenetische Veränderungen betreffen Veränderungen am Chromatin. Es können Veränderungen im Methylierungsmuster der DNA sein oder Modifikationen an Histonen. Die Modifikationen an Histonen beeinflussen ebenso wie die Methylierungsmuster der DNA ganz wesentlich die Expression und damit die Aktivität von Genen. Für bestimmte Stellen im Genom wurde gezeigt, dass die Methylierung mit zunehmendem Alter abnimmt und dass diese Abnahme sehr genau mit dem Alter korreliert (zur Übersicht: Zampieri et al. 2015, Jones et al. 2015). Histonen kommt als Grundbausteinen des Chromatins eine ganz wesentliche Rolle in der räumlichen Organisation der DNA zu. So ist es nicht verwunderlich, dass die Eigenschaften der Histone durch eine Reihe von Modifikationen (Methylierung, Azetylierung, Phosphorylierung) moduliert werden können. Besondere Aufmerksamkeit haben in diesem Zusammenhang die Sirtuine erhalten. Ursprünglich wurden diese Proteine als Histondeazetylasen der Klasse III beschrieben, die unter Verwendung von NAD die Azetylgruppen von bestimmten Lysinen der Histone entfernen. Durch die Entfernung dieser Azetylgruppen binden die Histone fester an die DNA und die Expression der betroffenen Gene wird verringert. Von den 7 bekannten Sirtuinen sind SIRT1, SIRT6, SIRT7 im Zellkern lokalisiert, wohingegen SIRT2 nur während einer bestimmten Phase des Zellzyklus (G/M) mit dem Chromatin assoziiert ist. SIRT3, SIRT4 und SIRT5 sind hauptsächlich in Mitochondrien lokalisiert und beeinflussen hier ganz entscheidend den Metabolismus einer Zelle. Sirtuine regulieren nicht nur Histone, sondern zahlreiche weitere Proteine, sodass sie eine zentrale Rolle in komplexen regulatorischen Netzwerken spielen. Mausmutanten, bei denen einzelne Sirtuin Gene entfernt wurden, altern früher und zeigen eine Reihe pathologischer Zustände, die im Zusammenhang mit Metabolismus, Krebs und Entzündungen stehen (zur Übersicht: Buler et al. 2016).

4. Hallmark: Verlust der Protein Homöostase

Proteine müssen nicht nur synthetisiert sondern auch wieder abgebaut werden. Dazu stehen der Zelle 2 Möglichkeiten zur Verfügung: Oxidierte Proteine, denaturierte Proteine (Defekte in der räumlichen Struktur der Proteine) oder anderweitig beschädigte Proteine werden entweder durch das Proteasom oder durch Autophagie abgebaut. Zusätzlich verfügt die Zelle über sogenannte Chaperone. Das sind Proteine, die bei der korrekten Faltung anderer Proteine mithelfen. Sie können die Renaturierung von bereits denaturierten Proteinen bewerkstelligen oder aber auch denaturierte Proteine dem Proteasomsystem und damit dem Abbau zuführen (zur Übersicht über Proteostasis: Höhn et al. 2017, Kaushik und Cuervo 2015) Chaperone werden mit zunehmenden Alter weniger (Hipp et al. 2014), aber auch die proteosomale Aktivität ebenso wie die Autophagie gehen mit zunehmendem Alter zurück. Denaturierte Proteine haben aber die unangenehme Eigenschaft zu verklumpen und so Aggregate zu bilden, die sofern sie eine gewisse Größe erreichen von der Zelle nicht mehr abgebaut werden können. Solche Aggregate stören das Leben einer Zelle beträchtlich und können sogar den Tod der Zelle verursachen, wie dies mit Nervenzellen bei Alzheimer und Parkinsonpatienten der Fall ist. Ferner wurde gezeigt, dass die am längsten lebenden Tiere weniger denaturierte Proteine haben (Treaster et al. 2014). So ist die Aktivität des Proteasoms beim langlebigen Nacktmull deutlich höher als bei der kurzlebigen Maus (Rodriguez et al. 2012). Bemerkenswert ist ferner, dass experimentelle Interventionen, die das Altern verlangsamen die Autophagie aktivieren. Dazu gehören Kalorienrestriktion, Rapamycin, Metformin, Resveratrol und Spermidin (Madeo et.al. 2015).

5. Hallmark: deregulierte Wahrnehmung von Nahrung

Molekulare Sensoren für Nährstoffe sind elementar für jeden Organismus und jede Zelle. Insulin-like Growth Factor 1 (IGF-1) ist ein generell wirkender Wachstumsfaktor für viele Zellen, ganz ähnlich wie Insulin. Der dadurch aktivierte Signaltransduktionsweg wird als "Insulin und IGF-Signalweg" (IIS-Signalweg) bezeichnet. Eine Reduzierung der Aktivität dieses Signalwegs führt bei Versuchstieren zu einem verlängerten Leben (Barzilai et al. 2012). Dieser Signalweg steuert u.a. auch den Proteinkomplex mTOR, der die Proteinsynthese aktiviert und die Autophagie hemmt. Eine Hemmung dieses Weges aktiviert somit Autophagie. Weitere wichtige Sensoren des Energiezustands einer Zelle sind das Protein AMPK (Adenosinmonophosphat aktivierte Proteinkinase) sowie Sirtuine. Experimente haben gezeigt dass eine Erhöhung der Aktivität dieser Sensoren zu einer Verlängerung der Lebensspanne bei verschiedenen Versuchstieren führt. Im Laufe des Alterns wird die Produktion dieser Proteine allerdings reduziert (Lopez-Otin et al. 2016). Ganz allgemein werden die unterschiedlichen Signalwege, die das Nährstoffangebot wahrnehmen und darauf reagieren, im Laufe des Alterns und durch metabolische Erkrankungen dereguliert (Efeyan et al. 2015).

6. Hallmark: Fehlfunktion der Mitochondrien)

Mitochondrien als Kraftwerke der Zelle nehmen auch im Alterungsprozess eine zentrale Rolle ein. Da sie für die Energiegewinnung Sauerstoff zu Wasser reduzieren produzieren sie auch erhebliche Mengen ROS als Nebenprodukt. Dies hat Harman bereits 1956 veranlasst seine „Free Radical Theory of Aging" zu formulieren, die er immer wieder verfeinert hat (Harman 1981). In der Folge hat sich gezeigt, dass ROS aber nicht nur Schäden verursachen können, sondern auch wichtige Signalmoleküle sind, die u.a. auch Autophagie induzieren können (Scherz-Shouval et al. 2007). Im Fall der Mitochondrien wird Autophagie auch als „Mitophagie" bezeichnet. Der Ablauf von Biogenese, Fusion, Fragmentierung und Mitophagie wird als „Mitochondrial Dynamics" bezeichnet (Sebastian et al. 2017). Dadurch wird sowohl die Funktion als auch die Qualität der Mitochondrien reguliert. Nahrungsüberschuss führt zur Fragmentierung von Mitochondrien, während ein geringes Angebot zur Fusion und damit zur Elongation führt (Liesa und Shirikai 2013). „Mitochondrial Dynamics" wird auch von externen Signalen (Hormone, Nahrungsangebot, körperliches Training) beeinflusst, wobei mehrere Signaltransduktionswege involviert sind: mTOR, AMP-aktivierte Proteinkinase (AMPK) und Sirtuine (Ruetnik und Barrientos 2015). Störungen in diesen Systemen führen zu altersabhängigen Erkrankungen: Metabolische, kardiovaskuläre und neurodegenerative Erkrankungen sowie Muskelatrophie und Sarkopenie (zur Übersicht: Sebastian et al. 2017, siehe auch Beitrag 12 von Susanne Ring-Dimitriou). Die Qualität der Mitochondrien beeinflusst also den Alterungsprozess ganz entscheidend (Knuppertz und Osiewacz 2016, Wang und Hekimi 2015).

7. Hallmark: zelluläre Seneszenz

Zelluläre Seneszenz wird in erster Linie durch einen reversiblen Stopp der Zellteilung charakterisiert. Bei betroffen Zellen, die grundsätzlich noch teilungsfähig sind, kann es sich um Stammzellen, sogenannte Vorläuferzellen (progenitor cells) oder Zellen, die noch nicht terminal differenziert sind, handeln. Entdeckt wurden seneszente Zellen, als sich herausstellte, dass Zellen, die in Zellkultur gehalten werden nicht unbegrenzt teilungsfähig sind, sondern nach etwa 40 Zellteilungen nicht mehr weiter wachsen können (Hayflick und Moorhead 1964). Dieser irreversible Arrest des Zellzyklus kann durch die Erosion der Telomeren wie im Experiment von Hayflick und Moorehead ausgelöst werden, aber auch durch massive Schäden an der DNA, durch oxidativen Stress oder durch die Überexpression von Onkogenen (Gene die meist in Wachstumsprozesse involviert sind und bei Fehlfunktion häufig Krebs auslösen). Letztere vermitteln der Zelle ein übertrieben starkes Wachstumssignal (Sharpless und Sherr 2015). Zellen, die den Zustand der Seneszenz erreichen, verändern ihre Gestalt, sie werden größer, es kommt zu massiven Veränderung in der Organisation des Chromatins (Criscione et al. 2016) und sie beginnen eine ganze Reihe von Proteinen an ihre Umgebung abzugeben. Diese letzte Eigenschaft wird als Seneszenz-assoziierter sekretorischer Phänotyp (SASP,) bezeichnet. Unter den SASP Proteinen sind pro-inflammatorische Zytokine, Chemokine sowie Wachstumsfaktoren und Enzyme, die die extrazelluläre Matrix abbauen. Die pro-inflammatorischen Zytokine verursachen lokale Entzündungen, die "Inflammaging" befeuern und Chemokine locken Zellen des Immunsystems an, die die seneszenten Zellen letztendlich auffressen (Munoz-Espin und Serrano 2014). Auf der Ebene der Genexpression wird zu Beginn der p53-p21 Signalweg aktiviert. Das Protein p53 wird auch als „Wächter des Genoms" bezeichnet.Es wird aktiviert, sobald grobe Störungen insbesondere an der

DNA auftreten. In weiterer Folge blockiert das Protein p16 jene Proteine die den Zellzyklus antreiben (Childs et al. 2015). Damit ergibt sich auch eine wesentliche, wahrscheinlich sogar die wichtigste Funktion der Seneszenz: Bei groben Schäden zieht die Zelle gewissermaßen die Notbremse und geht in den Zustand der Seneszenz um eine unkontrollierte Zellteilung zu verhindern, die ansonsten zur Tumorbildung führen könnte.

Eine wichtige Rolle spielt Seneszenz auch bei der Wundheilung. Hier werden zuerst viele Zellen im Überschuss produziert um die Wunde zu schließen und beim anschließenden Gewebsumbau (Engl.: remodeling) gehen die überschüssigen Zellen in Seneszenz und werden vom Immunsystem entfernt. Relativ lange Zeit wurde diskutiert, ob das Phänomen der Seneszenz nun tatsächlich etwas mit dem Alterungsprozess zu tun hat. Während der letzten Jahre hat sich das Bild gewandelt und nun gibt es Forscher, die zelluläre Seneszenz als den Grund des Alterns schlechthin betrachten (Bhatia-Dey et al. 2016). Im Tierversuch ist es mit gentechnischen veränderten Mäusen bereits gelungen seneszente Zellen zu entfernen. Diese Tiere zeigten ganz erheblich weniger altersbedingte Beschwerden, also ein deutlich gesünderes Altern und zudem noch eine verlängerte Lebensspanne (Baker et al. 2016, Childs et al 2015). Somit ist es auch naheliegend, dass es bereits umfangreiche Überlegungen gibt, wie man seneszente Zellen medikamentös aus dem menschlichen Körper entfernen könnte (de Keizer 2017). Das wäre vor allem im Hinblick auf ein gesundes Altern ein wesentlicher Fortschritt, da seneszente Zellen die Organfunktionen massiv beeinträchtigen und so einen beträchtlichen Anteil an altersbedingten degenerativen Erkrankungen haben.

8. Hallmark: Erschöpfung des Vorrats an Stammzellen

Stammzellen sind für Erhaltung und Regeneration von Organen von zentraler Bedeutung und die Abnahme der Regenerationsfähigkeit ist eines der markantesten Zeichen des fortschreitenden Alterungsprozesses. Stammzellen sind üblicherweise sehr klein, mit geringem Stoffwechsel und wenigen Mitochondrien. Aus diesem Ruhezustand (Quiescence) können sie aktiviert werden, um dann entweder eine Selbsterneuerung einzuleiten oder als „Transit Amplifying Cells" sehr viele Zellen zu produzierten, die daraufhin in die entsprechenden Gewebszellen differenzieren und so zur Reparatur oder Regeneration ihres Gewebes oder Organs beitragen. Sie durchlaufen dabei ein Entwicklungsprogramm, das sie präzise auf ihre neue Funktion einstimmt (Lepperdinger 2013).

Es gibt nun Gewebe, in denen ein sehr hoher zellulärer Umsatz (Engl.: turnover) stattfindet (Knochenmark, Darmepithel, Epidermis der Haut) und Organe in denen Stammzellen vergleichsweise selten aktiviert werden, wie in Muskeln und dem Gehirn. Ganz wesentlich für den Erhalt und Lebenszyklus der Stammzellen ist ihre unmittelbare Umgebung, die als Nische bezeichnet wird. Die Stammzellnische wird aus umgebenden Zellen, aus Proteinen der extrazellulären Matrix sowie aus wachstumsregulierenden Proteinen (z.B. Wnt, Notch, EGF, BMPs) gebildet. Sie ist dafür verantwortlich dass Stammzellen in ihrem Ruhezustand verbleiben (Cheung und Rando 2013, Rezza et al. 2014). Stammzellen können nun ebenso wie andere Zellen auch durch verschiedene Einflüsse altern (Verlust der Telomere, zelluläre Seneszenz, DNA Schäden, epigenetische Veränderungen, veränderte Wahrnehmung von Nährstoffen, gestörte Proteinsynthese) (Schultz und Sinclair 2016). Da Stammzellen sehr wenige Zellteilungen durchmachen und meist im Ruhezustand bleiben, kommen vorwiegend Einflüsse über die Stammzellnische zur Wirkung. Beim Muskel werden die Stammzellen als „Satellitenzellen" bezeichnet. Im aktivierten Zustand proliferieren sie sehr stark und werden dann als Myoblasten bezeichnet, die schließlich die Vorläuferzellen bilden, die für die Regeneration des Muskels notwendig sind. Werden Satellitenzellen aus alten Individuen in junge Muskel transplantiert so erhöht sich deren regenerative Kapazität, was ein eindeutiger Hinweis auf den Einfluss der jungen Nische ist (zur Übersicht: Souza-Victor et. al 2015, Dumont et al. 2015).

Im Gegensatz dazu führt Transforming Growth Factor-ß (TGFß), der ebenfalls von der Nische produziert wird, zu einer Abnahme der Proliferationsfähigkeit der Satellitenzellen. Im Alter wird ebenfalls von der Nische vermehrt Fibroblast Growth Factor 2 (FGF2) produziert. Das stört den Ruhezustand der Satellitenzellen, sie beginnen sich zu teilen, sodass es zu einer Reduzierung der Stammzellen im Ruhezustand kommt. Die Anzahl der für die Regeneration des Muskels zur Verfügung stehenden Stammzellen wird auf diese Weise reduziert (Chakkalakal et al. 2012).

Auch im adulten Gehirn gibt es Bereiche in denen Stammzellen lokalisiert sind: Im Gyrus dentatus des Hippocampus, im Hypothalamus und in der subventrikulären Zone des lateralen Ventrikels (Cavallucci et al. 2016). Ebenso wie bei anderen Geweben kommt es im Gehirn zu Veränderungen in der Stammzellnische und die Anzahl der neuralen Stammzellen nimmt im Verlauf des Alterns ab. Aber nicht nur die Anzahl der Stammzellen wird im Alter geringer, auch die Proliferation der daraus entstehenden neuralen Vorläuferzellen wird durch eine erhöhte Konzentration von TGFß gedämpft. Dadurch wird die Produktion neuer Neuronen verringert, während die Produktion von Oligodendro-Gliazellen etwa gleich bleibt (Capilla-Gonzalez et al. 2015). Außerdem kann es durch Mikroinflammation im Hypothalamus zu einer Abnahme von neuralen Stammzellen und damit einhergehend zu einer Abnahme der kognitiven Funktion kommen (zur Übersicht: Tang et al.

2015). Zusätzlich zur Anzahl der vorhandenen Stammzellen und der Zusammensetzung der Stammzellnische wird die regenerative Kapazität noch von systemischen Faktoren beeinflusst. Durch Parabioseexperimente, bei denen der Blutkreislauf einer alten Maus mit dem einer jungen Maus verbunden wurde, konnte Erstaunliches beobachtet werden. Es werden Fehlfunktionen alter Satellitenzellen im Muskel korrigiert und sie konnten erfolgreich wieder aktiviert werden. Ebenso konnte die Funktion der Stammzellen sowie die Neurogenese in alten Gehirnen verbessert werden. Die Proteine aus dem Blut junger Tiere, die für die Verbesserung der biologischen Funktion verantwortlich sind, konnten als Growth Differentiation Factor 11 (GDF11) sowie als Oxytocin identifiziert werden (zur Übersicht: Oh et al. 2014).

9. Hallmark: veränderte interzelluläre Kommunikation

Die somatotrophe Achse (Wachstumshormon und Insulin/Insulin-like Growth Factor, IGF) spielt eine wesentliche Rolle für das Größenwachstum im Säugerorganismus. Bei Mäusen, bei denen durch eine Mutation die Biosynthese des Wachstumshormons gestört ist (es sind dies folgende Stämme: Ames dwarf mouse, Snell dwarf mouse) oder gentechnisch der Rezeptor für das Wachstumshormon ausgeschaltet wurde (GHRKO-mouse) bleiben wesentlich kleiner, leben aber etwa um 50% länger (Brown-Borg 2015). Beim Menschen ändert sich die Menge an Wachstumshormon und IGF-1 im Laufe der Jahre, die zusammen im Blutkreislauf zirkulieren. Am höchsten sind sie während der 2. Lebensdekade, in der auch das Wachstum am stärksten ausgeprägt ist. Dann nimmt die Konzentration kontinuierlich ab, bis in der 6. Dekade ein niedriges Plateau erreicht wird. Alte Menschen, die durch genetische Varianten (genetische Polymorphismen) eine gedämpfte

Aktivität von IGF-1 haben, überleben deutlich länger. Ebenso korreliert eine höhere Konzentration von IGF-1 mit einem erhöhten Risiko für bestimmte Tumorarten, während für andere altersbedingte Erkrankungen die Relationen bisher nicht schlüssig sind (zur Übersicht: Milman et al. 2016).

Zu einer veränderten Kommunikation zwischen Stammzellen und ihrer Umgebung kommt es auch beim Muskel. Das Wachstumshormon spielt eine wichtige Rolle bei der Erhaltung der Muskelmasse (Sattler 2013). IGF-1 moduliert die Differenzierung der Muskel Vorläuferzellen (Myoblasten) und ist auch an der Steuerung der Satellitenzellen beteiligt (zur Übersicht: Thorley et al. 2015). Eine verstärkte Alterung der Muskelstammzellen wird durch eine erhöhte Konzentration des Wnt-Proteins verursacht (Brack et al. 2007).

Demgegenüber wirkt das Protein Klotho als Antagonist von Wnt, wobei unglücklicherweise die Menge von Klotho im Blutkreislauf mit dem Alter abnimmt. Klotho wurde in der Maus entdeckt: Eine Stilllegung des Klotho Gens führte zu einem rasanten Alterungsprozess (Kuroo et al. 1997). Klotho ist an der Homöostase des Mineralstoffwechsels (insbesondere Phosphat) wesentlich beteiligt, moduliert aber auch die Signalübertragung von IGF-1 und Wnt. Mäuse, bei denen das Klotho Gen defekt ist sterben, nach 2-3 Monaten, also nur etwa 10% ihrer üblichen Lebensspanne (zur Übersicht: Bian et. al. 2015). Eine Veränderung der interzellulären Kommunikation wird auch durch die vielen Zytokine verursacht, die durch seneszente Zellen freigesetzt werden. Durch diese pro-inflammatorischen Zytokine werden entzündliche Prozesse stimuliert (Malaquin et al. 2016). In den Zellen der unspezifischen Immunabwehr (z. B. Makrophagen) können Inflammasomen durch DAMPs (Damage Associated Molecular Patterns) aktiviert werden. Zu diesen DAMPs gehören Teile abgestorbener Zellen, amyloide Fibrillen (Proteinfasern), Cholesterinkristalle, Harnsäure etc., d.h. eine Reihe von Abfallprodukten, die von der Zelle nicht ordnungsgemäß entsorgt worden sind.

Inflammasomen sind Proteinkomplexe, die im aktiven Zustand die Interleukine IL-1ß und IL-18 freisetzen (Gross et al. 2011). Diese beiden proinflammatorischen Cytokine führen zu entzündlichen Reaktionen in umliegenden Geweben, die zu einer Reihe altersbedingter Erkrankungen (Goldberg und Dixit 2015) führen können, u.a. auch zu Alzheimer (Pennisi et al. 2016).

Eine weitere Möglichkeit zur interzellulären Kommunikation bieten Exosomen – kleine Lipidvesikel, die von der Zelle ausgeschleust werden können und mit umliegenden Zellen in Kontakt treten, aber auch durch den Blutkreislauf über den gesamten Organismus verteilt werden können. Sie können Proteine aber auch DNA oder RNA enthalten. Dabei sind sie in der Lage, Zellen von toxischem Proteinabfall zu reinigen (Desdin-Mico und Mittelbrunn 2017) oder aber auch zur interzellulären Kommunikation beizutragen (Pitt et.al. 2017), wobei hier in erster Linie mi-RNAs eine Rolle spielen (Prattichizzo et al. 2017). Im Laufe des Alterns bleibt die Konzentration der Exosomen im Blut etwa gleich, wohingegen ihr Inhalt stärker proinflammatorisch wird (Mitsuhashi et al. 2013).

Möglichkeiten zur Intervention

Bewegung

Die einfachste und wahrscheinlich die derzeit wirkungsvollste Möglichkeit den Alterungsprozess zu verzögern ist körperliche Bewegung. Umgekehrt ist ein träger Lebensstil mit minimaler Bewegung für die Gesundheit ähnlich schädlich wie Rauchen (Bouchard et al. 2015). In erster Linie ist körperliches Training das beste Mittel, die Muskulatur gesund zu erhalten (Cartee et al. 2016) und somit Gebrechlichkeit und Sarkopenie (siehe auch Beitrag 12) im Alter zu verhindern (Marzetti et al. 2017). Bewegung verbessert nicht nur physiologische Parameter wie maximale Sauerstoffaufnahme im Alter, reduzierte Cholesterinwerte und Fette (Triglyzeride) im Blut, sondern führt zu einem insgesamt körperlich und psychisch gesünderem Zustand im Alter (Vina et al. 2016). Obwohl eine Reihe physiologischer Parameter durch körperliches Training wesentlich verbessert werden, so sind die Schutzfunktionen für das kardiovaskuläre System etwa doppelt so hoch, als allein durch diese Parameter erklärt werden können. Es sind also zu den molekularen Mechanismen, die durch körperliches Training aktiviert werden, noch viele Fragen offen (Neufer et al. 2015). Eindeutig gezeigt werden konnte allerdings die positive Auswirkung auf das Gehirn insbesondere auf kognitive Funktionen, ja dass durch körperliche Bewegung sogar die Bildung neuer Nervenzellen im Hippocampus stimuliert wird (zur Übersicht: Chieffi et al. 2017). In diesem Zusammenhang soll auch erwähnt sein, dass es durch körperliches Training zu einer signifikanten Verbesserung bei Alzheimer Patienten kommt (Hernandez et.al. 2015).

Caloric Restriction/Dietary Restriction (Einschränkung der Nahrungsmenge)
Bereits 1935 wurde bei Ratten festgestellt, dass eine Reduktion der Futtermenge die Lebensspanne um bis zu 30% verlängern konnte (McCay et al. 1935). Dieses Experiment wurde vielfach mit verschiedenen Organismen wiederholt und es hat sich gezeigt, dass die Tiere nicht nur länger leben, sondern auch weniger altersbedingte Defizite aufweisen. Experimente der letzten Jahre haben ergeben, dass weniger die Menge der aufgenommenen Kalorien entscheidend ist als vielmehr die Menge an aufgenommenem Protein. Daher wurde vom ursprünglichen Terminus „Caloric Restriction" zur Bezeichnung „Dietary Restriction" gewechselt. Ferner spielt die zeitliche Verteilung der Nahrungsaufnahme eine wichtige Rolle: Mäuse denen un-

verdauliche Stoffe ins Futter gemengt wurden, und die so den ganzen Tag fressen konnten, zeigten trotz geringer Nahrungsmenge keine positiven Effekte, sehr wohl aber solche Tiere, die ihr Futter nur einmal am Tag bekommen hatten. Auch Fasten jeden 2. Tag führte zu einer 30%-igen Verlängerung der Lebensspanne (zur Übersicht: Fontana und Partridge 2015).

Insgesamt gibt es zu diesem Thema sehr viele Experimente mit zum Teil widersprüchlichen Ergebnissen. Eine Gruppe von Autoren weist daher ausdrücklich darauf hin, dass es notwendig ist ein „Geometric Framework" zu verwenden, um viele verschiedene Verhältnisse von Protein zu Kohlenhydraten in einem Experiment testen zu können. Hierbei hat sich gezeigt, dass ein Verhältnis 1:10 von Protein zu Kohlenhydrat zur längsten Lebensspanne bei Mäusen führt. Bemerkenswert ist in diesem Zusammenhang, dass die traditionelle Diät der Bevölkerung von Okinawa ein Verhältnis Protein zu Kohlenhydrat von 9:85 hat. Bekanntermaßen hat die Bevölkerung dieser Insel die höchste Lebenserwartung der Welt (zur Übersicht: Simpson et al. 2017). Von der Zelle wird das Nahrungsangebot über spezielle Signalwege registriert, den „nutrient sensing pathways". Es sind dies mTOR, GH/Insulin/IGF-1, SIRT 1, sowie AMPK. Über diese Stoffwechselwege wird auch die metabolische Regulation des Alterungsprozesses gesteuert (Finkel 2015).

Verwendung pharmakologisch wirksamer Substanzen

Rapamycin

Rapamycin wurde aus dem Pilz *Streptomyces hygroscopicus* von der Insel Rapa Nui (Osterinsel) isoliert. Es ist ein Zytostatikum, das medizinisch bei Organtransplantationen weite Anwendung findet. Im Tierversuch wurde gezeigt, dass es mTOR hemmt und es bei Mäusen zu einer signifikanten Lebensverlängerung kommt (Harrison et.al. 2009).

Spermidin

Ebenso wie Rapamycin aktiviert Spermidin den Prozess der Autophagie allerdings über einen anderen molekularen Mechanismus als Rapamycin. Auch Spermidin verlängert im Tierversuch das Leben von Mäusen (Madeo et al. 2010). Spermidin induziert nicht nur Autophagie sondern auch die Produktion anti-inflammatorischer Zytokine und beeinflusst den Lipidmetabolismus in positiver Weise (zur Übersicht: Minos 2014).

Metformin

Metformin wird seit Jahrzehnten zur Behandlung von Altersdiabetes verwendet. Metformin hat einen inhibitorischen Effekt auf die Glukoseproduktion der Leber, was durch die Aktivierung von AMPK vermittelt wird (Zhou et al. 2001). Ferner hemmt Metformin mTOR sowie den Komplex 1 in der mitochondrialen Atmungskette, was mit einer verringerten Produktion von ROS einhergeht. Insgesamt beeinflusst Metformin in vorteilhafter Weise Autophagie, entzündliche Prozesse sowie Seneszenz und verlängert im Tierversuch die Lebensspanne (zur Übersicht: Barzilai et al. 2016, Pryor und Cabreiro 2015).

Resveratrol

Resveratrol gehört zu den Polyphenolen und wird in einer Reihe von Pflanzen synthetisiert, wobei der Wein besonders prominent ist. Resveratrol aktiviert Sirtuin (SIRT1) und SIRT1 vermittelt innerhalb der Zelle den Effekt von Caloric Restriction (Hubbard und Sinclair 2014). So konnte gezeigt werden, dass bei einer Reihe von Tieren durch Resveratrol die Lebensspanne verlängert wird, bei Mäusen aber nur wenn sie eine Diät mit hohem Fettanteil erhalten (zur Übersicht: Bhullar und Hubbard 2015). Abgesehen von diesem Effekt zeigt Resveratrol eine Reihe von positiven Effekten im kardiovaskulären System, bei Krebs, bei Altersdiabetes und im zentralen Nervensystem (Novelle et al. 2015). Resveratrol ist von allen bisher genannten Substanzen die einzige von der keine nachteiligen Nebenwirkungen bekannt sind.

Vitamin D
Muskel und Knochen bilden eine physiologische Einheit, wobei sich die beiden über hormonelle Signalwege gegenseitig steuern (Karsenty und Olsen 2016, DiGirolamo et al. 2013). Vitamin D spielt dabei eine wesentliche Rolle. Eine ausreichende Versorgung mit Vitamin D wirkt einem erhöhten Abbau von Muskelmasse (Sarkopenie) sowie der altersbedingten Fetteinlagerung im Muskel entgegen (Girgis et al. 2015). Ferner zeigt Vitamin D einen positiven Einfluss auf kognitive Funktionen im Alter (Schlögl und Holick 2014). Im Tierversuch wurde gezeigt dass Mäuse ohne Vitamin D Rezeptor frühzeitig altern. Ebenso zeigte das Tiermodel für Alzheimer mit Vitamin D Zugabe bessere Gedächtnisleistungen und eine Abnahme mehrerer Marker der Alzheimer Pathologie. Bei Menschen mit Alzheimer wurden sehr niedrige Vitamin D Werte im Blut festgestellt. Insgesamt ist Vitamin D eine neuroprotektive Substanz (zur Übersicht: Landel et al. 2016).

Behandlung mit löslichen Proteinen (meist Wachstumsfaktoren)
Eine Behandlung mit löslichen Proteinen ist natürlich besonders attraktiv, da sie durch eine einfache Infusion erfolgen kann. Anbieten würde sich hier GDF11, ein Wachstumsfaktor der bei Parabioseexperimenten ebenso wie Oxytocin eine verjüngende Wirkung bei alten Mäusen gezeigt hat (Oh et al. 2014). Des Weiteren wurde bei einer Studie, die gesunde sehr alte Proban-

den (über 100 Jahre alt) mit 70-80-jährigen verglichen hat, gefunden, dass 4 Proteine aus dem Serum von Über-100-Jährigen erhöht waren: Chemerin, Fetuin-A sowie FGF19 und FGF21. Diese Studie bringt somit erfolgreiches Altern mit diesen 4 Proteinen in Zusammenhang (Sanchis-Gomar et al. 2015). Ebenso ist die lösliche Form des Proteins Klotho ein guter Kandidat. Bei Mäusen verlängert es die Lebensspanne (Kurosu et al. 2005) und durch seine neuroprotektive Funktion ist es ein vielversprechender Kandidat zur Behandlung von Alzheimer und Multipler Sklerose (Abraham et al. 2016).

Entfernung seneszenter Zellen

Seneszente Zellen, die nicht vom Immunsystem entfernt werden, sind in erster Linie dafür verantwortlich, dass ihre Organe wesentlich an Funktionsfähigkeit einbüßen. Die Entfernung seneszenter Zellen hat im Tiermodell deutliche Verbesserungen gebracht. Die Zerstörung seneszenter Zellen durch Medikamente (Senolyse) (Zhu et al. 2015) oder sie künstlich in Apoptose zu treiben (Senoptose) ist auch beim Menschen eine realistische Möglichkeit. Für die Senolyse gibt es einige synthetische Medikamente aber auch Quercetin, das in relativ hoher Konzentration in der Zwiebel vorkommt, zeigt vielversprechende Eigenschaften (zur Übersicht: Soto-Gamez et al. 2017).

Eine elegante Methode seneszente Zellen in Apoptose zu treiben wurde kürzlich mit einem synthetischen CPP (cell-penetrating peptide) abgeleitet vom Transkriptionsfaktor FOXO4 demonstriert. Durch dieses Peptid wird das Protein p53 aus dem Kern ausgeschlossen, geht an die Mitochondrien und leitet dort Apoptose ein (Baar et al. 2017). Eine weitere Möglichkeit ist seneszente Zellen mit spezifischen Antikörpern oder in vitro modifizierten T-Zellen anzugreifen (Childs et al. 2015).

Transplantation von Stammzellen

Stammzellen sind von größter Bedeutung für die Regeneration und Funktion eines Organs. Mit der Transplantation von Stammzellen können Defekte in den Zielgeweben ausgeglichen werden – man steht hier an der Schwelle einer Entwicklung, die der Medizin enorme neue Möglichkeiten bietet. Besonders vielseitig sind multipotente mesenchymale Stammzellen, die allerdings mit zunehmendem Alter einen erheblichen Teil ihrer regenerativen Kapazität einbüßen (zur Übersicht: Schimke et al. 2015). Ein wesentlicher Fortschritt war die Entdeckung, dass nur durch 4 Transkriptionsfaktoren (OCT 3/4, SOX 2, KLF 4, MYC) ein "reprogramming to pluripotency" möglich ist. Alte somatische Zellen können durch diesen Prozess in „künstliche" embryonale Stammzellen überführt werden (induced pluripotent stem cells = iPSCs) (Takahashi und Yamanaka 2016).

Aus Fibroblasten der menschlichen Haut konnten solche iPSCs hergestellt werden, die dann nach kontrollierter Differenzierung in verschiedenen Geweben zum Einsatz kommen können (Soria-Valles et al. 2016). In der klinischen Testphase sind spezifische Zellen aus iPSCs differenziert worden, um insbesonders bei Alzheimer, Parkinson, Rückenmarksverletzungen, Diabetes oder Herzinfarkten eingesetzt werden zu können (Trounson et al. 2016). Diese Strategie zur Verjüngung alter Organe durch eine Stammzelltherapie bietet somit unglaubliche Möglichkeiten für die Zukunft (Neves et al. 2017).

Resümee

Seit der Jahrhundertwende hat die Alternsforschung tatsächlich gewaltige Fortschritte gemacht. Die Möglichkeiten, die die Epigenetik für die Verlängerung der gesunden Lebenszeit (Gesundheitsspanne, engl.: health span) bringen wird, sehen zwar betörend aus, lassen sich aber heute wohl noch nicht konkret abschätzen. Der Einsatz von Stammzellen sieht schon sehr viel realistischer aus und wird der regenerativen Medizin Möglichkeiten bringen, die heute kaum absehbar sind. Einen sehr positiven Effekt für gute Gesundheit im Alter wird es auch geben, wenn es gelingt den Prozess der Autophagie ohne Nebenwirkungen kräftig zu stimulieren.

Desgleichen hat die medikamentöse Ausschaltung seneszenter Zellen das Potential die Gesundheitsspanne massiv zu verlängern. Insgesamt darf man also durchaus optimistisch sein, dass es in nicht allzu ferner Zukunft möglich sein wird sehr vielen Menschen zu einem gesunden Altern zu verhelfen.

Literatur

Abraham CR, Mullen PC, Tucker-Zhou T et al. (2016): *Klotho Is a Neuroprotective and Cognition-Enhancing Protein*. Vitam Horm 101, 215-238

Baar MP, Brandt RMC, Putavet DA et al. (2017): *Targeted Apoptosis of Senescent Cells Restores Tissue Homeostasis in Response to Chemotoxicity and Aging*. Cell 169, 132-147

Baker DJ, Childs BG, Durik M et al. (2016): *Naturally occurring p16(Ink4a)-positive cells shorten healthy lifespan*. Nature 530, 184-189

Barzilai N, Crandall JP, Kritchevsky SB et al. (2016): *Metformin as a Tool to Target Aging*. Cell Metab 23, 1060-1065

Bernardes De Jesus B, Vera E, Schneeberger K et al. (2012): *Telomerase gene therapy in adult and old mice delays aging and increases longevity without increasing cancer*. EMBO Mol Med 4, 691-704

Bhatia-Dey N, Kanherkar RR, Stair SE et al. (2016): *Cellular Senescence as the Causal Nexus of Aging*. Front Genet 7, 13

Bhullar KS, Hubbard BP (2015): *Lifespan and healthspan extension by resveratrol*. Biochim Biophys Acta 1852, 1209-1218

Bian A, Neyra JA, Zhan M et al. (2015): *Klotho, stem cells, and aging*. Clin Intervent Aging 10, 1233-1243

Boehm AM, Khalturin K, Anton-Erxleben F et al. (2012): *FoxO is a critical regulator of stem cell maintenance in immortal Hydra*. PNAS 109, 19697-19702

Bouchard C, Blair SN, Katzmarzyk PT (2015): *Less Sitting, More Physical Activity, or Higher Fitness?* Mayo Clin Proc 90, 1533-1540

Brack AS, Conboy MJ, Roy S et al. (2007): *Increased Wnt signaling during aging alters muscle stem cell fate and increases fibrosis*. Science 317, 807-810

Brown-Borg HM (2015): *The somatotropic axis and longevity in mice. American journal of physiology*. Endocrin Metabol 309, E503-510

Buler M, Andersson U, Hakkola J (2016): *Who watches the watchmen? Regulation of the expression and activity of sirtuins*. FASEB J 30, 3942-3960

Capilla-Gonzalez V, Herranz-Perez V, Garcia-Verdugo JM (2015): *The aged brain: genesis and fate of residual progenitor cells in the subventricular zone*. Front Cell Neurosci 9, 365

Cartee GD, Hepple RT, Bamman MM et al. (2016): *Exercise Promotes Healthy Aging of Skeletal Muscle*. Cell Metab 23, 1034-1047

Cavallucci V, Fidaleo M, Pani G (2016): *Neural Stem Cells and Nutrients: Poised Between Quiescence and Exhaustion*. Trends in endocrinology and metabolism: TEM 27, 756-769

Chakkalakal JV, Jones KM, Basson MA et al. (2012): *The aged niche disrupts muscle stem cell quiescence*. Nature 490, 355-360

Cheung TH, Rando TA (2013): *Molecular regulation of stem cell quiescence. Nature reviews.* Mol Cell Biol 14, 329-340

Chieffi S, Messina G, Villano I et al. (2017): *Exercise Influence on Hippocampal Function: Possible Involvement of Orexin-A.* Front Physiol 8, 85

Childs BG, Durik M, Baker DJ et al. (2015): *Cellular senescence in aging and age-related disease: from mechanisms to therapy.* Nat Med 21:1424-1435

Childs BG, Durik M, Baker DJ et al. (2015): *Cellular senescence in aging and age-related disease: from mechanisms to therapy.* Nat Med 21:1424-1435

Criscione SW, Teo YV, Neretti N (2016): *The Chromatin Landscape of Cellular Senescence.* Trends Genet 32:751-761

Da Costa JP, Vitorino R, Silva GM et al. (2016): *A synopsis on aging-Theories, mechanisms and future prospects.* Ageing Res Rev 29:90-112

De Keizer PL (2017) *The Fountain of Youth by Targeting Senescent Cells?* Trends Mol Med 23, 6-17

De Magalhaes JP (2012): *Programmatic features of aging originating in development: aging mechanisms beyond molecular damage?* FASEB J. 26,4821-4826

Desdin-Mico G, Mittelbrunn M (2017): *Role of exosomes in the protection of cellular homeostasis.* Cell Adhes Migr 11, 127-134

Digirolamo DJ, Kiel DP, Esser KA (2013): *Bone and skeletal muscle: neighbors with close ties.* J Bone Min Res 28, 1509-1518

Dumont NA, Wang YX, Rudnicki MA (2015): *Intrinsic and extrinsic mechanisms regulating satellite cell function.* Development 142:1572-1581

Efeyan A, Comb WC, Sabatini DM (2015): *Nutrient-sensing mechanisms and pathways.* Nature 517:302-310

Finch CE (2014): *The menopause and aging, a comparative perspective.* J Steroid Biochem Mol Biol 142, 132-141

Finkel T (2015): *The metabolic regulation of aging.* Nat Med 21, 1416-1423

Fontana L, Partridge L (2015): *Promoting health and longevity through diet: from model organisms to humans.* Cell 161, 106-118

Franceschi C, Bonafe M, Valensin S et al. (2000): *Inflamm-aging - An evolutionary perspective on immunosenescence.* Ann Ny Acad Sci 908, 244-254

Franceschi C, Garagnani P, Vitale G et al. (2017): *Inflammaging and 'Garb-aging'.* Trends in endocrinology and metabolism: TEM 28,199-212

Girgis CM, Baldock PA und Downes M (2015): *Vitamin D, muscle and bone: Integrating effects in development, aging and injury.* Mol Cell Endocrin 410, 3-10

Gladyshev VN (2016): *Aging: progressive decline in fitness due to the rising deleteriome adjusted by genetic, environmental, and stochastic processes.* Aging Cell 15, 594-602

Go YM, Chandler JD und, Jones DP (2015): *The cysteine proteome.* Free Rad Biol Med 84:227-245

Goldberg EL und Dixit VD (2015): *Drivers of age-related inflammation and strategies for healthspan extension.* Immunol Rev 265, 63-74

Gross O, Thomas CJ, Guarda G et al. (2011): *The inflammasome: an integrated view.* Immunol Rev 243, 136-151

Harman D (1981): *The Aging Process.* PNAS 78, 7124-7128

Harrison DE, Strong R, Sharp ZD et al. (2009): *Rapamycin fed late in life extends lifespan in genetically heterogeneous mice.* Nature 460, 392-395

Hashimoto M, Asai A, Kawagishi H et al. (2016): *Elimination of p19(ARF)-expressing cells enhances pulmonary function in mice.* JCI Insight 1, e87732

Hayflick L (1965): *The Limited in Vitro Lifetime of Human Diploid Cell Strains.* Exp Cell Res 37, :614-636

Hayflick L, Moorhead PS (1961): *The serial cultivation of human diploid cell strains.* Exp Cell Res 25, 585-621

Hernandez SSS, Sandreschi PF, Da Silva FC et al. (2015): *What are the Benefits of Exercise for Alzheimer's Disease? A Systematic Review of the Past 10 Years.* J Aging Phys Activ 23, 659-668

Hipp MS, Park SH, Hartl FU (2014): *Proteostasis impairment in protein-misfolding and -aggregation diseases.* Trends Cell Biol 24, 506-514

Hoeijmakers JHJ (2009): *DNA Damage, Aging, and Cancer.* New Engl J Med 361, 1914-1914

Hohn A, Weber D, Jung T et al. (2017): *Happily (n)ever after: Aging in the context of oxidative stress, proteostasis loss and cellular senescence.* Redox Biol 11, 482-501

Hubbard BP, Sinclair DA (2014): *Small molecule SIRT1 activators for the treatment of aging and age-related diseases.* Trends Pharmacol Sci 35, 146-154

Jones MJ, Goodman SJ, Kobor MS (2015): *DNA methylation and healthy human aging.* Aging Cell 14, 924-932

Karsenty G, Olson EN (2016): *Bone and Muscle Endocrine Functions: Unexpected Paradigms of Inter-organ Communication.* Cell 164, 1248-1256

Katsimpardi L, Litterman NK, Schein PA et al. (2014): *Vascular and Neurogenic Rejuvenation of the Aging Mouse Brain by Young Systemic Factors.* Science 344, 630-634

Kaushik S, Cuervo AM (2015): *Proteostasis and aging.* Nat Med 21,1406-1415

Kirkwood TBL, Austad SN (2000): *Why do we age?* Nature 408, 233-238

Knuppertz L, Osiewacz HD (2016): *Orchestrating the network of molecular pathways affecting aging: Role of nonselective autophagy and mitophagy.* Mech Age Dev 153, 30-40

Kuro-O M, Matsumura Y, Aizawa H et al. (1997): *Mutation of the mouse klotho gene leads to a syndrome resembling ageing.* Nature 390, 45-51

Kurosu H, Yamamoto M, Clark JD et al. (2005): *Suppression of aging in mice by the hormone Klotho.* Science 309,1829-1833

Landel V, Annweiler C, Millet P et al. (2016): *Vitamin D, Cognition and Alzheimer's Disease: The Therapeutic Benefit is in the D-Tails.* Journal of Alzheimer's disease: JAD 53, 419-444

Lepperdinger G (2013): *Developmental programs are kept alive during adulthood by stem cells: the aging aspect.* Exp Ger 48, 644-646

Liesa M, Shirihai OS (2013): *Mitochondrial dynamics in the regulation of nutrient utilization and energy expenditure.* Cell Metab 17, 491-506

Lipsky MS, King M (2015): *Biological theories of aging. Disease-a-month* : DM 61, 460-466

Lopez-Otin C, Blasco MA, Partridge L et al. (2013): *The hallmarks of aging.* Cell 153, 1194-1217

Lopez-Otin C, Galluzzi L, Freije JMP et al. (2016): *Metabolic Control of Longevity.* Cell 166:802-821

Madeo F, Tavernarakis N, Kroemer G (2010): Can autophagy promote longevity? Nat Cell Biol 12, 842-846

Madeo F, Zimmermann A, Maiuri MC et al. (2015): *Essential role for autophagy in life span extension.* J Clin Inv 125, 85-93

Malaquin N, Martinez A, Rodier F (2016): *Keeping the senescence secretome under control: Molecular reins on the senescence-associated secretory phenotype.* Exp Geront 82, 39-49

Marzetti E, Calvani R, Tosato M et al. (2017): *Physical activity and exercise as countermeasures to physical frailty and sarcopenia.* Aging Clin Exp Res 29, 35-42

Mccay CM, Crowell MF, Maynard LA (1935): *The effect of retarded growth upon the length of life span and upon the ultimate body size.* J Nutr 10, 63-79

Medvedev ZA (1990): *An Attempt at a Rational Classification of Theories of Aging.* Biol Rev 65, 375-398

Milman S, Huffman DM, Barzilai N (2016): *The Somatotropic Axis in Human Aging: Framework for the Current State of Knowledge and Future Research.* Cell Metab 23, 980-989

Minois N (2014): *Molecular basis of the 'anti-aging' effect of spermidine and other natural polyamines - a mini-review.* Gerontol 60, 319-326

Mitsuhashi M, Taub DD, Kapogiannis D et al. (2013): *Aging enhances release of exosomal cytokine mRNAs by A beta(1-42)-stimulated macrophages.* FASEB J 27, 5141-5150

Munoz-Espin D, Serrano M (2014): *Cellular senescence: from physiology to pathology. Nature reviews.* Mol Cell Biol 15, 482-496

Neufer PD, Bamman MM, Muoio DM et al. (2015): *Understanding the Cellular and Molecular Mechanisms of Physical Activity-Induced Health Benefits.* Cell Metab 22, 4-11

Neves J, Sousa-Victor P, Jasper H (2017): *Rejuvenating Strategies for Stem Cell-Based Therapies in Aging.* Cell Stem Cell 20, 161-175

Nielsen J, Hedeholm RB, Heinemeier J et al. (2016): *Eye lens radiocarbon reveals centuries of longevity in the Greenland shark (Somniosus microcephalus).* Science 353, 702-704

Novelle MG, Wahl D, Dieguez C et al. (2015): *Resveratrol supplementation: Where are we now and where should we go?* Ageing Res Rev 21, 1-15

Oh J, Lee YD, Wagers AJ (2014): *Stem cell aging: mechanisms, regulators and therapeutic opportunities*. Nat Med 20, 870-880

Pennisi M, Crupi R, Di Paola R et al. (2016*): Inflammasomes, hormesis, and antioxidants in neuroinflammation: Role of NRLP3 in Alzheimer disease*. J Neurosci Res 95, 1360-1372

Pitt JM, Kroemer G, Zitvogel L (2016): *Extracellular vesicles: masters of intercellular communication and potential clinical interventions*. Journal of Clinical Investigation 126, 1139-1143

Prattichizzo F, Micolucci L, Cricca M et al. (2017): *Exosome-based immunomodulation during aging: A nano-perspective on inflamm-aging*. Mech Ageing Dev (ahead of print: doi: 10.1016/j.mad.2017.02.008.)

Pryor R, Cabreiro F (2015): *Repurposing metformin: an old drug with new tricks in its binding pockets*. Biochem J 471, 307-322

Rezza A, Sennett R, Rendl M (2014): *Adult Stem Cell Niches: Cellular and Molecular Components*. Curr Top Dev Biol 107, 333-372

Rodriguez KA, Edrey YH, Osmulski P et al. (2012): *Altered composition of liver proteasome assemblies contributes to enhanced proteasome activity in the exceptionally long-lived naked mole-rat*. PLOS one 7, e35890

Ruetenik A, Barrientos A (2015): *Dietary restriction, mitochondrial function and aging: from yeast to humans*. Biochim Biophys Acta 1847, 1434-1447

Sanchis-Gomar F, Pareja-Galeano H, Santos-Lozano A et al. (2015): *A preliminary candidate approach identifies the combination of chemerin, fetuin-A, and fibroblast growth factors 19 and 21 as a potential biomarker panel of successful aging*. Age 37, 9776

Sattler FR (2013): *Growth hormone in the aging male*. Best Pract Res Cl En 27, 541-555

Scherz-Shouval R, Elazar Z (2007): *ROS, mitochondria and the regulation of autophagy*. Trends Cell Biol 17, 422-427

Schimke MM, Marozin S, Lepperdinger G (2015): *Patient-Specific Age: The Other Side of the Coin in Advanced Mesenchymal Stem Cell Therapy*. Front Physiol 6, 362

Schlogl M, Holick MF (2014): *Vitamin D and neurocognitive function*. Clin Intervent Aging 9, 559-568

Schultz MB, Sinclair DA (2016): *When stem cells grow old: phenotypes and mechanisms of stem cell aging*. Development 143, 3-14

Sebastian D, Palacin M, Zorzano A (2017): *Mitochondrial Dynamics: Coupling Mitochondrial Fitness with Healthy Aging*. Trends Mol Med 23, 201-215

Sharpless NE, Sherr CJ (2015): *Forging a signature of in vivo senescence*. Nat Rev Cancer 15, 397-408

Simpson SJ, Le Couteur DG, Raubenheimer D et al. (2017): *Dietary protein, aging and nutritional geometry*. Ageing Res Rev (ahead of print: doi: 10.1016/j.arr.2017.03.001)

Soria-Valles C, Lopez-Otin C (2016): *iPSCs: On the Road to Reprogramming Aging*. Trends Mol Med 22, 713-724

Soto-Gamez A, Demaria M (2017): *Therapeutic interventions for aging: the case of cellular senescence.* Drug Discov Today 22, 786-795

Sousa-Victor P, Garcia-Prat L, Serrano AL et al. (2015): *Muscle stem cell aging: regulation and rejuvenation.* Trends Endocrin Met 26, 287-296

Takahashi K, Yamanaka S (2016): *A decade of transcription factor-mediated reprogramming to pluripotency.* Nat Rev Mol Cell Bio 17, :183-193

Tang Y, Purkayastha S, Cai D (2015): *Hypothalamic microinflammation: a common basis of metabolic syndrome and aging.* Trend Neurosci38, 36-44

Thorley M, Malatras A, Duddy W et al. (2015): *Changes in Communication between Muscle Stem Cells and their Environment with Aging.* J Neuromusc Diseases 2, 205-217

Treaster SB, Ridgway ID, Richardson CA et al. (2014): *Superior proteome stability in the longest lived animal.* Age 36, 9597

Trounson A, Dewitt ND (2016): *Pluripotent stem cells progressing to the clinic.* Nat Rev Mol Cell Biol 17,194-200

Vina J, Rodriguez-Manas L, Salvador-Pascual A et al. (2016): *Exercise: the lifelong supplement for healthy ageing and slowing down the onset of frailty.* J Physiol-London 594, 1989-1999

Wang Y, Hekimi S (2015): *Mitochondrial dysfunction and longevity in animals: Untangling the knot.* Science 350, 1204-1207

White RR, Vijg J (2016): *Do DNA Double-Strand Breaks Drive Aging?* Mol Cell 63, 729-738

Williams GC (1957): *Pleiotropy, Natural-Selection, and the Evolution of Senescence.* Evolution 11, 398-411

Xia S, Zhang X, Zheng S et al. (2016): *An Update on Inflamm-Aging: Mechanisms, Prevention, and Treatment.* J Immunol Res 2016, 8426874

Zampieri M, Ciccarone F, Calabrese R et al. (2015): *Reconfiguration of DNA methylation in aging.* Mech Ageing Dev 151, 60-70

Zhou G, Myers R, Li Y et al. (2001): *Role of AMP-activated protein kinase in mechanism of metformin action.* J Clin Invest 108, 1167-1174

Zhu Y, Tchkonia T, Pirtskhalava T et al. (2015): *The Achilles' heel of senescent cells: from transcriptome to senolytic drugs.* Aging Cell 14, 644-658

7 Yin und Yang des Alterns
Die wichtige Rolle der Ribosomen in der Regulation der Langlebigkeit

Hannelore Breitenbach-Koller, Michael Löffler, Anna Adamec

Einleitende Bemerkung an unsere Interessenten im Geronto_Netzwerk:

Der folgende Artikel ist in allgemein verständlicher Form verfasst, sodass alle Interessierten auch ohne biologische und chemische Vorbildung unseren Ausführungen folgen können. Weiterführende Literatur aus unserer und anderen Arbeitsgruppen ist am Ende des Artikels aufgelistet. Wir geben zuerst einen Überblick über das Ribosom und den Prozess seiner Herstellung in der Zelle (Ribosomenbiogenese) als Effektoren der Langlebigkeit. Dann berichten wir über eigene Arbeiten im Kontext der Synthese von Proteinen durch das Ribosom (Proteinexpression) in Gesundheit, Krankheit und Altern. Der Bericht unserer Arbeitsgruppe beruht auf der sorgfältigen Arbeit von vielen MitarbeiterInnen, hier genannt sind jene der letzten zwei Jahre: Thomas Karl, Andreas Friedrich, Clemens Brandl, Akim Strohmayr, Jacqueline Teufl, Olivia Grane und Philip Radler; unsere früheren MitarbeiterInnen sind auf unserer Homepage (Menüpunkt Fachbereich Zellbiologie und Physiologie, Abteilung Genetik, AG Breitenbach-Koller, Mitarbeiter) an der Universität Salzburg gelistet. Unserem Kooperationspartner an den Landeskliniken/PMU Salzburg, Herrn Prim. Univ.-Prof. Dr. Johann W. Bauer danken wir für viele Jahre erfolgreicher Kooperation. Unseren Mentoren, Herrn Univ.-Prof. Dr. Michael Breitenbach und Herrn Univ.-Prof. Dr. Helmut Hintner, danken wir für die wissenschaftliche Förderung und Begleitung. Herrn Univ.-Prof. Dr. Peter Eckl danken wir für die Kooperation im Bereich oxidativer Stress im Altern. Für die Förderung unserer wissenschaftlichen Arbeit danken wird der Österreichischen Nationalbank (OeNB), DEBRA-Austria (Patientenorganisation die Menschen hilft mit Epidermolysis bullosa (EB) leben), der Universität Salzburg und dem Land Salzburg.

Das Ribosom im Yin und Yang des Alterns

Ribosomen stellen alle Proteine einer Zelle, das Proteom, her. Ein Ribosom besteht aus zwei ungleichen Untereinheiten, die sich wie eine kleinere und größere Untereinheit eines kugelförmigen Komplexes zusammenlagern (Abb. 7-1).

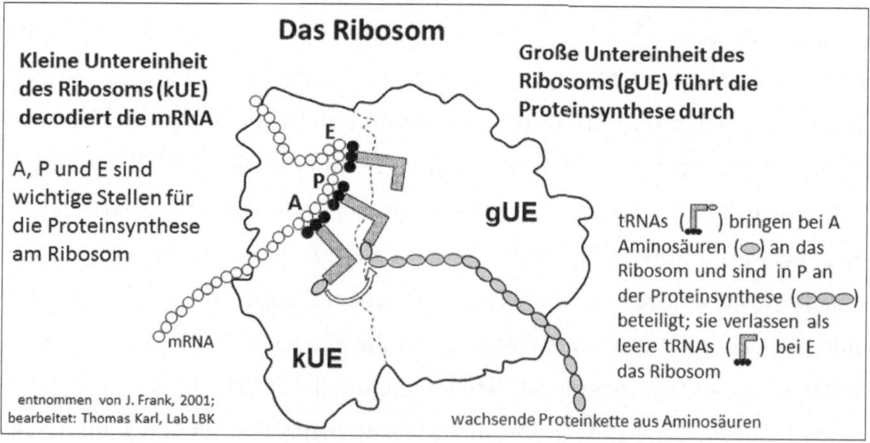

Abb. 7-1 Das Ribosom

Beide Untereinheiten sind aus langkettigen, ribosomalen RNA (rRNA) Molekülen und ribosomalen Proteinen aufgebaut. Die kleine Untereinheit arbeitet als Decodierungszentrum. Sie liest die genetische Information für den Bau eines Proteins, die als Gen auf der DNA vorliegt, von einer transportfähigen Kopie, der „messenger" RNA (mRNA) ab. Sie tut das mittels kleiner Trägermoleküle, sog. transfer RNAs (tRNAs), die die Aminosäuren, gemäß der Abfolge der Informationseinheiten auf der mRNA, den Codons, anliefern. Die große Untereinheit beherbergt das Proteinsynthesezentrum, in dem die einzelnen Aminosäuren, eine nach der anderen, zu einer wachsenden Aminosäurenkette verbunden werden (Translation). Die Aminosäurenkette verlässt die große Untereinheit durch einen Proteinexittunnel und faltet sich außerhalb des Ribosoms zu einem Protein. So entstehen alle Proteine, wie jene des Muskels, die Signalproteine und die Proteine mit Funktionen im Stoffwechsel.

Für den Alterungsprozess in einzelnen Zellen und in vielzelligen Lebewesen, spielt das Ribosom in zweifacher, sich ergänzender Hinsicht - Yin und Yang - eine wichtige Rolle in der Regulation des Alterns: Erstens, in einer Änderung der Produktionsrate der Ribosomen (Ribosomenbiogenese) und zweitens, in der Proteinsynthese von Proteinen, die den Alterungsprozess regulieren.

Produktion der Ribosomen (Ribosomenbiogenese) und Altern

Die Ribosomen einer Zelle werden in einem Verfahren hergestellt, das man Ribosomenbiogenese nennt (Thompson et al., 2013). Dabei werden die rRNA Moleküle und die etwa 80 ribosomalen Proteine, die für den Zusammenbau eines Ribosoms benötigt werden, hergestellt. In einer Säugetierzelle gibt es bis zu einer Million Ribosomen (Gamalinda und Woolford, 2015).

Bei allen Wachstums- und Teilungsprozessen müssen Ribosomen die Proteine synthetisieren und es wird berichtet, dass in sich teilenden Zellen die rRNA den Großteil aller RNAs ausmacht und 50% der Proteinsynthese die ribosomalen Proteine selbst betreffen. Es werden dabei bis etwa hundert Ribosomen pro Sekunde gebildet. So ist die Ribosomenbiogenese derjenige zelluläre Prozess, der den meisten Energieverbrauch hat. Es gibt eine untrennbare Verbindung zwischen Energieverbrauch und Lebensspanne und es ist daher nicht verwunderlich, dass Mutationen und Umwelteinflüsse, die zur Reduktion der Ribosomenbiogenese führen, eine Verlängerung der Lebenspanne bewirken. Hier besprechen wir nun einige ausgewählte Signale für Aktivierung der Ribosomenbiogenese und deren Effekt auf die Langlebigkeit von Zellen und Lebewesen.

Die Wachstumssignale, die Ribosomenbiogenese und Zellteilung auslösen, sind bekannt und treffen am sogenannten „mTOR" Signalweg (mechanistic Target of Rapamycin pathway) zusammen (Laplante und Sabatini, 2012). In diesem Szenario aktivieren Nährstoffe, Hormone und eben diese Wachstumsfaktoren eine intrazelluläre Signalkaskade, die zur Hochregulierung der Proteinsynthese führen. Dies geschieht durch die Aktivierung von Proteinen, die vermehrt mRNAs an die Ribosomen zur Translation führen. Weiters werden Faktoren aktiviert, die spezifisch die Produktion von rRNA und ribosomalen Proteinen hochfahren. Daher wurde der mTOR Signalweg auch als Hauptschalter der Ribosomenbiogenese bezeichnet. Viele Versuche zeigten, dass genetische (Mutationen) oder pharmakologische (Wirkstoffe) Inhibition des mTOR Schalters das Zellwachstum drosseln kann. Dies ist von großem klinischem Interesse in der Krebsforschung und ebenso in der Alternsforschung, da induzierte Abnahme von energieaufwändigen Prozessen in allen Modelsystemen des Alterns mit Zunahme der Lebensspannen einhergeht.

Inhibition des mTOR Schalters führt auch zu Autophagie, wörtlich „selbst essen". Für die Aufklärung dieser Zellfunktion in Hefezellen hat Yoshinori Ohsumi 2016 den Nobelpreis für Physiologie oder Medizin erhalten. Autophagie wird in Zeiten von Nahrungsmangel gestartet, wenn Zellen ihre eigenen Bestandteile recyclen um lebensfähig zu bleiben (He and Klionsky, 2012). Dabei werden spezielle Organellen, die Autophagosomen gebildet, die Zellmaterial, wie Ribosomen, verschlingen um dann mit Lysosomen, das sind Abbaubläschen, zu verschmelzen. Das abgebaute Material wird für den Aufbau neuer, systemerhaltender Zellbestandteil verwendet.

Soweit bekannt, schließen sich Autophagie und Zellwachstum aus.

Der mTOR Schalter, die Ribosomenbiogenese und Autophagie sind als Zellfunktionen verbunden und wirken zusammen, wenn es zu einer Verlängerung der Lebensspanne kommt. In vielen Spezies wurde gezeigt, dass eine chemische Inhibierung des mTOR Schalters die Ribosomenbiogenese reduziert und die Lebensspanne erhöht. Andererseits führt Reduktion der Komponenten der Ribosomenbiogenese, wie etwa der von ribosomalen Proteinen oder rRNA, zu einem Anstieg der zellulären Autophagie. Anhand des Modelorganismus Fadenwurm (*Chaenorhabditis elegans*) konnte gezeigt werden, dass jene Gene, die für das Autophagieprogramm und die Herstellung der Autophagosomen benötigt werden, aktiv sein müssen, um eine Verlängerung der Lebensspanne des Wurms zu ermöglichen. Vereinfacht gesagt, bedeutet hohe Aktivität des mTOR Schalters hohe Aktivität der Ribosomenbiogenese und niedrige Aktivität des mTOR Schalters bedeutet Reduktion der Ribosomenbiogenese.

Wie kann man nun den mTOR Schalter beeinflussen, damit Reduktion der Ribosomenbiogenese und Autophagie so beeinflusst werden, dass sie mit einer gesunden Verlängerung der Lebensspanne einhergehen? Das führt uns zur Diskussion der „Wunderdroge" Rapamycin. Rapamycin wurde ursprünglich in einem Bakterienstamm auf einer der Osterinseln, Rapa Nui, entdeckt und wurde in der Transplantationsmedizin auf Grund seiner zellteilungshemmenden Effekte verwendet; es wird auch als Antitumortherapie in klinischen Versuchen eingesetzt, um die Neovaskularisation und das Wachstum bestimmter Tumore zu hemmen.

In den letzten Jahren hat Rapamycin großes Interesse in der Alternsforschung hervorgerufen, da es ein chemischer Inhibitor des mTOR Schalters ist. Es wurde bereits gezeigt, dass Rapamycin die Lebensspanne von Mäusen verlängert (Harrison et al., 2009) und ist derzeit der einzig freigegebene Wirkstoff für klinische Versuche zu Alterungsprozessen im Menschen (Clinical Trials.gov:NTC01649960).

Vorsicht ist geboten, wenn man langzeitige Gaben von Rapamycin betrachtet. Rapamycin drosselt das Wachstum und verstärkt die Autophagie. Allerdings wurde kürzlich gezeigt, dass chronische Zufuhr von Rapamycin, wie bereits vorher gesagt, die Lebensspanne von Mäusen durch Senkung der Tumorrate verlängert, allerdings ohne die Ausbildung normaler Alterungsprozesse zu verzögern. Auf den Menschen bezogen, stellt sich hier die Frage nach der Sinnhaftigkeit einer Lebensverlängerung ohne Hintanhaltung der Gebrechlichkeit.

In allen bis jetzt viel untersuchten Modellorganismen des Alterns, Hefezellen, Wurm, Fliege, Maus, Rhesusaffe und menschliche Zellen ist die Reduktion der Nährstoffzufuhr mit einer Steigerung der Lebensspanne verbunden. Am besten ist dieser Wirkkreis für den Zucker Glukose untersucht. Die Konzentration des Zuckers im Blut erfolgt durch zwei Hormone, die abhängig von der Blutzuckerkonzentration ausgeschüttet werden. Insulin ist das einzige Hormon, das den Blutzuckerspiegel senken kann und als Gegenspieler funktionieren Glucagon, Adrenalin, Kortisol und Schilddrüsenhormone. Bei Nahrungsmangel wird der Insulinsignalweg heruntergefahren und die ribosomalen Proteine werden in den Zellen abgebaut. Das hat zur Folge, dass weniger Ribosomen für die Translation der mRNAs zur Verfügung stehen und der gesamte zelluläre Metabolismus auf „Sparflamme" läuft. Man hat versucht, diese Beobachtung zu nützen und Ernährungsprogramme zu entwerfen, die lebensverlängernd wirken sollen. Dabei ist man von den ursprünglichen Ansätzen eine Hungerperiode oder eine starken Einschränkung der Kalorienzufuhr (Caloric restriction, CR) zur Verlängerung der Lebensspannen einzusetzten, zu einem mehr moderaten Ansatz (Dietary restriction, DR) gekommen. DR meint eine Diät mit weniger Kalorien als normale Kost, aber mit ausgewogenen Anteilen an Kohlehydraten, Fett und Proteinen. Neuere Studien berichten über eine Verbesserung der DR Strategie und werden am Ende dieses Berichtes vorgestellt.

Was ist nun der zentrale Aspekt bei Reduktion der Nahrung, vor allem bei Reduktion der Kohlenhydrate in der Nahrung? Dies ist der Aspekt des Energiehaushaltes der Zelle. Nahrung wird für zwei zelluläre Funktionen benötigt, erstens für die Bereitstellung der Bausteine des Körpers, das sind Bausteine zum Aufbau von Kohlehydraten, Fetten und Proteinen und zweitens, zur Gewinnung von Energie für alle zellulären Vorgänge. Nun ist die Gewinnung von Energie in den Zellen der meisten Lebewesen, so auch in jenen des Menschen, mit Verbrauch von Sauerstoff, O_2, verbunden. Wenn aber zu viel Nahrung in den Energiestoffwechsel zugeführt wird, dann entstehen durch den vermehrten Sauerstoffverbrauch auch vermehrt reaktive Formen des Sauerstoffs, die bekannten ROS (reactive oxygen species, z. B. H_2O_2, Wasserstoffperoxid) Moleküle. Diese ROS Moleküle können alle zellulären Strukturen, Zellmembranen, Proteine, Nukleinsäuren (DNA und RNA) angreifen und in ihrer Funktion stören; man fasst das unter dem Begriff „oxidativer Stress" zusammen: Ein ständiger hoher Level von ROS begünstigt u.a., Erkrankungen der Gefäße, unkontrolliertes Wachstum und neurologische Defekte. Hier wollen wir nun den Zusammenhang zwischen ROS, oxidativem Stress und Proteinsynthese im Alterungsprozess und in neurologischen Defekten an Hand unserer eigenen Arbeiten vorstellen.

Proteinsynthese und oxidativer Stress im Altern und neurologischen Erkrankungen – ein Bericht aus unserer Arbeitsgruppe

Wir studieren die Rolle der ribosomalen Proteine als Regulatoren der Proteinexpression in Gesundheit, Krankheit und Altern. Das ist ein neues Konzept, da man seit der Entdeckung der Ribosomen vor nunmehr 70 Jahren davon ausging, dass die Produktion eines Proteins in erster Linie von der Menge der vorhandenen mRNA für dieses Protein abhängig ist, und dass das Wann und Wo dieser Synthese von Translationsfaktoren reguliert wird, die von außen an das Ribosom angreifen. Wir und andere Arbeitsgruppen haben nun gezeigt, dass die Veränderung eines einzigen ribosomalen Proteins, ribosomales Protein L10 (rpL10) den Alternsphänotyp verändern kann. So konnten wir feststellen, dass zelluläre Reduktion in der Menge des ribosomalen Proteins rpL10 in Hefezellen zu einer mehr als 25% Verlängerung der Lebensspanne führt (Chiochhetti et al., 2007). Kurz darauf haben Steffen et al. (2008) gezeigt, dass etwa die Hälfte der ribosomalen Proteine der großen Untereinheit der Ribosomen bei Reduktion zu einer Verlängerung der Lebensspanne führt. Diese AutorInnen konnten auch zeigen, dass dieser Alternsphänotyp an einen Signalweg gekoppelt ist, der der Zelle einen Hungerstatus meldet. Bis jetzt ist es allerdings noch nicht gelungen, zu erforschen, warum ein bestimmtes ribosomales Protein bei Reduktion die Lebensspanne erhöht und ein anderes nicht. Diese Frage kann zum Teil beantwortet werden, wenn man ein ribosomales Protein und sein molekulares

Umfeld genauer untersucht. Das haben wir für das ribosomale Protein rpL10 gemacht.

Wir haben Zelllinien von Patienten studiert, die eine Mutation in rpL10 haben, wobei das Gen für rpL10 auf dem X-Chromosom sitzt (Chiocchtetti et al., 2014). Diese Patienten sind Knaben aus 2 Familien in der Nähe von Heidelberg und haben als Diagnose Autismus (ASD, Autism Spectrum Disorder), eine Erkrankung die 4-mal häufiger bei Knaben als bei Mädchen diagnostiziert wird. Die neurologischen Ausfallserscheinungen bei Autismus sind stereotype Handlungen, überempfindliche Sensorik und verminderte soziale Interaktionen. Viele PatientInnen sind schwer behindert und einige PatientInnen zeigen erstaunliche Begabungen auf dem Gebiet der Mathematik und der darstellenden Kunst. Wie kann man solche komplexen Krankheitsbilder auf eine einzige Mutation in einem ribosomalen Protein zurückführen? Wir konnten zeigen, dass diese eine Mutation in rpL10 das Proteinexpressionsmuster von etwa 200 Proteinen geringfügig, aber signifikant ändert, und die Expression aller anderen Proteine unverändert lässt. Von diesen 200 Proteinen konnten wir 20 identifizieren und diese sind alle, ohne Ausnahme, Vertreter jener etwa 500 Proteine, die auf den oxidativen Stress der Zelle reagieren (redox-sensitive Proteine). Wir haben eine Hypothese publiziert, die besagt, dass die hohe Sauerstoffkonzentration in Gehirn und Nervenzellen (die 20% des Gesamtsauerstoffverbrauches des Körpers ausmacht) und die daraus entstehenden vielen ROS Moleküle vom veränderten Proteinexpressionsmuster der Patienten nicht abgepuffert werden können, sodass es zu neurologischen Fehlfunktionen in der Wahrnehmung (Hören, Sehen, Tasten, soziale Interaktion) kommt. Ein Link zwischen unseren Studien an rpL10 im Alterungsprozess (Chiochhetti et al., 2007) und zu unseren Studien zu rpL10 im Autismus ergab sich aus dem Befund, dass Reduktion des rpL10 in Hefe zu einem Proteinexpressionsmuster führt, dass man auch erhält, wenn man normale Hefezellen mit ROS behandelt. Die Zellen haben also schon ein Vorprogramm gestartet, das ohne Erhöhung der ROS, in der Zelle schon eine „Antwort" auf oxidativen Stress zeigt. Wir wissen noch nicht, wie diese Beobachtung zu der von uns beobachteten Verlängerung der Lebensspanne von Hefezellen mit reduziertem rpl10 Level führt. Eine Möglichkeit wäre, dass Hefezellen unter sonst normalen Bedingungen, aber mit rpL10 Reduktion, ein Set von Proteinen anders produzieren, sodass dieses Set keinen hohen ROS Stress entstehen lässt. Wenn das in menschlichen Zellen bei Mutation von rpL10 auch so ist, dann kann postuliert werden, dass ein Proteinmuster, dass den ROS Stress niedrig hält, aber nicht auf Erhöhung des ROS Stress reagieren kann, mit der hohen ROS Produktion in Nervenzellen überfordert ist.

Die modulatorische Rolle der ribosomalen Proteine in der Proteinexpression konnten wir durch Studien an ribosomaler RNA ergänzen. Zusammen mit der Arbeitsgruppe von Univ.-Prof. Dr. Johannes Grillari und Dr. Markus Schosserer, Universität für Bodenkultur Wien (BOKU), konnten wir zeigen, dass Veränderung eines einzigen Bausteins der ribosomalen RNA im Proteinsynthesezentrum der großen Untereinheit des Ribosoms, zu einer veränderten Expression von über tausend Proteinen der etwa sechstausend Proteine der Hefezelle führt (Schosserer et al., 2015). Proteine die eine Rolle in der oxidativen Stress Antwort spielen, sind hochreguliert und jene der Ribosomenbiogenese sind hinunterreguliert. Wenn man nun das Protein, das diese Modifikation der ribosomalen RNA durchführt, durch genetische Manipulation entfernt, so führt das zu einer Verlängerung der Lebensspanne in den Modellorganismen Hefe, Wurm, Fliege und menschlichen Zellen in Zellkultur. So schließt sich der Kreis von den Ausführungen zur Ribosomenbiogenese als Ventil zur Modulation der Langlebigkeit bis zu unseren Beobachtungen, dass das Ribosom keine statische Proteinsynthesemaschine ist, sondern dass das Ribosom die „Landschaft" der Proteinexpression dynamisch verändert, wenn nur subtile Veränderungen an ribosomalen Proteinen oder ribosomaler RNA vorgenommen werden.

Es ist daher zu erwarten, dass Wirkstoffe und Diätmaßnahmen entwickelt werden, die zu einer Verlängerung der Lebensspanne, vor allem aber zu einer möglichst langen und gesunden Phase im Alter führen. Eine solche Möglichkeit wurde kürzlich durch Brandhorst et al. (2015) vorgestellt: Studien in Hefe und Maus und dann in einer klinischen Pilotstudie haben gezeigt, dass eine periodische Diät, die eine Fastendiät nachahmt (Fasting Mimic Diet, FMD) zur Verbesserung alternsrelevanter Parameter führt (Abb. 7-2).

Um auf Akzeptanz der TeilnehmerInnen zu stoßen, wurde die Studie so gestaltet, dass die Diät für 5 Tage im Monat zu halten war, und etwa 50% der normalen Kalorienzufuhr ermöglichte, aber unter Einhaltung einer Verteilung von etwa 10% Protein, 40% Kohlehydrate und 60% Fett. Wir machen hier nachdrücklich darauf aufmerksam, dass es sich hier um den Bericht zu einer Studie zum gesunden Altern handelt und nicht um eine Empfehlung zu einer persönlichen Diät.

Zusammenfassend kann gesagt werden, dass die Aktivität der Ribosomen direkt an jene zelluläre Prozesse gekoppelt ist, die für ein gesundes Altern verändert werden können. Zentral dabei ist einerseits das Yin der Ribosomenbiogenese, deren moderate Reduktion zum gesunden Altern beiträgt, sowie andererseits das Yang der Modulation einzelner ribosomaler Komponenten, der ribosomalen Proteine oder der rRNA, das zu veränderten Proteinexpressionsmustern führt, die gesundes Altern ermöglichen können.

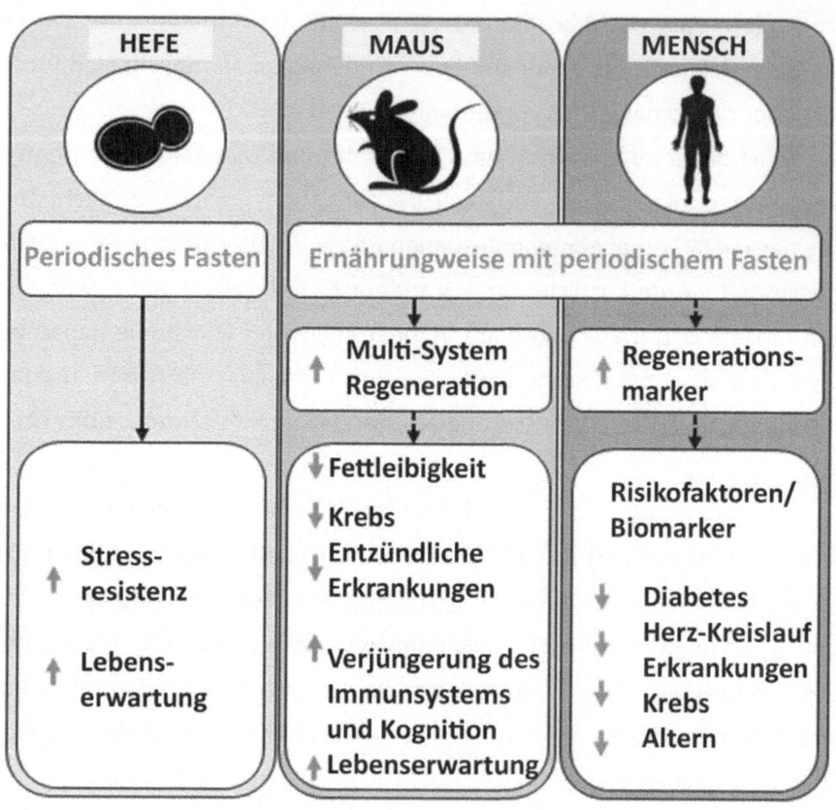

Abb. 7-2 Fasting Mimic Diet (FMD) Brandhorst et al. 2015

Literatur

Brandhorst S, Choi IY, Wie M et al. (2015): *A periodic diet that mimics fasting promotes multi-System regeneration, enhanced cognitive performance, and healthspan.* Cell Metabolism 22, 86.

Chiocchetti A, Haslinger D, Boesch M et al. (2014): *Protein signatures of oxidative stress response in a patient specific cell line model for autism.* Mol Autism, 5, 10.

Chiocchetti A, Zhou J, Zhu H et al. (2007): *Ribosomal proteins Rpl10 and Rps6 are potent regulators of yeast replicative life span.* Exp Gerontol, 42, 275.

Harrison DE, Strong R, Sharp ZD et al. (2009): *Rapamycin fed late in life extends lifespan in genetically heterogeneous mice.* Nature 460, 392–395.

He C und Klionsky DJ (2009): *Regulation mechanisms and signaling pathways of autophagy.* Annu Rev Genet 43, 67–93.

Laplante M und Sabatini DM (2012): *mTOR signaling in growth control and disease.* Cell, 149, 274.

Schosserer M, Minois N, Angerer TB et al. (2015): *Methylation of ribosomal RNA by NSUN5 is a conserved mechanism modulating organismal lifespan.* J Nat Commun 6, 6158.

Steffen KK, MacKay VL, Kerr EO et al. (2008): *Yeast life span extension by depletion of 60s ribosomal subunits is mediated by Gcn4.* Cell 133, 292.

Thomson E, Ferreira-Cerca S und Hurt E (2013): *Eukaryotic ribosome biogenesis at a glance.* J Cell Sci, 126, 4815.

8 Hautalterung

Mark Rinnerthaler

Die Freie-Radikale-Theorie des Alterns

Alle Wege führen nach Rom und genauso führen alle Wege ins Alter. Dies impliziert, dass es nicht diesen *einen* Weg gibt, der die Alterung bedingt, sondern dass die Alterungsprozesse multifaktoriell sind, alle Zellbestandteile betreffen und zu einem gewissen Grad auch aufeinander aufbauen, miteinander vernetzt sind und sich auch gegenseitig „aufschaukeln" können. Ein Versuch, einen Überblick über diverse Alterungsmodelle zu gewinnen und dieselben zu kategorisieren, mündete in immerhin mehr als 300 Theorien (Medvedev, 1990), siehe auch Beitrag 6, Grundlagen der Biogerontologie. Die in diesem Manuskript angeführten Alternshypothesen überlappen zum Teil, zum Teil schließen sie sich aber auch aus oder widersprechen sich. Aus diesem Wust an Theorien hat sich eine zentrale herauskristallisiert und zwar die „Freie-Radikale-Theorie des Alterns", die im Jahr 1956 von Harman aufgestellt und im Jahr 1972 von ihm selbst um die zentrale Rolle der Mitochondrien erweitert wurde (Harman, 1956, 1972). Die generelle Akzeptanz dieser Hypothese kann an dem Fakt abgelesen werden, dass diese beiden Manuskripte bereits knapp 9000-mal zitiert wurden. Damit zählt diese Theorie zu den am häufigsten zitierten Theorien über alle biologischen Disziplinen hinweg und zu der wohl meist zitierten in der Alternssparte.

Im Folgenden soll kurz auf den Inhalt derselben eingegangen werden. Im ersten Schritt soll der Begriff „freie Radikale" näher beleuchtet werden. Dabei handelt es sich einerseits um Atome, andererseits um Moleküle, die über ein ungepaartes Valenzelektron verfügen und damit eine hohe Tendenz zeigen, mit anderen Molekülen zu reagieren. Im Falle der „Freien-Radikale-Theorie des Alterns" handelt es sich primär um Sauerstoffradikale, die laut Harman an den Mitochondrien entstehen, die Mitochondrien selbst schädigen und damit einen fundamentalen Beitrag zur Zellalterung und damit zur Alterung des Organismus liefern.

Unumstößlich ist, dass der Alterungsprozess mit einem dramatischen Anstieg an freien Sauerstoffradikalen einhergeht. Tatsächlich hat sich dieser Fakt als ein Meilenstein des Alterns herauskristallisiert, der sich nicht nur am Menschen, sondern auch in allen Modellorganismen des Alterns nämlich der Bäckerhefe, der Fruchtfliege, dem Fadenwurm und der Maus bestätigt hat. Diese freiwerdenden Sauerstoffradikale, die im Rahmen der Energieproduktion der Mitochondrien sowie durch weitere zelluläre Quellen entstehen, beginnen nun alle zellulären Bestandteile (DNA, Proteine und Lipide) zunehmend zu schädigen, was wiederum den Ausstoß an freien Radikalen erhöht. Damit wird ein Teufelskreislauf losgetreten.

Obwohl generell akzeptiert, haben sich in den letzten Jahren berechtigte Zweifel an der universellen Gültigkeit dieser Theorie aufgetan (Lapointe und Hekimi, 2010). So konnte gezeigt werden, dass nicht nur eine Reduzierung des Sauerstoffradikallevels, sondern auch eine moderate Erhöhung die Lebensspanne von Mäusen verlängern kann (Csiszar et al., 2008). Diese scheinbar widersprüchlichen Ergebnisse mögen dem Fakt geschuldet sein, dass Sauerstoffradikale, insbesondere Wasserstoffperoxide, nicht nur ein Zellgift darstellen, sondern unter Umständen auch lebenswichtige, extrem schnelle Signalmoleküle sind (Rinnerthaler et al., 2012).

Die Einwände gegen diese wohl wichtigste Alternshypothese sollen im Rahmen dieses Buchkapitels aber nicht weiter abgehandelt werden, sondern der Fokus auf ein Organ des menschlichen Körpers gelegt werden, auf den die Sauerstoffradikale eine besondere Auswirkung haben: Die Haut.

Die Haut ist das größte Organ des menschlichen Körpers, welches bis zu zwei Quadratmeter bedecken kann und in etwa fünfzehn Prozent des Körpergewichts ausmacht. Als kleiner Tipp für ungeduldige Leser: Wissenschaftlich fundierte Ratschläge wie der Alterungsprozess der Haut hintangehalten bzw. einzelne Phänotypen des Alterns gemildert werden können, finden sich im letzten Abschnitt dieses Kapitels.

Der Aufbau der Haut

Die Haut prägt nicht nur das Erscheinungsbild des Menschen, sondern erfüllt auch noch ein weiteres Spektrum an weiteren Funktionen. Sie ist ein Sinnesorgan, dient der Thermoregulation und dem Stoffaustausch mit der Umwelt, ist ein Hormonproduzent, hat wichtige Immunfunktionen und dient als Barriere zur „Außenwelt". Dieser Funktion als Grenzorgan ist es auch geschuldet, dass die Haut wie kein anderes menschliches Gewebe einem extrem hohen Gehalt an Sauerstoffradikalen ausgesetzt ist (Rinnerthaler et al., 2015). Um der Entstehung der Sauerstoffradikale nachzugehen, ist es notwendig den Aufbau der Haut näher zu beleuchten.

Im Wesentlichen können in der Haut drei Schichten unterschieden werden (ein erklärender Hautschnitt wird in der Abbildung 8-1 gezeigt). Dies sind die Oberhaut, Lederhaut und die Unterhaut. Die letztgenannte Schicht besteht aus Fett- und Bindegewebe und ist von großen Blutgefäßen und Nerven durchzogen. Die Lederhaut trennt die Unterhaut und Oberhaut, und

besteht neben dem Hauptzelltyp, den Fibroblasten, überwiegend aus extrazellulärer Matrix, die der Haut ihre hohe Elastizität verleiht.

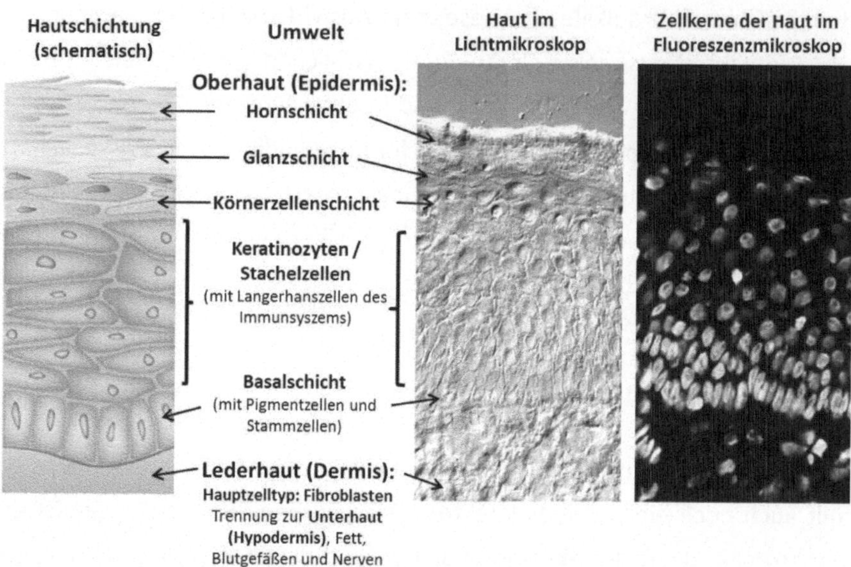

Abb. 8 -1 Auf der linken Seite ist ein Schnitt durch die Haut zu sehen. Auf der rechten Seite ist
derselbe Schnitt mit einem DNA- und Kern-spezifischen Farbstoff dargestellt. Die palisaden-
förmige Stammzellschicht mit der hohen Kerndichte sticht sofort ins Auge. Auch ist auffällig,
dass die Zelldichte in der Lederhaut im Vergleich zur Oberhaut deutlich geringer ist. Die Haut
endet dann auch mit der zellkernfreien Hornschicht und bildet damit unsere Barriere zur
Außenwelt.

Eine der Hauptaufgaben der Lederhaut ist auch die Ernährung der Oberhaut, die die eigentliche Barriere zur Umwelt darstellt. Die Oberhaut, die
auch Epidermis genannt wird und überwiegend aus Keratinozyten besteht,
ist in sich selbst geschichtet. Unmittelbar der Lederhaut benachbart ist die
Basalschicht, die die Stammzellen der Oberhaut enthält. Diese Stammzellen
sind äußerst teilungsfreudig und erneuern in jungen Menschen die vollständige Epidermis alle 30 Tage. Dabei werden etwa 80 Milliarden Zellen ersetzt,

welche als Hornzellen abschuppen, die die finale Differenzierungsstufe der Keratinozyten darstellen. Die Menge an totem Zellmaterial die täglich abschuppt, ist dabei gar nicht gering (etwa 14 Gramm) und ist ein wesentlicher Beitrag zum Hausstaub.

Das Erneuerungspotential der Stammzellen verlangsamt sich im Alter dann aber auf etwa 60 Tage, was auch mit einer Verdünnung der Epidermis einhergeht. Auf die Basalschicht folgt die Stachelzellenschicht und in dieser beginnt die Keratinozyten nun das Schicksal zu ereilen, dass ihnen in die Wiege gelegt wurde: Sie beginnen zu sterben, ein sich lange hinziehender Prozess, der erst in der äußersten Schicht, der Hornschicht abgeschlossen ist.

In der Stachelzellenschicht, in der die Keratinozyten viele spitze Fortsätze zeigen, werden drei spezifische Proteine gebildet, die in weiterer Folge an die Zellperipherie transportiert und dort quervernetzt werden, sodass an der Zellgrenze ein hauchdünner Proteinmantel, die „cornified envelope" (dt.: verhornte Hülle) entsteht. Zudem werden vom Golgi-Apparat Lamellenkörperchen gebildet, die reich sind an Lipiden und Enzymen und nach Ausschüttung eine Art Mörtel zwischen den Zellen bilden und auf diese Art jeglichen Hohlraum lückenlos erfüllen.

Die nächstfolgende Hautschicht ist die Körnerzellenschicht, in der weitere Prozesse ablaufen, die die Keratinozyten in den Zelltod treiben. So werden langsam alle Zellorganellen inklusive des Zellkerns aufgelöst und weitere Haut-spezifische Proteine gebildet. Zu diesen gehören die Familie der „Small Proline Rich Repeat Proteins" und Loricrin, welches schlussendlich bis zu 80% der gesamten Proteinmasse der Keratinozyten ausmacht. Auch diese Proteine werden an die Zellperipherie transportiert und leisten dort einen essentiellen Beitrag zur „cornified envelope".

Weitere Proteine, die mit der „cornified envelope" (dem Keratinozyten-spezifischen Proteinmantel) assoziiert sind, sind die sogenannten „late cornified envelope proteins" (spät im Verhornungsprozess auftretende Proteine), deren Funktion noch völlig ungeklärt ist, sowie verschiedenste Mitglieder der „S100" Proteinfamilie (Kalinin et al., 2001). Als namensgebend für die Körnerzellenschicht haben sich die basophilen Körnchen erwiesen, die essentiell sind für die Ausbildung und Aggregation der Keratinfilamente (Chapman und Walsh, 1989; Grayson et al., 1985). In der äußersten Schicht des menschlichen Körpers sind die Keratinozyten bereits abgestorben und sind komplett von der „cornified envelope" und den Keratinfilamenten erfüllt und jeglicher Zwischenraum zwischen den Zellen wurde lückenlos von Lipiden ersetzt.

Auf den ersten Blick mag es sinnlos erscheinen, dass der menschliche Körper einen Zelltyp in unglaublichen Massen erzeugt, der nur die Aufgabe hat, zu sterben. Aber nur mit dem Tod können die Keratinozyten bzw. die Hornzellen ihre Funktion erfüllen: Wasserverlust über die Haut verhindern bzw. minimieren, gleichzeitig auch das Eindringen von Mikroorganismen und Humanpathogenen unterbinden und uns vor abiotischen Faktoren schützen.

Die Haut im Würgegriff der Radikale

So wie die Augen die Spiegel der Seele sind, so ist die Haut der Spiegel der Gesundheit. Viele Krankheitssymptome sind optisch an der Haut erkennbar, wie auch die Sauerstoffradikalbelastung, die im Alter zunimmt, unmittelbar an der Haut abgelesen werden kann. Details dazu folgen etwas später in diesem Kapitel.

Sauerstoffradikale entstehen als Nebenprodukt von physiologischen, zellulären Prozessen, etwa der Elektronentransportkette in den Mitochondrien und sind damit unvermeidbar bzw. deren Menge ist uns durch unser genetisches Erbe vorgegeben. Sauerstoffradikale können aber auch durch äußere Einflüsse entstehen und treten im Wesentlichen in unserem „Grenzorgan", der Haut, gehäuft auf. Der äußere Faktor, der den größten Beitrag zur Sauerstoffradikalproduktion in der Haut liefert, ist die Sonneneinstrahlung. Darauf beruht auch die Bezeichnung „Photoaging" (dt: Lichtalterung) (Krutmann und Schroeder, 2009). Der Anteil des Lichts, der die Alterung der Haut vorantreibt, ist die nahe Ultraviolettstrahlung (UV-A) mit einer Wellenlänge zwischen 320-400 nm. Obwohl im Vergleich zur mittleren Ultraviolettstrahlung (UV-B; 280-300nm) relativ energiearm, hat sie doch eine hohe Eindringtiefe und ist damit in der Lage die Lederhaut zu erreichen.

Auf dem Weg zur Lederhaut wird die Energie der Ultraviolettstrahlung von zellulären Chromophoren (Pigmenten) wie etwa Riboflavinen, Melanin, Bilirubin oder Häm absorbiert. Das Ergebnis der Anregung dieser Chromophore kann zweierlei sein: Einerseits das Freiwerden von Energie in Form von Wärme oder Fluoreszenz oder aber eine Reaktion mit molekularem Sauerstoff. In letzterem Falle entstehen Sauerstoffradikale wie etwa Superoxid, das Hydroxyl-Radikal, Wasserstoffperoxid oder der Singulett-Sauerstoff (Prasad und Pospisil, 2012; Wondrak et al., 2006).

Die Konsequenzen der freiwerdenden Sauerstoffradikale für die Haut sind mannigfaltig, ein deutlich sichtbares Zeichen ist aber das Auftreten von Falten. Zur Erinnerung: Der größte Anteil der Lederhaut sind nicht Zellen, sondern extrazelluläre Matrix. Diese besteht aus langen Kollagenbündeln, die ineinander verwoben sind und der Haut ihre Elastizität verleihen. Im Zuge des Alterungsprozesses wird dieses Maschenwerk aus Kollagenfasern deutlich gröber. Die Sauerstoffradikale unterstützen nun diesen Prozess, indem sie eine bestimmte Enzymklasse, die Matrix-Metalloproteasen (im speziellen MMP1, 2, 3 und 9) aktivieren. Deren eigentliche Aufgabe ist es, die Dynamik des Kollagennetzwerks aufrechtzuerhalten. Unter dem Einfluss von UV-A beginnen diese Matrix-Metalloproteasen die extrazelluläre Matrix nun massiv zu degradieren, was schlussendlich in dem Auftreten von Falten mündet (Birkedal-Hansen et al., 1993). Somit sind damit Hautfalten und die Sauerstoffradikalbelastung der Haut direkt korreliert. Der folgende Schluss ist damit auch zulässig: Wenig Sonne geht einher mit jugendlich glatter Haut. Ein kompletter Verzicht auf Sonne ist aber dennoch nicht anzuraten, da ein wichtiges Hormon, Vitamin D_3, in der Haut (genauer die Umwandlung von 7-Dehydrocholesterol in Prävitamin D_3) unter dem Einfluss von Ultraviolettstrahlung gebildet wird.

Aber auch die mittlere Ultraviolettstrahlung (UV-B) trägt zum Prozess des „Photoaging" bei. Allerdings ist hierbei nicht die Lederhaut, sondern nur die Oberhaut betroffen und es werden primär Keratinocyten und Melanocyten geschädigt (Krutmann und Schroeder, 2009).

Ein deutliches Alternszeichen ist auch das Auftreten von weißen Flecken (Hypomelanosis guttata idiopathica) als Folge einer gestörten Sauerstoffradikal-Homöostase. Der erhöhte Level an Radikalen schädigt die Melanocyten, was eine Depigmentierung zur Folge hat (Alfonso-Prieto et al., 2009). Aber selbst energiearmes Licht wie die Infrarotstrahlung kann das Sauerstoffradikalgleichgewicht zum Kippen bringen.

Es konnte gezeigt werden, dass Infrarotlicht von der Atmungskette der Mitochondrien absorbiert wird, was zu einer erhöhten Radikalprotuktion führt. Der Pro-Aging Effekt der Strahlung kann noch durch Xenobiotika und Schadstoffe potenziert werden. Als typisches Beispiel seien hier die polyzyklischen aromatischen Kohlenwasserstoffe (PAK) genannt, die bei Verbrennungsprozessen (z. B. in Zigarretten oder beim Grillen) entstehen und im

Zusammenspiel mit UV-Licht in einem explosionsartigen Anstieg an Sauerstoffradikalen münden (Fu et al., 2012).

Wo die Radikale wüten

Die Sauerstoffradikal induzierten Schäden sind mannigfaltig und manifestieren sich sowohl auf der DNA-, Protein- und Lipidebene. Alle resultierenden Zellschäden zu nennen, würde den Rahmen dieses Buchkapitels sprengen, aus diesem Grunde soll jeweils exemplarisch ein prominentes Beispiel genannt werden.

So kann ein Hydroxyl-Radikal (ein Sauerstoffradikal) mit einem Guanin unter Ausbildung von einem 8-Oxoguanin reagieren. Dies hat zur Folge, dass dieses modifizierte Guanin sich nicht mehr wie vorgesehen, mit einem Cytosin sondern mit einem Adenin paart, was schlussendlich eine GC zu TA Transition bewerkstelligt und in einem DNA Schaden resultiert. Dieser Basenaustausch ist höchst krebsfördernd und kann zur Ausbildung von Hauttumoren führen. Die sog. Basenexzisionsreparatur im Zellkern kann diesen Schaden beheben und die modifizierte Base wird über den Urin ausgeschieden. Die Konzentration an 8-Oxoguanosin im Morgenurin ist, damit ein äußerst verlässlicher Marker für oxidativen Stress und darauf basierend auch ein Marker für das tatsächliche biologische Alter (Kasai et al., 1991).

Ein weiterer Biomarker für das biologische Alter und die Belastung des Körpers mit Sauerstoffradikalen sind die schon erwähnten Alternsflecken, die deutlich an der Haut zu sehen sind. Hierbei handelt es sich um Produkte der Oxidation von ungesättigten Fettsäuren (20-50% der Gesamtmasse der Alternsflecken), die auch Aggregate mit oxidierten Proteinen (30-70% der Gesamtmasse) bilden. Das Resultat sind gelb-braune Flecken, auch als Lipofuszin bezeichnet, die zunächst harmlos sind. Im hohen Alter können die

Lipofuszine aber nicht nur Proteine und Lipide enthalten, sondern es werden auch verschiedene Metalle wie Kupfer, Zink, Mangan, Kalzium und Eisen irreversibel gebunden. An diesen Metallen kann nun der Sauerstoff oxidiert werden und es entstehen wiederum neue Sauerstoffradikale (z. B. das Hydroxyl-Radikal). So sind also Lipofuszine das Produkt von Sauerstoffradikalen, bergen aber das Risiko selbst wieder neue Sauerstoffradikale zu bilden (Double et al., 2008; Gray und Woulfe, 2005; Wardman und Candeias, 1996).

Hautalterung… ohne mich!!!

Im letzten Abschnitt dieses Buchkapitels sollen nun die ersehnten Tipps kommen, wie gegen eine erschlaffende, faltige Haut vorgegangen werden kann. Drei Beispiele sollen im Folgenden genannt werden, die wissenschaftlich verbrieft sind und tatsächlich auch von der Kosmetikindustrie für Hautcremen/Anti-Aging-Cremen eingesetzt werden.

Die Akte Kalzium

Die Oberhaut ist ein sehr widersprüchliches Gewebe, einerseits ist sie Kalziumlüstern, andererseits scheut sie Kalzium wie der Teufel das Weihwasser. Diese Diskrepanz soll im Folgenden aufgedeckt werden. Zur Erinnerung: Die Hauptaufgabe der Epidermis ist die Ausbildung eines zellerfüllenden Proteinmantels, der „cornified envelope", der verhornten Hülle, der das Eindringen von Mikroorganismen unterbinden und den Verlust von Wasser verhindern soll.

Tatsächlich sind die Differenzierung der Keratinozyten und die Ausbildung der Hornzellen strikt kalziumabhängig. So wird die Hauptkomponente der „cornified envelope", das Protein Loricrin, nur unter dem Einfluss von Kalzium gebildet. Die Quervernetzung aller Proteine, eine Voraussetzung für die Entstehung des Haut-spezifischen Proteinkomplexes, geschieht ebenfalls nur unter dem Einfluss von Kalzium und auch die Keratinhyalingranula schnüren sich nur bei Vorhandensein dieses Salzes vom Golgi-Apparat ab.

Doch in der Oberhaut finden sich neben den differenzierten Zellen (bzw. Zellen die sich im Zustand der Differenzierung befinden) auch noch die Stammzellen, die bei Kontakt mit Kalzium in die Differenzierung und damit in den Zelltod getrieben werden würden. Diesen Widerspruch löst die Oberhaut auf elegante Art und Weise, indem sie einen epidermalen Kalziumgardienten aufbaut (Mauro et al., 1998; Menon et al., 1992). So ist in der Basalschicht *de facto* kein Kalzium nachweisbar, hin zur Körperoberfläche nimmt die Konzentration dieses Salzes kontinuierlich zu, um dann ein Maximum in der Körnerzellenschicht zu erreichen. Im Zuge des Alterungsprozesses geschieht dann etwas Erstaunliches: Der epidermale Kalziumgardient kollabiert und das Kalzium ist nun homogen in der Oberhaut verteilt (Rinnerthaler et al., 2013). Diese veränderte Kalziumhomöostase ist nun in der Lage, zwei Alterns-Phänotypen zu erklären: die sog. Pergamenthaut und Hautentzündungen.

Das einströmende Kalzium in der Basalschicht treibt nun auch die Stammzellen partiell in die Differenzierung. Eine direkte Konsequenz ist die Verringerung der Teilungsgeschwindigkeit und eine dünner werdende Haut. Das Absinken der Kalziumkonzentration in der Körnerzellenschicht hat nun konträre Auswirkungen: die „cornified envelope" kann nur mehr bedingt ausgebildet werden, speziell die Menge an Loricrin wird drastisch weniger und es drohen vermehrt bakterielle Infektionen (Rinnerthaler et al., 2013). Überraschenderweise wird das Fehlen an Loricrin durch eine erhöhte Expression an „small proline rich repeat" Proteinen kompensiert. Dies ist dahingehend sinnvoll, da diese Proteine nicht nur reich an Prolinen, sondern auch an Cysteinen sind und diese Aminosäuren ein hohes anti-oxidatives Potential haben und damit zum Teil den dramatischen Anstieg an Sauerstoffradikalen im Alter kompensieren können. Der Ansatz der Kosmetikindustrie, Kalzium in Anti-Aging-Cremen zu mischen, ist dementsprechend gut und richtig. Wird die Creme auf der Haut verteilt, käme das Kalzium dementsprechend auch den oberflächennahen Hautschichten, also der Körnerzellenschicht zugute und dies würde die Wiederherstellung der epidermalen Barriere begünstigen und damit die Vorbeugung von Entzündungsprozessen ermöglichen.

Eine kritische Anmerkung muss an dieser Stelle aber angebracht werden: Die Haut verwendet sehr viel Energie und Arbeit, einen polaren Proteinmantel aufzubauen und jeglichen Zellzwischenraum mit Lipiden zu stopfen, ein polares Molekül, wie Kalzium, sollte also diese Barriere nicht durchdringen können. Die Kosmetikindustrie wirbt aber mit modernen Transportsystemen wie Liposomen, die die Eindringtiefe von polaren Substanzen in Hautcremen deutlich erhöhen sollen.

Das A und Q in Hautcremen

Auf Antifaltencremen diversester Hersteller prangt groß das Symbol Q10. Diese Substanz ist ein wichtiges zelluläres Antioxidans und deren Einsatz in Hautcremen erscheint damit sinnvoll, um dem altersbedingten Anstieg an Sauerstoffradikalen im Alter Herr zu werden. Das Coenzym Q10, auch als Ubichinon-10 bezeichnet, wird von allen Zellen (sowohl menschlich als auch tierisch) gebildet und findet sich in den Mitochondrien als Teil der Atmungskette. Dort dient es als Überträger für Elektronen von Komplex I bzw. Komplex II der Atmungskette zum Komplex III zu transportieren.

Damit ist Coenzym Q10 evolutionär darauf getrimmt, Elektronen aufzunehmen und dies nicht nur als Teil der Atmungskette. Übernimmt Q10 Elektronen von Sauerstoffradikalen, wirkt es als potentes Antioxidans. Q10 selbst als kleines Molekül ist in der Lage, in der inneren mitochondrialen Membran richtiggehend zu „schwimmen", was auch das Eindringen von Q10 in die Haut als Teil von Hautcremen sehr wahrscheinlich macht. Zudem konnte Q10 auch extrazellulär als Anteil des „Lipidmörtels" nachgewiesen werden und dient damit als Bremser von extrazellulären Sauerstoffradikalen, die ebenso die Haut schädigen können.

Eine Abnahme der extrazellulären Q10-Menge wurde sowohl nach UV-Bestrahlung als auch bei Alterung nachgewiesen (Passi et al., 2002). Tatsächlich scheinen auch zahlreiche Studien am Menschen den Effekt von Q10 als wichtige und richtige Komponente von Hautcremen zu bestätigen. Zwei Studien sollen im Folgenden näher vorgestellt werden. So konnte sowohl gezeigt werden, dass Q10-hältige Cremen den Anteil an Hautfalten nach fünf-monatiger Behandlung reduzieren (Inui et al., 2008), als auch nachgewiesen werden, dass eine topische Anwendung von Q10 die Anzeichen oxidativer Schädigung deutlich reduziert (Knott et al., 2015).

Allerdings muss auch in diesem Falle wieder dezent Kritik geäußert werden. Das Coenzym Q10 wird von allen Zellen des menschlichen Körpers gebildet, eine ausreichende Versorgung der Haut mit diesem Co-faktor sollte eigentlich gewährleistet sein, wenn auch Q10 stärker in der Haut im Vergleich zu anderen Geweben und Organen verbraucht wird. Ein weiterer Kritikpunkt richtet sich gegen die Studien selbst. Schaut man sich diese näher an, so fällt auf, dass die Kosmetikindustrie selbst Auftraggeber dieser Studien war. Damit sollten diese Ergebnisse mit Vorsicht genossen werden, wenn auch die Theorie die dahintersteckt, goldrichtig ist.

Der Wunderwuzzi Resveratrol

Das aktuelle Wundermittel der Alternsforschung ist das pflanzliche Molekül Resveratrol, das etwa in Erdnüssen, Granatäpfeln und Weintrauben zu finden ist. Resveratrol wird aber auch immer wieder als der lebensverlängernde Wirkstoff des Rotweins bezeichnet. David Sinclair, zusammen mit Konrad Howitz, entdeckte im Jahr 2003, dass diese Substanz das Leben der einzelligen Bäckerhefe um mehr als 60% verlängern kann. In weiteren Experimenten wurde gezeigt, dass Resveratrol nicht nur auf Hefezellen wirkt, sondern auch die Lebensspanne von Fruchtfliegen, Würmern und vor allem wohlgenährten Mäusen erhöht (Howitz et al., 2003). Diese sensationellen Ergebnisse wurden immer wieder in Frage gestellt, die aktuelle Fachliteratur scheint diese Befunde aber vermehrt zu bestätigen. Rechnet man die Ergebnisse der Mäuse auf den Menschen hoch, sollte man knapp 250-500 mg Resveratrol täglich konsumieren. Dies entspricht in etwa der Menge an Resveratrol in 40 Liter Rotwein.

Wie wirkt nun Resveratrol? Obwohl die Anzahl an Publikationen in Bezug auf diese Substanz durch die Decke gehen, ist der genaue Wirkmechanismus nicht genau geklärt. Es scheint, sich anzudeuten, dass Resveratrol stark in den Energiehaushalt und das Redoxgleichgewicht der Zelle eingreift, was schlussendlich in der Aktivierung von Sirtuinen, genauer SIRT1, mündet (Park et al., 2012). Dieses Sirtuin verändert die Kompaktierung der DNA und betreibt damit aktiv die Stilllegung von Genen. Eine direkte Konsequenz ist die Aktivierung der Autophagie („sich selbst verzehrend", vgl. Beitrag Koller-Breitenbach), sowie alle lebensverlängernden Substanzen diesen Signalweg zu modulieren scheinen (Park et al., 2016). Die Idee hinter der Autophagie kann jeder „Häuslbauer" nachvollziehen. Sehr oft stellt sich heraus, dass der Neubau des Eigenheims sehr viel effizienter und billiger ist, als eine aufwendige Sanierung. Eine Zelle stellt sich auch tagtäglich dieser Entscheidung. Autophagie entspricht also dem Neubau, und im Rahmen dessen werden die eigenen, geschädigten Organellen und Proteine aufgefressen und von Grund auf neu gebaut. Dies stellt tatsächlich eine Zell-Frischkur dar und führt zu einer teils drastischen Verlängerung der Lebensspanne. Dies erklärt auch, warum Resveratrol besonders stark auf wohlgenährte Mäuse wirkt, da Fasten/Kalorienrestriktion (CR, Caloric Restiction) ein natürlicher Stimulus der Autophagie ist.

Die Entdeckung von Resveratrol als Wunderdroge der Langlebigkeit ist auch eine finanzielle Erfolgsgeschichte. Basierend auf diesen Daten gründete David Sinclair eine Firma namens Sirtris Pharmaceuticals, Inc., die von dem Pharmariesen GlaxoSmithKline (GSK) um 720 Millionen US Dollar geschluckt wurde. Der Output dieser Firma war bis vor kurzem relativ gering, warum hinter vorgehaltener Hand schon von einem Mega-Flop gesprochen wurde. Doch inzwischen gelang es, synthetische Aktivatoren von SIRT1 zu entwickeln (z. B. SRT1720), die effizienter sind als Resveratrol und zudem auch den Vorteil haben, auch die Lebensspanne normalgewichtiger Mäuse zu verlängern (Mitchell et al., 2014). Inzwischen hat auch die Kosmetikindustrie Resveratrol für sich entdeckt und vereinzelt wird auch auf den Verpackungen schon mit diesem Pflanzenstoff geworben. Indizien mehren sich auch, dass Resveratrol nicht nur oral aufgenommen werden sollte, sondern dass eine topische Aufbringung auf der Haut eventuell ebenfalls wünschenswert wäre. So ist Resveratrol nicht sonderlich polar (bezüglich seiner elektrischen Ladung) und kann in die Haut eindringen, es wirkt anti-oxidativ und verringert auch nachgewiesenermaßen die oxidativen Schäden in Hautzellen, beugt „Lichtalterung" vor und scheint sogar die Entwicklung von Hauttumoren zu unterbinden (Ndiaye et al., 2011).

Literatur

Alfonso-Prieto M, Biarnes X, Vidossich P et al. (2009): *The Molecular Mechanism of the Catalase Reaction.* J Am Chem Soc 131, 11751–11761

Birkedal-Hansen H, Moore WG; et al. (1993): *Matrix metalloproteinases: a review.* Crit Rev Oral Biol Med 4, 197–250

Chapman SJ und Walsh A (1989): *Membrane-coating granules are acidic organelles which possess proton pumps.* J Invest Derm 93, 466–470

Csiszar A, Labinskyy N, Perez V et al. (2008): *Endothelial function and vascular oxidative stress in long-lived GH/IGF-deficient Ames dwarf mice.* Am J Physiol Heart Circ Physiol 295, H1882–1894

Double KL, Dedov VN, Fedorow H et al. (2008): *The comparative biology of neuromelanin and lipofuscin in the human brain.* Cell Mol Life Sci 65, 1669–1682

Fu PP, Xia QS, Sun X et al. (2012): *Phototoxicity and Environmental Transformation of Polycyclic Aromatic Hydrocarbons (PAHs)-Light-Induced Reactive Oxygen Species, Lipid Peroxidation, and DNA Damage.* J Envir Sci Health Part C- 30, 1–41

Gray DA und Woulfe J (2005): *Lipofuscin and aging: a matter of toxic waste.* Sci Aging Knowledge Environ 2005, re1

Grayson S, Johnson-Winegar AG, Wintroub B U.et al. (1985): *Lamellar body-enriched fractions from neonatal mice: preparative techniques and partial characterization.* J Invest Derm 85, 289–294

Harman D (1956): *Aging – a Theory Based on Free-Radical and Radiation-Chemistry.* J Gerontol 11, 298–300

Harman D (1972): *The biologic clock: the mitochondria?* J Am Geriatr Soc 20, 145–147

Howitz KT, Bitterman KJ, Cohen HY et al. (2003): *Small molecule activators of sirtuins extend Saccharomyces cerevisiae lifespan.* Nature 425, 191–196

Inui M, Ooe M, Fujii K, et al. (2008): *Mechanisms of inhibitory effects of CoQ10 on UVB-induced wrinkle formation in vitro and in vivo.* Biofactors 32, 237–243

Kalinin A, Marekov LN und Steinert PM (2001): *Assembly of the epidermal cornified cell envelope.* J Cell Sci 114, 3069–3070

Kasai H, Chung MH, Jones DS. et al. (1991): *8-Hydroxyguanine, a DNA adduct formed by oxygen radicals: its implication on oxygen radical-involved mutagenesis/carcinogenesis.* J Toxicol Sci 16 Suppl 1, 95–105

Knott A, Achterberg V, Smuda C et al. (2015): *Topical treatment with coenzyme Q10-containing formulas improves skin's Q10 level and provides antioxidative effects.* Biofactors 41, 383–390

Krutmann J und Schroeder P (2009): *Role of Mitochondria in Photoaging of Human Skin: The Defective Powerhouse Model.* J Invest Derm Symp Proc 14, 44–49

Lapointe J und Hekimi S (2010): *When a theory of aging ages badly.* Cell Mol Life Sci 67, 1–8

Mauro T, Bench G, Sidderas-Haddad E et al. (1998): *Acute barrier perturbation abolishes the Ca2⁺ and K⁺ gradients in murine epidermis: quantitative measurement using PIXE.* J Invest Derm 111, 1198–1201

Medvedev ZA (1990): *An Attempt at a Rational Classification of Theories of Aging.* Biol Rev 65, 375–398

Menon GK, Elias PM, Lee SH. et al. (1992): *Localization of calcium in murine epidermis following disruption and repair of the permeability barrier.* Cell Tissue Res 270, 503–512

Mitchell SJ, Martin-Montalvo A, Mercken EM, et al. (2014): *The SIRT1 Activator SRT1720 Extends Lifespan and Improves Health of Mice Fed a Standard Diet.* Cell Rep 6, 836–843

Ndiaye M, Philippe C, Mukhtar H et al. (2011): *The grape antioxidant resveratrol for skin disorders: Promise, prospects, and challenges.* Arch Biochem Biophys 508, 164–170

Park D, Jeong H, Lee MN et al. (2016): *Resveratrol induces autophagy by directly inhibiting mTOR through ATP competition.* Sci Rep 6, 21772

Park SJ, Ahmad F, Philp A et al. (2012): *Resveratrol ameliorates aging-related metabolic phenotypes by inhibiting cAMP phosphodiesterases.* Cell 148, 421–433

Passi S, de Pita O, Puddu P et al. (2002): *Lipophilic antioxidants in human sebum and aging.* Free Radical Res 36, 471–477

Prasad A und Pospisil P (2012): *Ultraweak photon emission induced by visible light and ultraviolet A radiation via photoactivated skin chromophores: in vivo charge coupled device imaging.* J Biomed Opt 17, 085004

Rinnerthaler M, Bischof J, Streubel MK et al. (2015): Oxidative stress in aging human skin. Biomolecules 5, 545–589

Rinnerthaler M, Buttner S, Laun P et al. (2012): *Yno1p/Aim14p, a NADPH-oxidase ortholog, controls extramitochondrial reactive oxygen species generation, apoptosis, and actin cable formation in yeast.* PNAS 109, 8658–8663

Rinnerthaler M, Duschl J, Steinbacher P et al. (2013): *Age-related changes in the composition of the cornified envelope in human skin.* Exp Dermatol 22, 329–335

Wardman P und Candeias LP (1996): *Fenton chemistry: An introduction.* Radiat Res 145, 523–531

Wondrak GT, Jacobson MK und Jacobson EL (2006): *Endogenous UVA-photosensitizers: mediators of skin photodamage and novel targets for skin photoprotection.* Photochem Photobiol Sci 5, 215–237

9 Auf der Suche nach Methusalem-Genen in potenziell unsterblichen Organismen

Maria Karolin Streubel

Gesundes Altern wird aufgrund der fortschreitenden Vergreisung der Menschheit vor allem in unseren Regionen durch die großen medizinischen und wirtschaftlichen Fortschritte ein immer wichtigeres Thema in der Gesellschaft. Eine Vertiefung des Wissens um die Alternsprozesse, insbesondere auf zellulärer Ebene, ist aus diesem Grunde von absoluter Notwendigkeit. Das Ziel von biogerontologischer Forschung ist die Prävention altersbedingter degenerativer Erkrankungen durch die Entwicklung vorbeugend wirksamer pharmazeutischer Präparate. Derartige Substanzen, die schon jetzt das Potential zeigen, die Lebensspanne sowie die Gesundheitsspanne der Menschen deutlich zu verlängern, sind Resveratrol (ein antioxidatives Polyphenol, ein Wirkstoff, der unter anderem in Rotwein enthalten ist), Spermidin (ein Polyamin, welches als Zwischenprodukt bei der Bildung von Spermien entsteht und für das Zellwachstum relevant ist) und Rapamycin (Sirolimus, ein Immunsuppressivum) (Morselli et al., 2009). Die lebensverlängernde Wirkung all dieser Substanzen wurde an dem einzelligen Eukaryoten *Saccharomyces cerevisiae* (Bier- und Bäckerhefe) entdeckt und ihre Wirkung in verschiedenen Organismen bestätigt. Aktuell gibt es erste Studien, die die Wirkung im Menschenaffen überprüfen wollen (Bhullar und Hubbard, 2015). Wie man daran sieht, sind Alterungsprozesse hochkonserviert und somit auch für die unterschiedlichsten Organismen gültig, wenngleich sie auch mit sehr unterschiedlicher Geschwindigkeit ablaufen.

Alternsmodelle von Hefe bis zum Menschen

Der Mensch selbst ist als Alternsmodell weniger geeignet, da die Forschung, um erste Ergebnisse zu erzielen, über 80 Jahre andauern würde. Außerdem ist es unmöglich Menschen unter vergleichbaren laborähnlichen Lebensbedingungen leben zu lassen, weshalb Biogerontologen auf andere Organismen mit kürzerer Lebenserwartung ausweichen müssen und die daraus gezogenen Resultate erst bei erfolgreichen Ergebnissen auf den Menschen übertragen. Ein Modellorganismus der für die Alterungsforschung von hohem Nutzen ist, ist die Bier-und Bäckerhefe *Saccharomyces cerevisiae*. Dieser einzellige Organismus eignet sich hervorragend für die Forschung an Wirkmechanismen oder altersbedingter Prozesse auf zellulärer Ebene. Aufgrund der geringen Lebensdauer und der einfachen Kultivierungsmethode von *S. cerevisae* ist es möglich, in nur wenigen Tagen bereits alte Zellen zu erhalten, weshalb in relativ kurzer Zeit alterungsspezifische Analysen Ergebnisse liefern können. Bereits Mitte der 1990er Jahre wurde das komplette Genom dieses Organismus sequenziert, weshalb alle Gene der Hefe im Gegensatz zu anderen Organismen bereits bekannt sind (Goffeau et al., 1996). Zudem sind Methoden zur Manipulation einzelner Gene in Hefe seit Jahrzehnten etabliert, weshalb bereits Deletionsbanken (Sammlung an Hefe: bei jeder Hefe wurde exakt ein spezifisches Gen unfunktionell gemacht) über alle 6000 Gene der Hefe existieren (Mao et al., 2013). Dennoch stößt man mit dem Modell-organismus *S. cerevisae*, mit dem man Aussagen über Wirkmechanismen lebensverlängernder Substanzen oder den Einfluss von bestimmten Gerontogenen auf zellulärer Ebene machen kann, auch an seine Grenzen: Um das Zusammenspiel vieler Zellen innerhalb eines Gewebes als auch die Kommunikation verschiedener Gewebe miteinander zu untersuchen, müssen Biogerontologen die gewonnen Ergebnisse aus *S. cerevisae* auf höhere Organismen übertragen.

Auf der Suche nach Methusalem Genen

Der Forschungsschwerpunkt liegt darin, Gene aus potentiell unsterblichen Organismen (z. B. Organismen, die sich selbst ständig erneuern können) wie z.B. dem Süßwasserpolyp *Hydra* oder auch dem Plattwurm *Dugesia* in Hefe einzuschleusen und somit aus einem normalen sterblichen Organismus, einen ebenfalls potentiell unsterblichen Organismus zu machen. Beide Organismen, *Hydra* und Dugesia haben den Vorteil, dass sie abgetrennte Körperteile wieder vollständig nachbilden können. Hydra ist ein Süßwasserpolyp mit einer hohen Regenerationsfähigkeit, der aufgrund seines großen Pools an Stammzellen in der Lage ist, sich innerhalb von Tagen komplett zu erneuern (Boehm et al., 2012) (Greiss und Gartner, 2009).

Dugesia ist ebenfalls ein Organismus mit hoher Regenerationsfähigkeit, der aus abgetrennten Körperteilen wieder einen kompletten neuen Wurm nachbilden kann. Die Besonderheit von *Dugesia* liegt allerdings darin, dass eine einjährige Form dieses Wurms unsterblich werden kann, indem man diesem Wurm wieder und wieder den Kopf abtrennt. Der Kopf wird nachgebildet und der Wurm ist somit wieder ein Jahr lebensfähig. Aufgrund der hohen Regenerationsfähigkeit ist die Forschung an diesen Organismen sowohl für die Alterungsforschung als auch für die klinische Forschung für Wundheilungsprozesse von großer Bedeutung (Petralia et al., 2014).

Da Alterungsmechanismen evolutiv hochkonserviert sind, ist es möglich, Signalwege von einfachen Organismen auf den Menschen zu übertragen.

Außerdem wird im Rahmen des gerontologischen Schwerpunktes nach menschlichen Genen gesucht, die es uns Menschen erlauben, gesund zu altern und unsere Lebenserwartung zu verlängern. Durch die Identifikation solcher Langlebigkeitsgene könnte es möglich werden neue therapeutische Ansätze für die Prävention altersbedingter Krankheiten zu erkennen.

Altern – ein stark konservierter Mechanismus

Ein guter Modellorganismus, um zunächst alternsrelevante Fragestellung zu erörtern, ist der Fadenwurm *Caenorhabditis elegans*. Dieser etwa 1mm lange Wurm besteht aus knapp 1000 Zellen und besitzt eine Lebensdauer von ca. 3–4 Wochen. Es konnten seit den 1980er Jahren bereits über 100 Gene identifiziert werden, die offensichtlich eine Auswirkung auf die Lebenserwartung des Wurms haben. Eines der ersten Langlebigkeitsgene, das die Lebenserwartung eines Organismus positiv beeinflusst, wurde in *C. elegans* entdeckt und erhielt den Namen *age-1* (Behl und Ziegler, 2015). Die Identifizierung anderer Gene wie z. B. *daf-16* oder *daf-2*, die im Zusammenhang mit *age-1* stehen, machten es möglich, in *C. elegans* den Insulinsignalweg auf molekularer Ebene zu charakterisieren, der bei einer Veränderung des Stoffwechsels durch Mutationen dieser Gene zu einer Lebensverlängerung dieses Organismus führt (Gami und Wolkow, 2006). Solche Resultate werden schließlich auf andere Modellorganismen wie die Fruchtfliege *Drosophila melanogaster* und die Hausmaus *Mus musculus* transferiert. Die Lebenserwartung von *D. melanogaster* beträgt unter Laborbedingungen 50–80 Tage (Behl und Ziegler, 2015). Bei der Übertragung des Signalwegs um *age-1, daf-2* und *daf-16* in *Drosophila melanogaster* wurde vor allem die erhöhte Stressresistenz des Organismus festgestellt (Lin et al., 1998). Dieser Insulin-Signalweg spielt auch bei der Alterung höher entwickelter Organismen eine große Rolle, denn dieser konnte auch in Säugetieren wie z. B. der Maus bestätigt werden. Das Gen *daf-16* wurde allerdings in anderen Organismen umbenannt und wird meist als *FoxO*-Gen (Genfamilie) bezeichnet. Bei einer Studie wurden mehrere 100-Jährige auf Variationen dieses Gens untersucht und festgestellt, dass bestimmte Mutationen im *FoxO3A* Gen eine Auswirkung auf die Lebenserwartung und auch auf den Gesundheitszustand im Alter haben (Flachsbart et al., 2009).

Viele Substanzen, die die Alterungsprozesse aufhalten sollen, wie z. B. das Immunsuppressivum Rapamycin, welches durch seine Eigenschaft das Leben zu verlängern für Biogerontologen interessant wurde, wirken auf diesen Insulin-Signalweg ein. Wie bei Mäusen festgestellt werden konnte, ist der Grund für die Lebensverlängerung ein geringerer Glucose- und Insulinspiegel im Blut, ebenso wie bei der natürlichen Kalorienrestriktion, die ebenfalls zu einer Verlängerung des Lebens führt. Es wurde eine kleinwüchsige Mausmutante entwickelt, die sogenannte Dwarf-Maus, die durch eine Mutation im *Prop 1*-Gen geringere Glucose und Insulinspiegel im Blut aufweist, als eine normale Labormaus und die eine nahezu doppelte Lebenserwartung hat, als ihre natürlichen Verwandten, deren Lebenserwartung im Labor durchschnittlich 2 Jahre beträgt (Finch, 2010).

Das dem Mensch am ähnlichsten verwendete Tiermodell zur Erforschung des Alters ist der Rhesusaffe mit einer Lebenserwartung von ca. 30 Jahren. Das Genom war nach dem des Menschen und Schimpansen das dritte vollständig sequenzierte Genome eines Primaten und zeigte eine DNA Übereinstimmung mit dem Menschen um 93,5%. In Studien an diesen Makaken konnte gezeigt werden, dass bei einer Beschränkung der Kalorienzufuhr die Alterserscheinungen und damit einhergehenden degenerativen Veränderungen verringert werden konnten und die Mortalität nach Kalorienrestriktion sinkt (Mattison et al., 2012).

Kalorienrestriktion oder Schlemmen mit Resveratrol

Es konnte bereits bei Mäusen und Affen bestätigt werden, das die Substitution von Resveratrol vor allem bei einer hohen Kalorienzufuhr eine lebensverlängernde Wirkung hat (Baur et al., 2006). Daher lässt sich vermuten, dass eine kalorienreduzierte Ernährung oder aber die Einnahme von Resveratrol trotz Schlemmen das Geheimnis eines langen Lebens ist. Da man für die tägliche Dosis allerdings 40 Liter Rotwein trinken müsste, lässt sich für Ungeduldige empfehlen, Resveratrol als Kapseln einzunehmen (Lassen Sie sich bitte in Ihrer Arztpraxis oder Apotheke beraten). Bis es allerdings erste Ergebnisse durch klinische Studien gibt, wird man sich noch einige Jahre gedulden müssen.

Literatur

Baur JA, Pearson KJ, Price NL et al. (2006): *Resveratrol improves health and survival of mice on a high-calorie diet.* Nature 444, 337–342

Behl C und Ziegler C (2015): *Molekulare Mechanismen der Zellalterung und ihre Bedeutung für Alterserkrankungen des Menschen.* Berlin, Heidelberg: Springer

Bhullar KS und Hubbard BP (2015): *Lifespan and healthspan extension by resveratrol.* Bba-Mol Basis Dis 1852, 1209–1218

Boehm AM, Khalturin K, Anton-Erxleben F et al. (2012): *FoxO is a critical regulator of stem cell maintenance in immortal Hydra.* PNAS 109, 19697-19702

Finch CE (2010): The Biology of Human Longevity: *Inflammation, Nutrition, and Aging in the Evolution of Lifespans.* Elsevier Science

Flachsbart F, Caliebeb A, Kleindorp R et al. (2009): *Association of FOXO3A variation with human longevity confirmed in German centenarians.* PNAS 106, 2700–2705

Gami MS und Wolkow CA (2006): *Studies of Caenorhabditis elegans DAF-2/insulin signaling reveal targets for pharmacological manipulation of lifespan.* Aging Cell 5, 31–37

Goffeau A, Barrell BG, Bussey H. et al. (1996): *Life with 6000 genes.* Science 274 (5287): 546, 563–547

Greiss S und Gartner A (2009): *Sirtuin/Sir2 phylogeny, evolutionary considerations and structural conservation.* Mol Cells 28, 407–415

Lin YJ, Seroude L. und Benzer S. (1998): *Extended life-span and stress resistance in the Drosophila mutant methuselah.* Science 282, 943–946

Mao L, Lang R und Franke J. (2013): *Je älter, desto besser — Hefe als Modell — system für die Alterungsforschung.* BIOspektrum 19 (7), 736–738

Mattison JA, Roth GS, Beasley TM et al. (2012): *Impact of caloric restriction on health and survival in rhesus monkeys from the NIA study.* Nature 489, 318–319

Morselli E, Galluzzi L, Kepp O et al. (2009): *Autophagy mediates pharmacological lifespan extension by spermidine and resveratrol.* Aging (Albany NY) 1, 961–970

Petralia RS, Mattson MP und Yao PJ (2014): *Aging and longevity in the simplest animals and the quest for immortality.* Ageing Res Rev 16, 66–82

10 Lipid Droplets im Kontext von zellulärem Stress

Johannes Bischof

Mitochondrien und Altern

Mitochondrien sind essentiell für die Zelle, nicht umsonst werden sie auch als „Kraftwerke der Zelle" bezeichnet. Dies ist darauf zurückzuführen, dass sie mittels der Atmungskette fast im Alleingang alles an Energie für die Zelle produzieren (Alberts et al., 2008). Dazu benötigen sie allerdings Sauerstoff. Dieser kann unter Umständen auch gefährlich für die Zelle werden, da er zur Erzeugung von ROS (Abkürzung für „reactive oxygen species", also hochreaktive Sauerstoffmoleküle) führen kann. Ausgangspunkt dieser hochreaktiven Moleküle sind vor allem die Komplexe I und III der mitochondrialen Atmungskette (Klinger et al., 2010). Diesen Molekülen werden nicht nur negative Eigenschaften zugewiesen. Die Zelle kann geringe Mengen davon auch als Signalmoleküle verwenden (Rinnerthaler et al., 2012). Aber sie richten in hohen Mengen beträchtlichen Schaden in der Zelle an, da sie sowohl mit DNA, als auch Proteinen und Lipiden reagieren und diese chemisch verändern können. Diese Veränderungen wiederum führen selbst zur Erzeugung von noch mehr ROS – ein Teufelskreis beginnt (Harman, 1972; Turrens, 2003).

Je älter eine Zelle desto mehr Schäden häufen sich an. Diese übersteigen durch ihre Anzahl einerseits die Möglichkeiten der Abwehrsysteme, diesen zu kontern. Andererseits sind die Abwehrsysteme selbst auch von Schäden betroffen, was sie infolge ineffizienter macht. Es konnte bereits nachgewiesen werden, dass sich ROS Produktion und DNA Schäden im Alter häufen (Maynard et al., 2009; Sohal und Dubey, 1994). Studien in Würmern und Fliegen haben gezeigt, dass erhöhte Stressresistenz bzw. reduzierte ROS Produktion das Leben verlängern können (Finkel und Holbrook, 2000). Mäusestämme mit fehlenden ROS Abwehrmechanismen hingegen, hatten eine um bis zu 30% verkürzte Lebenszeit (Elchuri et al., 2005).

Apoptose

Im Laufe der Evolution hat die Zelle Mechanismen zur Verteidigung gegen diese Moleküle hervorgebracht, darunter Enzyme wie die sogenannten Dismutasen und mitochondriale Proteasen. Sie können, bis zu einem gewissen Grad, geschädigte DNA, Proteine oder Lipide wieder reparieren – oder sie gleich ganz degradieren (Gerdes et al., 2012; Held und Houtkooper, 2015; McCord und Fridovich, 1969). Die Zelle hat jedoch großen Mengen dieser reaktiven Sauerstoffmoleküle über längere Zeit nichts entgegenzusetzen, weshalb diese signifikant zum Alterungsprozess der Zelle bzw. zu deren Abnutzung beitragen. Ist die Zelle, auf Grund vermehrter Schäden, nicht mehr wirklich funktionsfähig, leitet sie normalerweise das Apoptoseprogramm ein, eine Art kontrollierter Selbstmord. Die Zelle tötet sich zum Wohle des gesamten Zellverbandes selbst. Im Zentrum dieses Vorgangs stehen wiederum Mitochondrien.

Das Apoptoseprogramm wird eingeleitet, indem spezifische Proteine zu den Mitochondrien verlagert werden. Diese pro-apoptotischen Proteine (also Apoptose auslösende Proteine) führen jedoch nicht zwangsläufig zur Apoptose, da sie von anti-apoptotischen Proteinen (also Apoptose verhindernden Proteinen) aufgehalten werden können. Die Zelle muss das Gleichgewicht aus pro- und anti-apoptotischen Proteinen genau aufeinander abstimmen. Im Falle des Fortschreitens der Apoptose wird in der äußeren mitochondrialen Membran ein Kanal gebildet, der zum Einströmen von Kalziumionen führt. Dieses Kalzium wiederum führt zur Freisetzung von Cytochrom C, welches schließlich zur Formierung des sog. Apoptosoms führt (Abb. 10-1). Schlussendlich wird die DNA und weitere Bestandteile der Zelle von Caspasen zerstückelt, die Zelle selbst wird in kleine, handliche Teile zerlegt, welche in sich geschlossen bleiben und somit leicht von speziell dafür vorgesehenen anderen Zellen „geschluckt" werden können. Somit stellt Apoptose sicher, dass keine Bestandteile der beschädigten Zelle freigesetzt werden (Mattson und Chan, 2003; Otera und Mihara, 2012; Smaili et al., 2003).

Apoptotische Proteine und Gegenmaßnahmen

Ein wichtiges, pro-apoptotisches Protein in diesem Zusammenhang ist BAX („Bcl2 associated X"). BAX formt, im Falle eines apoptotischen Signals, ein Dimer – es bildet also einen Komplex mit einem weiteren BAX-Protein. Diese Struktur kann sich nun in die äußere mitochondriale Membran integrieren und den oben genannten Kalziumkanal bilden (Oltvai et al., 1993; Westphal et al., 2011). Dies führt zur Freisetzung von Cytochrom C und damit zur finalen Phase der Apoptose. Ein wichtiges anti-apoptotisches Protein ist Bcl-2, welches genau jene Komplexbildung des BAX-Proteins verhindert (Boise et al., 1993; Dlugosz et al., 2006).

Neben der genauen Abstimmung der Aktivierung von pro- und anti-apoptotischen Proteinen gibt es noch weitere Wege, die einmal in Gang gesetzte Apoptose aufzuhalten: Die gezielte Degradierung von nicht mehr funktionierenden Mitochondrien, ein Vorgang namens Mitophagie (Kissova et al., 2007). Außerdem können Caspasen, die eigentlichen Ausführer der Apoptose, von den sog. IAPs („inhibitor of apoptosis proteins", Apoptoseinhibitorproteine) gestoppt werden (Richter und Duckett, 2000). Bisher waren dies die einzigen bekannten Mechanismen, um eine einmal in Bewegung gesetzte Apoptose aufzuhalten.

Im Laufe der letzten Jahre ist allerdings eine Komponente der Zelle in den Fokus der Wissenschaft geraten, welche lange als nicht sonderlich interessant galt, ja nicht einmal als integraler Bestandteil wahrgenommen wurde. Unserer Meinung nach, ist genau diese, mittlerweile in den Status eines Organells erhobene Komponente wesentlich in den Vorgang der Apoptose verwickelt.

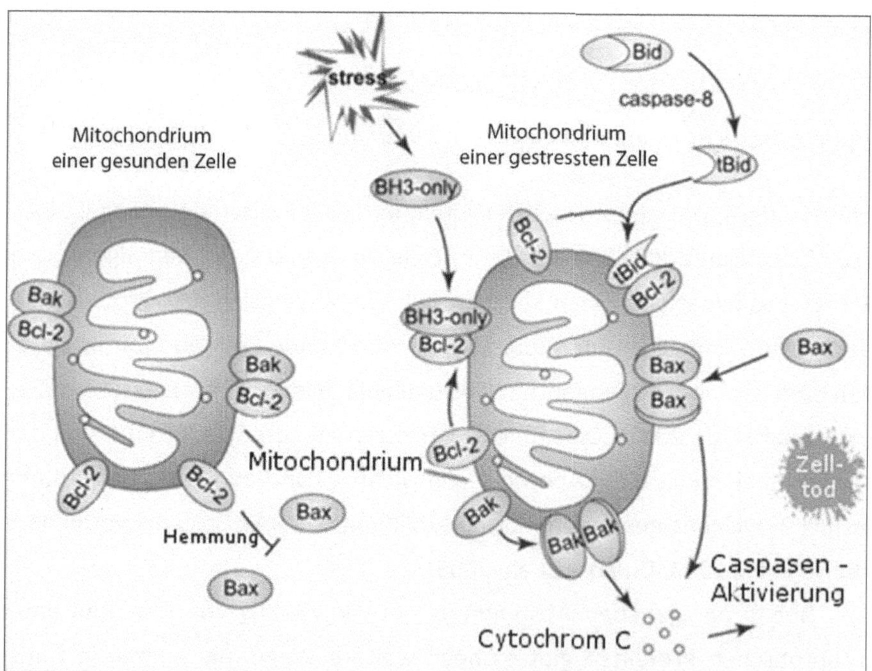

Abb. 10-1 Ist die Zelle gesund, wird das pro-apoptotische Protein BAX von Bcl-2 inhibiert (linke Seite). Es kann somit keinen Kanal in der äußeren mitochondrialen Membran bilden. Bei länger andauerndem Stress (rechte Seite) wird hingegen Bcl-2 inhibiert. Mehrere BAX Proteine bilden nun einen Kanal in der Membran, welcher schließlich zum Ausströmen von Cytochrom C führt. In weiterer Folge „zerlegen" sogenannte Caspasen die gesamte Zelle (Rautureau et al., 2010). Pro-apoptotische Proteine: Bax, BAK, Bid, BH3-only; Antiapoptotisches Protein: Bcl-2.

Lipid Droplets

Lipid Droplets („Fetttröpfchen") wurden lange Zeit für relativ unwichtig befunden. Es wurde angenommen, dass sie in erster Linie zur Speicherung von Fetten dienen und keine weiteren Funktionen haben. Aber Lipid Droplets sind sowohl für das Lipidgleichgewicht in der Zelle als auch für den Schutz vor lipotoxischen Effekten notwendig. Sie speichern Lipide, die für Membransynthese und Proteinmodifikationen gebraucht werden. Auch wird ihnen eine Funktion als Signalmoleküle nachgesagt (Fujimoto et al., 2008). Zusätzlich gibt es Hinweise, dass Lipid Droplets aktive Rollen in Typ 2 Diabetes, Atherosklerose und Fettleber haben könnten (Krahmer et al., 2009).

Lipid Droplets bestehen aus einem Kern aus neutralen Lipiden (Triacyl- und Diacylglycerole, Cholesterolester) und einer einzelnen sie umgebenen Membran. Dies ist insofern besonders, als alle anderen Organellen mittels einer Doppelmembran von der Umgebung abgeschirmt sind (Murphy, 2001). Assoziiert mit dieser Membran sind spezielle Proteine, darunter Perilipin und Caveolin. Sie sind mittels bestimmten, helixförmigen Domänen dort fest verankert (Krahmer et al., 2009). Lipid Droplets entstehen vermutlich am Endoplasmatischen Retikulum (ER), von dem sie sich abschnüren (Blanchette-Mackie et al., 1995). Außerdem befinden sie sich in ständigem Kontakt mit den Mitochondrien, da dort freie Fettsäuren aus den Lipid Droplets benötigt werden (Singh und Cuervo, 2012). Nebenbei sind sie in ständigem Kontakt mit anderen Zellbestandteilen, wie Peroxisomen und dem ER (Blanchette-Mackie et al., 1995). Am Ende ihres Zyklus stehen sie in Kontakt mit einem weiteren wichtigen Organell: der Vakuole. Dort werden sie abgebaut, wodurch Lipide frei werden. Dieser Vorgang wird Lipophagie genannt (Wang, 2016).

v-Domäne

Im Zuge unserer Forschung haben wir uns intensiv mit Apoptose regulierenden Proteinen beschäftigt. Wir konnten dabei in einigen Proteinen eine Domäne nachweisen, die für ihre Lokalisierung an Mitochondrien verantwortlich zu sein scheint. Diese Proteindomäne besteht aus 2 Helices, die v-förmig zueinander stehen. Sie fand sich sowohl in einem pro-apoptotischen Protein, BAX, als auch in einem anti-apoptotischen Protein, Bcl-xL (siehe Abbildung 10-2). Dies ist insofern interessant, als auch Lipid Droplet-assoziierte Proteine ähnliche Domänen besitzen (Kory et al., 2016; Rowe et al., 2016). Für BAX wurde bereits nachgewiesen, dass diese Domäne für die Integration in die mitochondriale Membran verantwortlich ist (Nouraini et al., 2000). Mittels verschiedener Experimente wurde diese v-Domäne sowohl an Lipid Droplets als auch an Mitochondrien gefunden. Je nachdem, ob die Zelle Stress ausgesetzt ist, kann die Domäne von einem Organell zum anderen „weitergereicht" werden, was wir sowohl in Hefezellen, als auch humanen Leberzellen beobachten konnten.

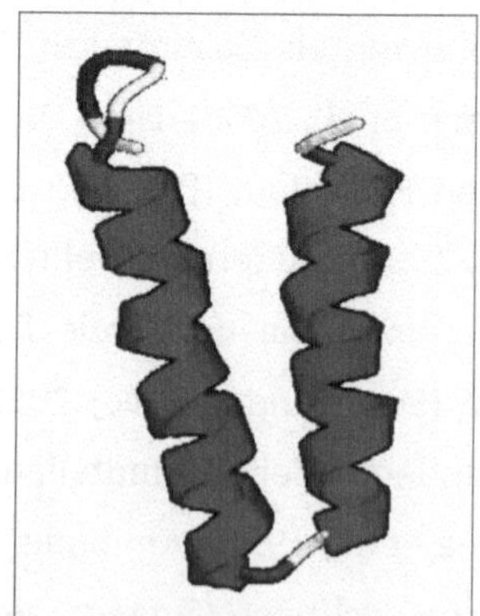

Abb. 10-2 „v-Domäne" des pro-apoptotischen Proteins BAX bestehend aus 2 Helices verbunden mit einer kurzen Schleife oder „Loop" genannt.

Wir vermuten, dass die Zelle mittels dieser Domäne die jeweiligen pro- und/oder anti-apoptotischen Proteine von der äußeren mitochondrialen Membran wegleiten kann. Dies würde ihr ermöglichen, eine eingeleitete Apoptose zu unterbrechen, indem sie pro-apoptotische Proteine wie BAX von der Membran entfernt. Ein einmal begonnenes Apoptoseprogramm könnte somit effektiv unterbrochen werden. Auch der umgekehrte Weg wäre denkbar: das Entfernen anti-apoptotischer Proteine.

Im Zentrum dieses Mechanismus stehen Lipid Droplets. Auf Grund der Tatsache, dass sie mit vielen Organellen in Verbindung stehen, sind sie ideal dafür geeignet, Proteine (wie auch Lipide) zu transportieren. Wir konnten bereits nachweisen, dass eine erhöhte Anzahl an Lipid Droplets das Überleben von Hefezellen im Falle von Stress erhöht. BAX bzw. andere pro-apoptotische Proteine werden danach vermutlich, zusammen mit den Lipid Droplets selbst, in der Vakuole degradiert. Dadurch werden sie unschädlich gemacht und als Nebeneffekt werden Lipide zur Nutzung als Energiequelle frei.

In der aktuellen Literatur findet man mehrere Beispiele für die Involvierung von Lipid Droplets in Stressantwort und Apoptose. Anti-Krebs Medikamente erhöhen den Lipid Droplet-Gehalt in speziellen Krebszellen (Boren und Brindle, 2012). Bei mehreren Krebsarten wurde eine Erhöhung des Lipid-Droplet-Gehalts (gegenüber der gesunden Zelle) festgestellt (Brozek-Pluska et al., 2015; Tirinato et al., 2015). Die Krebszellen können so eine Apoptose umgehen und sich weiter ausbreiten.

Fazit

Es ist erstaunlich, wie sich die Sicht auf Lipid Droplets in den letzten Jahren geändert hat. Nachdem sie anfangs als reine Fettspeicher für die Zellen gesehen wurden, werden ihnen inzwischen verschiedenste Funktionen zugerechnet. Die Tatsache, dass sie sich aktiv zwischen verschiedenen anderen Organellen hin und her bewegen, lässt dies als sehr wahrscheinlich erscheinen. Auf jeden Fall scheint der Ausdruck „Lipid Droplet" nicht mehr zu ihrem Status als Organell zu passen.

In unseren Experimenten konnten wir einige der gängigen Theorien bestätigen: Proteine können mit Hilfe von helikalen Strukturen von Lipid Droplets transportiert werden und eine erhöhte Anzahl von Lipid Droplets bewirkt ein Abschwächen der Apoptose. Erstaunlicherweise konnten wir auch das Gegenteil zeigen: In einigen Experimenten, abhängig vom metabolischen Zustand der Zelle und Zelltyp, verstärken Lipid Droplets die Apoptose. Bekräftigt wird dieser Umstand dadurch, dass sich die „v-Domäne" auch in anti-apoptotischen Proteinen (Bcl-2) finden lässt. Dieser Mechanismus bietet eine weitere Möglichkeit, in den Prozess der Apoptose einzugreifen. Die Apoptose kann also verstärkt oder abgeschwächt werden, womit bestimmt wird, ob eine hochgradig beschädigte Zelle überlebt oder stirbt. Dies spielt eine wichtige Rolle im Alterungsprozess, da die Schädigung von Zellen durch reaktive Sauerstoffspezies im Alter dramatisch zunimmt. Wie die Zelle nun genau entscheidet, ist noch unklar. Um dies Alles zu verstehen, ist wohl noch einiges an Forschung nötig. Der Umstand, dass bisher relativ wenig über Lipid Droplets herausgefunden wurde, macht dies noch interessanter. Wir hoffen, bereits einiges an Informationen beigetragen zu haben und freuen uns auf den Weg, der vor uns liegt.

Literatur

Alberts B, Wilson J und Hunt T (2008): *Molecular biology of the cell*. New York: Garland Science

Blanchette-Mackie EJ, Dwyer NK, et al. (1995): *Perilipin is located on the surface layer of intracellular lipid droplets in adipocytes*. J Lipid Res 36, 1211–1226

Boise LH, Gonzalez-Garcia M, et al. (1993): *bcl-x, a bcl-2-related gene that functions as a dominant regulator of apoptotic cell death*. Cell 74, 597–608

Boren J und Brindle KM (2012): *Apoptosis-induced mitochondrial dysfunction causes cytoplasmic lipid droplet formation*. Cell Death Differ 19, 1561–1570

Brozek-Pluska B, Kopec M, Surmacki J et al.. (2015): *Raman microspectroscopy of non-cancerous and cancerous human breast tissues. Identification and phase transitions of linoleic and oleic acids by Raman low-temperature studies. Analyst* 140, 2134–2143

Dlugosz PJ, Billen LP, Annis MG et al. (2006): *Bcl-2 changes conformation to inhibit Bax oligomerization. EMBO J* 25, 2287–2296

Elchuri S, Oberley TD, Qi W et al. (2005): *CuZnSOD deficiency leads to persistent and widespread oxidative damage and hepatocarcinogenesis later in life*. Oncogene 24, 367–380

Finkel T und Holbrook NJ (2000): *Oxidants, oxidative stress and the biology of ageing*. Nature 408, 239–247

Fujimoto T, Ohsaki Y, Cheng J, et al. (2008): *Lipid droplets: a classic organelle with new outfits*. Histochem Cell Biol 130, 263–279

Gerdes F, Tatsuta T und Langer T (2012): *Mitochondrial AAA proteases – towards a molecular understanding of membrane-bound proteolytic machines*. Biochim Biophys Acta 1823, 49–55

Harman D (1972): *The biologic clock: the mitochondria?* J Am Geriatr Soc 20, 145–147.

Held NM und Houtkooper RH (2015): *Mitochondrial quality control pathways as determinants of metabolic health*. Bioessays 37, 867–876.

Kissova I, Salin B, Schaeffer J. et al. (2007): *Selective and non-selective autophagic degradation of mitochondria in yeast*. Autophagy 3, 329–336

Klinger H, Rinnerthaler M, Lam YT et al. (2010): *Quantitation of (a)symmetric inheritance of functional and of oxidatively damaged mitochondrial aconitase in the cell division of old yeast mother cells*. Exp Gerontol 45, 533–542

Kory N, Farese RV Jr. und Walther TC (2016): *Targeting Fat: Mechanisms of Protein Localization to Lipid Droplets. Trends Cell Biol* 26, 535–546

Krahmer N, Guo Y, Farese RV Jr. et al. (2009): *SnapShot: Lipid Droplets*. Cell 139, 1024–1024 e1021

Mattson MP und Chan SL (2003): *Calcium orchestrates apoptosis*. Nat Cell Biol 5, 1041–1043

Maynard S, Schurman SH, Harboe C, et al. (2009): *Base excision repair of oxidative DNA damage and association with cancer and aging.* Carcinogenesis 30, 2–10

McCord JM und Fridovich I (1969): *Superoxide dismutase. An enzymic function for erythrocuprein (hemocuprein).* J Biol Chem 244, 6049–6055

Murphy DJ (2001): *The biogenesis and functions of lipid bodies in animals, plants and microorganisms.* Prog Lipid Res 40, 325–438

Nouraini S, Six E, Matsuyama S, et al. (2000): *The putative pore-forming domain of Bax regulates mitochondrial localization and interaction with Bcl-X(L).* Mol Cell Biol 20, 1604–1615

Oltvai ZN, Milliman CL und Korsmeyer SJ (1993): *Bcl-2 heterodimerizes in vivo with a conserved homolog, Bax, that accelerates programmed cell death.* Cell 74, 609–619

Otera H und Mihara K (2012): *Mitochondrial dynamics: functional link with apoptosis.* Int J Cell Biol 2012, 821676

Rautureau GJP, Day C und Hinds MG (2010): *Intrinsically Disordered Proteins in Bcl-2 Regulated Apoptosis.* Int J Mol Sci 11, 1808–1824

Richter BW und Duckett CS (2000): *The IAP proteins: caspase inhibitors and beyond.* Sci STKE 2000, pe1

Rinnerthaler M, Buttner S, Laun P et al. (2012): *Yno1p/Aim14p, a NADPH-oxidase ortholog, controls extramitochondrial reactive oxygen species generation, apoptosis, and actin cable formation in yeast.* PNAS 109, 8658–8663

Rowe ER, Mimmack ML, Barbosa AD et al. (2016): *Conserved Amphipathic Helices Mediate Lipid Droplet Targeting of Perilipins 1-3.* J Biol Chem 291, 6664–6678

Sazanov LA (2015): *A giant molecular proton pump: structure and mechanism of respiratory complex I.* Nat Rev Mol Cell Bio 16, 375–388

Singh R und Cuervo AM (2012): *Lipophagy: connecting autophagy and lipid metabolism.* Int J Cell Biol 2012, 282041

Smaili SS, Hsu YT, Carvalho AC et al. (2003): *Mitochondria, calcium and pro-apoptotic proteins as mediators in cell death signaling.* Braz J Med Biol Res 36, 183–190

Sohal RS und Dubey A (1994): *Mitochondrial Oxidative Damage, Hydrogen-Peroxide Release, and Aging.* Free Radical Bio Med 16, 621–626

Tirinato L, Liberale C, Di Franco S et al. (2015): *Lipid droplets: a new player in colorectal cancer stem cells unveiled by spectroscopic imaging.* Stem Cells 33, 35–44

Turrens JF (2003): *Mitochondrial formation of reactive oxygen species.* J Physiol 552, 335–344

Wang CW (2016): *Lipid droplets, lipophagy, and beyond.* Biochim Biophys Acta 1861, 793–805

11 Lungenschädigung durch DNA Netze bei COPD

Sind extrazelluläre DNA-Netze eine Triebkraft für chronische Entzündung und Organalterung bei der altersassoziierten Lungenkrankheit COPD?

Astrid Obermayer, Walter Stoiber

Weiße Blutzellen als potentielle Beschleuniger des Alterns

Chronische Entzündung ist ein zentraler, die Alterung von Geweben und Organen vorantreibender Faktor. Dieser Teilvorgang des Alterungsprozesses wird als Entzündungsaltern („Inflammaging") bezeichnet (Giunta, 2006). In diesem Zusammenhang rückt ein erst vor 12 Jahren erstmals beschriebener zellulär-biochemischer Abwehrvorgang gegen Krankheitserreger immer deutlicher ins Blickfeld des Forschungsinteresses. Bei diesem Abwehrvorgang handelt es sich um die Bildung sog. extrazellulärer Fallen („Extracellular Traps", ETs) (Brinkmann et al., 2004). ETs sind aus DNA und Proteinen bestehende mikronetzwerkartige molekulare Strukturen, die von bestimmten Zellen in die Zellzwischenräume von Geweben bzw. an Gewebsoberflächen abgegeben werden können. Sie wirken antimikrobiell, aber potentiell auch zytotoxisch. ETs werden von nach derzeitigem Wissen überwiegend von Immunabwehrzellen gebildet, die in erster Linie mit einer anderen Abwehrfunktion in Verbindung gesetzt werden, nämlich mit ihrer Rolle als Fresszellen (Phagozyten). Diese Zellen besitzen die Fähigkeit, sowohl Krankheitserreger als auch körpereigene Substanzen in sich aufzunehmen und mit Hilfe von Enzymen intrazellulär abzubauen. Unter bestimmten Umständen können sie jedoch auch ETs bilden. Beim Menschen werden ETs am häufigsten von Neutrophilen Granulozyten freigesetzt. In diesem Fall wird dann für sie die Abkürzung NETs (von: „Neutrophil Extracellular Traps") verwendet (Goldmann und Medina, 2012; Remijsen et al., 2011; Yang et al., 2016).

Neutrophile Granulozyten (kurz auch nur Neutrophile genannt) sind die häufigsten weißen Blutzellen des Menschen (50–65%). Sie sind 12-15 µm groß und verfügen über die Fähigkeit, sich durch Ausbildung von Zellfortsätzen (Pseudopodien) amöboid zu bewegen. Ihre Lebensdauer beträgt zwischen wenigen Stunden und einigen Tagen. Pro Tag werden im Knochenmark ca. 10^{11} (= 100 Milliarden) dieser Zellen neu gebildet. Im reifen Zustand besitzen sie einen charakteristisch gelappten (segmentierten) Zellkern. Ihr Zytoplasma enthält membranumschlossene Bläschen (Granula) mit Enzymen, welche Biomoleküle chemisch verändern bzw. abbauen können. Zu diesen Enzymen gehören Lysozym, Kollagenase, Lactoferrin, NADPH-Oxidase, Cathepsin, Neutrophile Elastase (NE) und Myeloperoxidase (MPO). Diese Enzyme spielen sowohl bei der Funktion als Fresszellen als auch hinsichtlich der biochemischen Wirksamkeit von NETs eine zentrale Rolle.

Der Vorgang der NETs-Bildung wird als NETose bezeichnet und ist eigentlich Teil der normalen angeborenen Immunabwehr. NETose findet typischerweise an den Orten von Infektionen statt, wo sie die Beseitigung von Krankheitserregern (Bakterien, Pilze, von Viren befallene Körperzellen) unterstützt. Von molekularen Signalen gesteuert, treten die Neutrophilen dabei mit Hilfe ihrer Pseudopodien durch die Blutgefäßwände (Transmigration) und sammeln sich in den betroffenen Geweben an. Die NETose kann durch unterschiedliche molekulare Signale ausgelöst werden. Diese können sowohl von den betroffenen Körperzellen als auch von den Krankheitserregern stammen. Zu ersteren zählen z. B. Chemokine wie Interleukin 8 (IL-8), aber auch reaktive Sauerstoffspezies (ROS), zu letzteren Lipopolysaccharide und die Substanz Formylmethionyl-leucyl-phenylalanin (fMLP) (Kaplan und Radic, 2012; Remijsen et al., 2011; Stoiber et al., 2015). Es ist mittlerweile auch sicher, dass es mehrere Varianten des NETose-Vorgangs gibt, die unterschiedliche intrazelluläre Signalkaskaden und DNA-Quellen (Zellkern oder Mitochondrien[40]) nutzen (Stoiber et al., 2015; Yousefi et al., 2009). Die häufigste Variante ist eine Form des kontrollierten Zelltodes, bei der Zellkern-DNA ausgeschleust wird. Es gibt gute Hinweise, dass es sich dabei um eine Abwandlung jenes intrazellulären Abbau- und Recycling-Vorgangs handelt, der als Autophagie bezeichnet wird (Chargui und El May, 2014; Mitroulis et al., 2011; Remijsen et al., 2011) und für dessen Erstbeschreibung der Nobelpreis für Medizin 2016 vergeben wurde (siehe auch Kapitel 7 „Ying und Yang des Alterns"). Einmal eingeleitet, geht dieser NETose-Prozess mit charakteristischen Veränderungen in der Zelle einher (Fuchs et al., 2007) (Abbildung 11-11). Im Zellkern kommt es zur Dekondensation des Chromatins. Dabei wird die DNA von ihren basischen Trägermolekülen (den Histonen der Nukleosomen-Kernpartikel) abgewickelt. Eine zentrale Rolle kommt dabei dem Enzym Protein-Arginin Deiminase 4 (PAD4) zu, welches durch Umwandlung der Aminosäure Arginin in Citrullin den Ladungszustand der Histon-Proteine ändert (Neeli et al., 2008; Abbildung 11-2). In der Folge lösen sich sowohl die Zellkernmembran als auch die Membranen vieler Granula auf, die freigesetzten granulären Enzyme binden an die DNA, und die so entstandene Mischung aus DNA und Enzymen gelangt nach Aufreißen der Zellmembran in Form von NETs in den Interzellularraum. Befunde aus unserem Labor zeigen, dass (a) die sterbenden Zellen auch bei der NETs-Freisetzung Wanderungsbewegungen durchführen, und (b) die NETose zu einer vollständigen Auflösung der Chromatinstruktur führen kann. Die feinsten NETs-Stränge entsprechen einzelnen DNA-Doppelhelices mit in Originalabstand positionierten Nukleosomen („beads-on-a-string"-Konformation) (Obermayer et al., 2014).

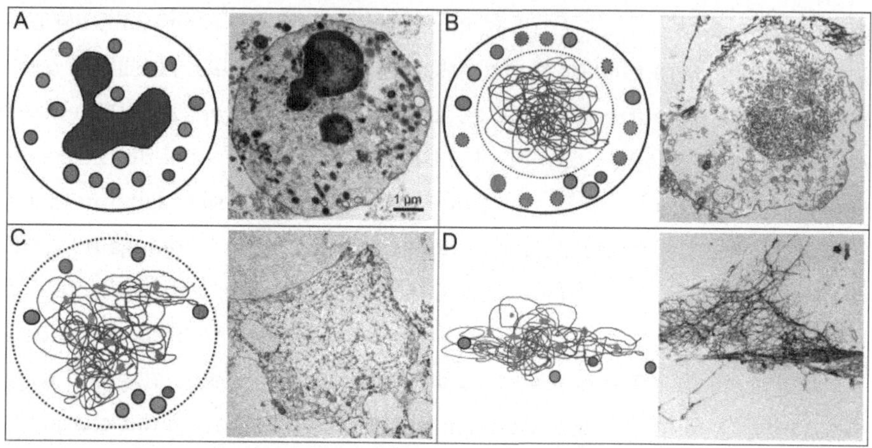

Abb. 11-1 Stadien der NETs-Bildung in schematisierter Darstellung und in elektronenmikroskopischen Aufnahmen von Neutrophilen aus COPD-Sputumproben. A: Intakter Neutrophiler Granulocyt. B: Dekondensation des Chromatins im Zellkern, Auflösung von Kernmembran und Granula-Membranen. C: Vermengung von granulären Enzymen und DNA, Platzen der Zellmembran. D: freigesetzte NETs (Illustration: Astrid Obermayer, Universität Salzburg).

Die biomedizinische Forschung der letzten zehn Jahre hat eindeutig gezeigt, dass NETs neben ihrer antimikrobiellen Wirkungen aufgrund ihrer biochemischen Beschaffenheit auch ein extrem hohes Potential besitzen, körpereigene Zellen und Gewebe zu schädigen. Läuft die Bildung von NETs nach Wegfall der akuten Ursache (z. B. nach dem Abklingen einer Infektionskrankheit) weiter, oder werden NETs nur unzureichend abgebaut, dann führt das u.a. zu chronischer Entzündung und eingeschränkter Gewebs- und Organfunktion. Die Schädigung erfolgt dabei sowohl direkt über die als Zellgifte wirkenden Moleküle der NETs (Enzyme, basische Histone) als auch indirekt über verstärkte Bildung von ROS und Auslösung von Autoimmunreaktionen. NETs spielen daher bei vielen, speziell in fortgeschrittenem Lebensalter häufiger auftretenden akuten Prozessen (z. B. Herzinfarkt und ischämischer Schlaganfall) und chronischen Entzündungsvorgängen (z. B. Periodontitis, Phlebitis (tiefe Beinvenenentzündung), rheumatoide Arthritis) eine wichtige oder sogar entscheidende Rolle (Kaplan und Radic, 2012; Khandpur et al., 2013; Mangold et al., 2015; White et al., 2016). Das bei anhaltender übermäßiger NETose vorhandene toxische Gewebsmilieu wurde mittlerweile auch als eindeutig krebsfördernd identifiziert (Olsson und Cedervall, 2016). Zudem erscheint es in geradezu fataler Weise geeignet, durch Begünstigung des sog. Entzündungsalterns („Inflammaging") den ‚normalen' Alterungsprozess von Geweben und Organen zu beschleunigen. Das gilt umso mehr, wenn Organe betroffen sind, deren altersbedinge Funktionsreduktion auch ohne zusätzliche schädigende Faktoren früh einsetzt. Das in dieser Hinsicht wohl am meisten gefährdete Organ des menschlichen Körpers ist die Lunge (Rahman et al., 2012).

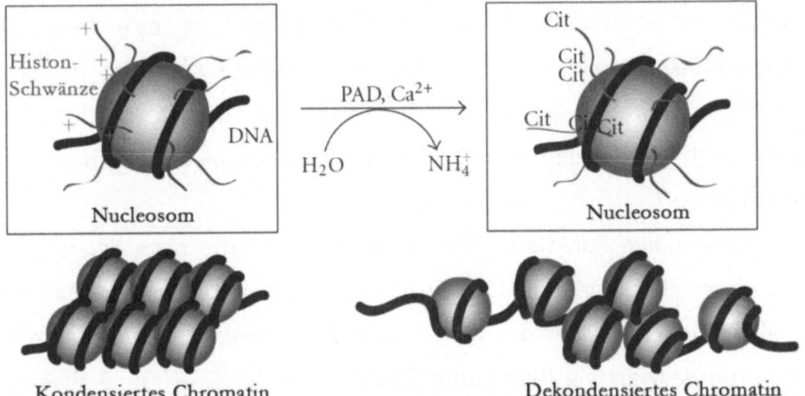

Abb. 11-2 Nukleosomen bestehen aus Trägerproteinen, die man als Histone bezeichnet, und aus der mit diesen Proteinen verbundenen DNA. Außen liegende Strukturen dieser Proteine, die sog. Histonschwänze, enthalten eine Vielzahl basischer Aminosäuren, deren positive Ladungen für die Interaktion mit der DNA wichtig sind. Das Enzym PAD4 verändert diese Aminosäuren so, dass sie ihre positive Ladung verlieren, was dazu führt, dass sich die DNA

teilweise löst und das Chromatin dadurch seine kompakte Struktur verliert. Adaptiert aus Mohanan et al. (2012).

Die Lunge, ein Organ mit frühem Alterungsbeginn

Die menschliche Lunge erreicht ihre maximale Leistungsfähigkeit bereits im frühen Erwachsenenalter (18–25 Jahre) und verliert anschließend kontinuierlich an Funktionskapazität (Ito und Barnes, 2009). Zu den Faktoren, von denen bisher bekannt wurde, dass sie zu diesem ‚normalen' Alterungsprozess des Organs potentiell beitragen, zählen u.a. die Formänderungen des Lungenraums durch altersbedingten Skelettabbau und die Leistungsabnahme der den Bronchialtrakt auskleidenden Flimmerepithelien und der Muskulatur, aber auch die reduzierte Effizienz des Immunsystems, das Vorhandensein entzündungsfördernder Moleküle (Cytokine) in Abwesenheit von Infektion, oxidativer Stress durch ROS, verminderte Präsenz von, anti-aging-Molekülen die Alterungsprozesse hemmen (z. B. Sirtuine/Histon-Deacetylasen), DNA-Schäden, Telomer-Verkürzung, Störung des Proteasoms (Proteinqualitätskontrolle, Enzymdefekte) und gestörte Apoptose (Lowery et al., 2013; Sundar et al., 2013), siehe auch Kapitel 8 „Hautalterung", 9 „Auf der Suche nach Methusalem Genen" und 10 „Lipid Droplets in Kontext von zellulärem Stress".

Der vollständige Funktionsausfall des Organs würde nach derzeitigen Berechnungen aber erst mit 130–140 Jahren eintreten (Ito und Barnes, 2009), also deutlich jenseits der von anderen Faktoren mitbestimmten maximalen Lebenserwartung (Abbildung 11-3). Unter der Einwirkung zusätzlicher schädlicher Faktoren (z. B. Tabakrauch, verstärkte Belastung mit ROS) kommt es aber zu einer deutlichen Verminderung der Organfunktionsdauer (John-Schuster et al., 2015).

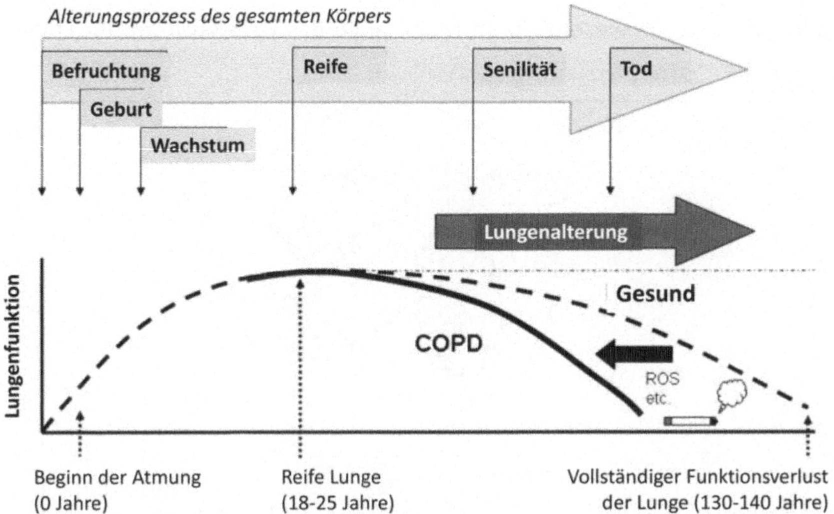

Abb. 11-3 Leistungsfähigkeit der menschlichen Lunge im Verlauf es Lebens. Adaptiert aus Ito und Barnes (2009).

COPD: eine Krankheit beschleunigter Lungenalterung

Die Chronisch Obstruktive Lungenerkrankung COPD (Chronic Obstructive Pulmonary Disease) ist eine Krankheit, die mit einer besonders drastischen Verkürzung der Lungenfunktionsdauer einhergeht (Abbildung 11-3). Diese sehr häufig auftretende chronisch-entzündliche Erkrankung der Atemwege (ca. 11% der Bevölkerung von Ländern mit westlichem Lebensstil) beginnt meist im 5. oder 6. Lebensjahrzehnt und betrifft in etwa 90% der Fälle aktive oder ehemalige Raucher. Ihre Kennzeichen sind fortschreitender Lungen-funktionsverlust (Atemnot), Husten, Auswurf, chronische Entzündung, häu-fige Infektionen, Schädigung und Zerstörung der Lungenbläschen (Alveolen) und der sie umgebenden Gewebe, oft begleitet von der Ausbildung eines

Lungenemphysems (Vestbo et al., 2013). Die fortschreitende Gewebszerstö-
rung betrifft in ganz wesentlichem Maße auch das Gefäßsystem der Lunge
(Blanco et al., 2016) (Abbildung 11-4).

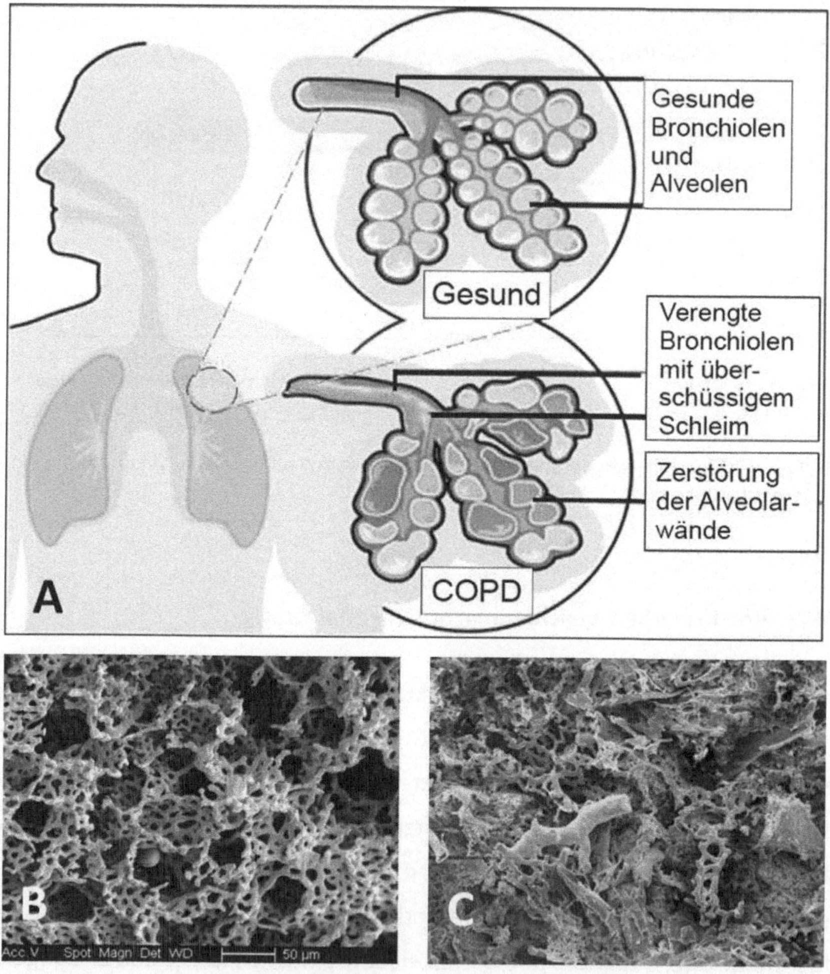

Abb. 11-4: A: Schema zur Schädigung des Alveolarsystems bei COPD (verändert nach einem
Original der Boston University School of Public Health, *http://sphweb. bumc.bu.edu*). B: gesunde Lunge einer Maus C: Alveolargefäße bei COPD im Mausmodell mit durch Lungenem-
physem erweiterten Alveolen; die Zerstörung der Gefäßstruktur ist deutlich zu erkennen.
(Korrosionspräparate: Bernd Minnich, Universität Salzburg)

Die COPD zeigt verschiedene Verlaufsformen, häufig wechseln aber stabile Phasen mit schubartigen Verschlechterungen (sog. Exazerbationen). Sie geht mit vielen Begleiterkrankungen (z. B. Herz-Kreislauf-Erkrankungen, Diabetes, Depression) einher, bewirkt hohe soziale Kosten (häufige Klinikaufenthalte, Pflegebelastung von Angehörigen) und eine deutliche Verringerung der Lebenserwartung (5–7 Jahre) bzw. erhöhte Mortalität (ab 2020 wahrscheinlich dritthäufigste Todesursache) (Lozano et al., 2012; Vestbo et al., 2013).

Die zellulären und molekularen Hintergründe der Krankheit sind nur unvollständig bekannt, und die derzeit zur Verfügung stehenden Behandlungsmethoden haben in vielen Fällen nur begrenzten Erfolg.

NETose bei COPD

Symptomatik und Verlauf der Krankheit nährten seit längerem den Verdacht, dass es bei COPD auch zu unkontrollierter bzw. überschießender NETose kommt. Positive Befunde bei anderen chronischen Atemwegserkrankungen, vor allem bei zystischer Fibrose (Mukoviszidose) und Asthma, verstärkten diesen Verdacht (Dworski et al., 2011; Marcos et al., 2015). Ab 2014 konnten wir mittels Analyse von Sputum (Auswurf) und in vitro-Modellen erstmals zeigen, dass es in den Atemwegen der meisten COPD-Kranken tatsächlich massive NETose gibt (Grabcanovic-Musija et al., 2015; Obermayer et al., 2014) (Abbildung 11-5). Dieser Befund wurde inzwischen von mehreren internationalen Forschungsgruppen bestätigt (Pedersen et al., 2015; Pullan et al., 2015; Wright et al., 2016). Die in den Atemwegen vorhandene NETs-Menge korreliert eindeutig mit der mittels Lungenfunktionstest festgestellten Einschränkung der Lungenfunktion und ist in den

Exazerbationen deutlich höher als in den stabilen Perioden der Krankheit (Grabcanovic-Musija et al., 2015) (Abbildung 11-5).

Auch die Ergebnisse der in der Studie von Grabcanovic-Musija et al. (2015) untersuchten Kontrollgruppen sind in mehrerlei Hinsicht interessant. Vor allem zeigte sich, dass Raucher mit intakter Lungenfunktion (also Personen, bei denen die Lungenfunktionsprüfung keinen Hinweis auf COPD liefert) signifikant häufiger große Mengen NETs im Sputum haben als nichtrauchende Kontrollpersonen. Zudem wird klar, dass auch bei den in allen Begleituntersuchungen klinisch völlig unauffälligen nichtrauchenden Kontrollpersonen eine erhebliche Anzahl (ca. 20%) geringe Spuren von NETs vorhanden sind, in Einzelfällen sogar größere Mengen (Abbildung 11-5). Während sich der Befund bei den Nichtrauchern mit guter Sicherheit als Ausdruck normaler kurzzeitiger Abwehrreaktionen gegen die ständig mit der Atemluft in die Lunge gelangenden Bakterien und Partikel interpretiert werden kann, ist jener bei den Rauchern alarmierend. Er zeigt, dass auch bei (noch) intakter Lungenfunktion ein Entzündungszustand vorhanden sein kann, der die Entstehung von COPD stark begünstigt.

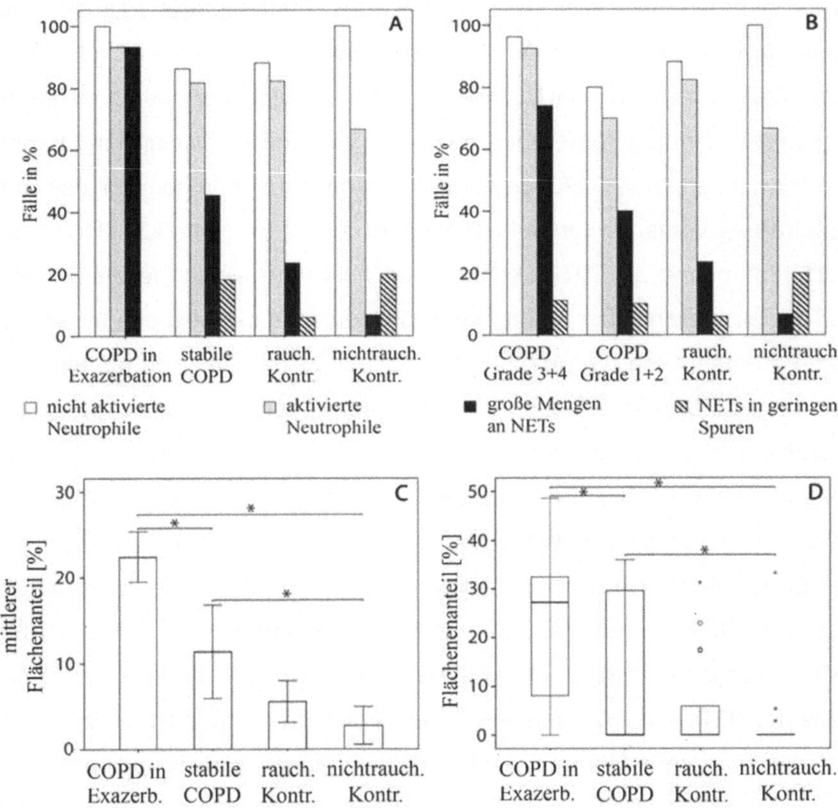

Abb. 11-5 Quantifizierung von NETs und NETs-bildenden (aktivierten) Neutrophilen im Sputum von COPD-Kranken während der Exazerbation und in stabilen Phasen der Krankheit, sowie von rauchenden und nichtrauchenden Kontrollpersonen. (A, B) Übersichtsauswertung nach Kategorien im konfokalen Lasermikroskop: (A) nach Testgruppen, (B) nach COPD-Schweregrad. Großflächige, überlappende Formationen von NETs, die am Probenträger eine Mindestfläche von 1mm^2 einnehmen, wurden als „große Mengen", weniger als 10 kleinflächige, nicht überlappende NETs-Bereiche auf 100 mm^2 des Probenträgers als „geringe Spuren" definiert. (C, D) Planimetrische Bestimmung der von NETs bedeckten Fläche auf Deckglasprä-paraten: (C) Balkendiagramm der Mittelwerte ± Standardabweichung, (D) Boxplots mit Median und Quartilsabständen (QA), Whiskers max. 1.5 QA. Statistisch signifikante Unterschiede (p ≤ 0.05) durch Sterne gekennzeichnet. Adaptiert aus Grabcanovic-Musija et al. (2015).

Unter Einbeziehung dieser Ergebnisse ergibt sich hinsichtlich Organalterung nunmehr folgendes Bild: In den Atemwegen von COPD-Kranken sind bereits ohne Berücksichtigung der NETose erschreckend viele der oben genannten, die Lungenalterung fördernden Faktoren vorhanden. Daher nimmt man mittlerweile an, dass COPD speziell die Inflammaging-Komponente des Lungenalterungsvorgangs verstärkt (Chilosi et al., 2013; John-Schuster et al., 2015; Rahman et al., 2012). Kommt, wie nunmehr nachgewiesen, massive NETose als wesentlicher Einflussfaktor hinzu, muss das negative Inflammaging-Potential dieses chronisch-entzündlichen Zustandes noch deutlich höher eingestuft werden. Dabei kommen wahrscheinlich nicht nur die direkt gewebsschädigenden Wirkungen der NETs zum Tragen, sondern auch deren Sekundärwirkung über die Auslösung von Autoimmunreaktionen (Barnado et al., 2016). Die genaueren Umstände dieses Zusammenhanges müssen bei der COPD allerdings erst abgeklärt werden. Bereits die bisher vorliegenden Daten zur NETose bei COPD helfen jedoch, zu erklären, warum diese Krankheit die Lungenalterung so massiv beschleunigt. Obwohl die Erforschung der Rolle der NETose bei COPD erst in ihren Anfängen steht, eröffnen sich hiermit aber auch neue Chancen und Perspektiven für Diagnostik und Therapie.

Perspektiven

Der aktuellen Forschung zur Rolle der NETose bei COPD bieten sich herausfordernde Vernetzungsmöglichkeiten mit anderen Forschungsdisziplinen und ambitionierte Ziele. Zu diesen gehören

- die Erforschung der Zusammenhänge von NETose und COPD-Verlaufsform über längere Zeitspannen, auch in Bezug auf die Entstehung der Krankheit bei Rauchern;

- die Aufklärung des Anteils unterschiedlicher NETose-Varianten und anderer ETs-bildender Zelltypen (Eosinophile, Makrophagen) an der (N)ETs-Belastung bei COPD;

- die Erforschung der Zusammenhänge zwischen COPD-assoziierte NETose und Autoimmunvorgängen

- die nähere Aufklärung der durch viele Indizien gestützten Verbindung zwischen COPD-assoziierter NETose und der Entstehung von Lungenkrebs;

- die Erforschung der Zusammenhänge zwischen NETose-Aktivierung, NETs-Belastung und der mikrobiellen Besiedelung der Lunge: Verknüpfungspunkt mit dem aufstrebenden interdisziplinären Feld der Mikrobiomforschung;

- die Erforschung der genetischen Grundlagen bzw. Prädispositionen, die eine überschießende NETose fördern könnten, z. B. Einzelnukleotid-Polymorphismen (Single Nucleotide Polymorphisms, SNPs) in NETose -relevanten Genen;

- die Erforschung der Beeinflussbarkeit COPD-assoziierten NETose durch körperliche Aktivität (kontrolliertes Training) und/oder psychotherapeutische Intervention: Verknüpfungspunkt mit Sportwissenschaft bzw. Psychologie und psychosomatischer Medizin;

- die Etablierung der auf Sputum basierenden Messung der NETs-Belastung als Routinemethode in der COPD-Diagnostik;

- die Beteiligung an der Entwicklung von zur lokalen Kontrolle überschießender NETose einsetzbarer therapeutischer Substanzen: Verknüpfungspunkt mit Rheumaforschung, Schlaganfallsprävention, zahnmedizinische Forschung etc.

Literatur

Barnado A, Crofford LJ, und Oates JC (2016): *At the Bedside: Neutrophil extracellular traps (NETs) as targets for biomarkers and therapies in autoimmune diseases.* J Leukoc Biol 99, 265–278

Blanco I, Piccari L, und Barberà JA (2016): *Pulmonary vasculature in COPD: The silent component.* Respirol Carlton Vic 21, 984–994

Brinkmann V, Reichard U, Goosmann C, et al. (2004): *Neutrophil extracellular traps kill bacteria.* Science 303, 1532–1535

Chargui A und El May MV (2014). *Autophagy mediates neutrophil responses to bacterial infection.* APMIS Acta Pathol Microbiol Immunol Scand 122, 1047–1058

Chilosi M, Carloni A, Rossi A et al. (2013): *Premature lung aging and cellular senescence in the pathogenesis of idiopathic pulmonary fibrosis and COPD/emphysema.* Transl. Res. J Lab Clin Med 162, 156–173

Dworski R, Simon H-U, Hoskins A, et al (2011): *Eosinophil and neutrophil extracellular DNA traps in human allergic asthmatic airways.* J Allergy Clin Immunol 127, 1260–1266

Fuchs TA, Abed U, Goosmann C et al. (2007): *Novel cell death program leads to neutrophil extracellular traps.* J Cell Biol 176, 231–241

Giunta S. (2006): *Is inflammaging an auto[innate]immunity subclinical syndrome?* Immun. Ageing A 3, 12

Goldmann O und Medina E (2012): *The expanding world of extracellular traps: not only neutrophils but much more.* Front Immunol. 3, 420

Grabcanovic-Musija F, Obermayer A, Stoiber W et al. (2015). *Neutrophil extracellular trap (NET) formation characterises stable and exacerbated COPD and correlates with airflow limitation.* Respir Res 16, 59

Ito K, und Barnes PJ (2009): *COPD as a disease of accelerated lung aging.* Chest 135, 173–180

John-Schuster G, Günter S, Hager K et al. (2015): *Inflammaging increases susceptibility to cigarette smoke-induced COPD.* Oncotarget 7, 30068–30083

Kaplan MJ und Radic M (2012): *Neutrophil extracellular traps: double-edged swords of innate immunity.* J Immunol Baltim Md 1950 189, 2689–2695

Khandpur R, Carmona-Rivera C, Vivekanandan-Giri A et al. (2013): *NETs are a source of citrullinated autoantigens and stimulate inflammatory responses in rheumatoid arthritis.* Sci Transl Med 5, 178ra40

Lowery, EM, Brubaker, AL, Kuhlmann E et al. (2013): *The aging lung.* Clin Interv Aging 8, 1489–1496

Lozano R, Naghavi M, Foreman K et al. (2012): *Global and regional mortality from 235 causes of death for 20 age groups in 1990 and 2010: a systematic analysis for the Global Burden of Disease Study 2010.* The Lancet 380, 2095–2128

Mangold A, Alias S, Scherz T et al. (2015): *Coronary neutrophil extracellular trap burden and deoxyribonuclease activity in ST-elevation acute coronary syndrome are predictors of ST-segment resolution and infarct size.* Circ Res 116, 1182–1192

Marcos V, Zhou-Suckow Z, Yildirim AÖ et al. (2015): *Free DNA in Cystic Fibrosis Airway Fluids Correlates with Airflow Obstruction.* Mediators Inflamm 2015, e408935

Mitroulis I, Kambas K, Chrysanthopoulou A et al. (2011): *Neutrophil Extracellular Trap Formation Is Associated with IL-1β and Autophagy-Related Signaling in Gout.* PLOS ONE 6, e29318

Mohanan S, Cherrington BD, Horibata S, et al. (2012): *Potential Role of Peptidylarginine Deiminase Enzymes and Protein Citrullination in Cancer Pathogenesis.* Biochemistry Research International. 2012, 895343

Neeli I, Khan SN und Radic M (2008): *Histone deimination as a response to inflammatory stimuli in neutrophils.* J Immunol Baltim Md 1950 180, 1895–1902

Obermayer A, Stoiber W, Krautgartner W-D et al. (2014): *New Aspects on the Structure of Neutrophil Extracellular Traps from Chronic Obstructive Pulmonary Disease and In Vitro Generation.* PLOS ONE 9, e97784

Olsson A-K, and Cedervall J (2016): NETosis in Cancer – Platelet–Neutrophil Crosstalk Promotes Tumor-Associated Pathology. Front Immunol 7

Pedersen F, Marwitz S, Holz O et al. (2015): *Neutrophil extracellular trap formation and extracellular DNA in sputum of stable COPD patients.* Respir Med 109 1360–1362

Pullan J, Greenwood H, Walton GM et al. (2015): *Neutrophil extracellular traps (NETs) in COPD: A potential novel mechanism for host damage in acute exacerbations.* Eur Respir J 46, PA5055

Rahman I, Kinnula VL, Gorbunova V et al. (2012): *SIRT1 as a therapeutic target in inflammaging of the pulmonary disease.* Prev Med 54 Suppl, S20-28

Remijsen Q, Kuijpers TW, Wirawan E et al. (2011): *Dying for a cause: NETosis, mechanisms behind an antimicrobial cell death modality.* Cell Death Differ 18, 581–588

Stoiber W, Obermayer A, Steinbacher P, et al. (2015): *The Role of Reactive Oxygen Species (ROS) in the Formation of Extracellular Traps (ETs) in Humans.* Biomolecules 5, 702–723

Sundar IK, Yao H und Rahman I. (2013): *Oxidative stress and chromatin remodeling in chronic obstructive pulmonary disease and smoking-related diseases.* Antioxid Redox Signal 18, 1956–1971

Vestbo J, Hurd SS, Agustí AG et al. (2013): *Global strategy for the diagnosis, management, and prevention of chronic obstructive pulmonary disease: GOLD executive summary.* Am J Respir Crit Care Med 187, 347–365

White PC, Chicca IJ, Cooper PR et al. (2016): *Neutrophil Extracellular Traps in Periodontitis: A Web of Intrigue.* J Dent Res 95, 26–34

Wright TK, Gibson P, Simpson JL et al. (2016): *Neutrophil extracellular traps are associated with inflammation in chronic airway disease.* Respirol Carlton Vic 21, 467–475

Yang H, Biermann, MH, Brauner JM et al. (2016). *New Insights into Neutrophil Extracellular Traps: Mechanisms of Formation and Role in Inflammation.* Front Immunol 7, 302

Yousefi S, Mihalache C, Kozlowski E et al. (2009): *Viable neutrophils release mitochondrial DNA to form neutrophil extracellular traps.* Cell Death Differ 16, 1438–1444

12 Sarkopenie vorbeugen durch Bewegung im betreuten Wohnen

Susanne Ring-Dimitriou, Sonja Jungreitmayr,
Birgit Trukeschitz, Cornelia Schneider

Studienprotokoll zu „meineFitness", der IKT-unterstützten Bewegungs- und Fitnessförderung in ZentrAAL

Sarkopenie, übersetzt die Fleischarmut (griech. sárka = Fleisch, penia = Mangel, Armut), meint den altersbedingten und normalen Verlust an Skelettmuskelmasse, sofern keine Erkrankung oder eine strenge Diät als Ursachen vorliegen. Bei einem über der Alters- und Geschlechtsnorm liegenden Verlust der Muskelmasse kommt es jedoch zu einem deutlichen Verlust der Funktionskapazität des Herzkreislauf- und Stoffwechselsystems, was sich im Alltag in einer Abnahme der Kraftfähigkeit und Reduzierung der Gehgeschwindigkeit äußern kann. Regelmäßige körperliche Aktivität (Bewegung) wirkt dem Verlust der Muskelmasse und dem Abbau der funktionalen Fitness entgegen. Die Förderung eines gesundheitswirksamen Bewegungsausmaßes und der funktionalen Fitness stellen daher wesentliche Ziele in der Gesundheitsförderung älterer Menschen dar.

Wie dies im Betreuten Wohnen mit Hilfe von Informations- und Kommunikationstechnologie (IKT) gelingen kann, soll die nachfolgende Darstellung der theoretischen Fundierung und des Studienprotokolls der Bewegungs- und Fitnessförderung „Meine Fitness" des Projektes ZentrAAL zeigen.

Altern und Bewegung

Die steigende Lebenserwartung in vielen Regionen Europas kann als Fortschritt der gesundheitlichen Versorgung, des Wohlstandes und der politischen Stabilität der letzten Jahrzehnte in den industrialisierten Ländern angesehen werden.

Jedoch verdichten sich die Hinweise, dass sich Erkrankungen des Herzkreislauf- und Stoffwechselsystems weiter ausbreiten und es dadurch möglicherweise zu keiner weiteren Steigerung der Lebenserwartung kommen wird (Olshansky et al., 2005). Andererseits zeigen aktuelle Statistiken zur Lebenserwartung am Hintergrund von Sterblichkeitsraten, dass diese im Zeitraum 2000 bis 2015 um fünf Jahre gestiegen ist und für im Jahr 2015 geborene Österreicherinnen und Österreicher bei 81,5 Jahren liegen wird (WHO, 2016). Ferner wird in Europa aktuell ein deutlich flacherer Anstieg der Jahre in Gesundheit (Frauen / Männer: 72/67 J.) im Vergleich zu dem steileren Anstieg der Lebenserwartung (Frauen/Männer: 81/75 J.) prognostiziert (WHO, 2016). Es gilt daher noch zu klären, ob die durchschnittlich gewonnene Lebenszeit in Gesundheit, d. h. sozial eingebunden, mobil und selbstbestimmt, oder von einem Anstieg an Jahren in Krankheit, mit Schmerzen und schlechter Lebensqualität, begleitet wird (Olshansky et al., 2005).

Studien zum Altern deuten darauf hin, dass die Gruppe der älteren Personen (55 Jahre und älter) in einem bestimmten Kulturraum Unterschiede hinsichtlich des sozial-ökonomischen Status und des Gesundheitszustandes aufweisen. Während die sogenannten „Jungen-Alten (55-75 J.)" noch meist über Strategien verfügen altersbedingte Verluste an kognitiven, psychischen, physischen und sozialen Ressourcen zu kompensieren, scheint dies für Personen über 75 Jahren nicht mehr so einfach zu gelingen, da sie häufiger von körperlicher und geistiger Beeinträchtigung betroffen sind (vgl. Baltes und Smith, 2003; Davillas et al., 2016). Die Zunahme körperlicher Beschwerden im Alter, insbesondere des Bewegungsapparates (Statistik Austria, 2015; WHO, 2016), sind mit einer Abnahme des Bewegungsausmaßes, der maximalen Gehgeschwindigkeit, der musklären Kraft, der Herzkreislauffitness und schließlich mit einer Abnahme der funktionalen Fitness verbunden (Bohannon et al., 1997; Fried et al., 2001; Lohne-Seiler et al., 2016; Wisen und Wohlfart, 2004).

Verdeutlicht werden die Unterschiede zwischen „jungen" und „älteren Alten" in Bezug auf die Gesundheitsressourcen „gesundheitswirksames Bewegungsausmaß[41]" und „funktionale Fitness[42]".

Aktuelle Statistiken zeigen, dass die über 75-jährigen Österreicherinnen und Österreicher gegenüber der jüngeren Alterskohorte der 60-75 Jährigen bereits ein Drittel weniger (12% vs. 28%) gesundheitswirksam aktiv sind. Frauen gleicher Alterskohorten sind noch dazu signifikant inaktiver als Männer (5% vs. 22%, vgl. Statistik Austria 2009). Das bedeutet der Grundumsatz wird kaum noch durch muskuläre Tätigkeit erhöht und liegt unter drei metabolischen Äquivalenten (3 MET = 3 kcal/kg/h; 1 MET entspricht 1kcal / kg / h), das gerade noch einer Belastung zur Bewältigung von Basisaktivitäten entspricht (Titze et al., 2012). Dieses unzureichende Bewegungsausmaß wird als körperliche Inaktivität definiert, die seit 1995 von der WHO als Risikofaktor anerkannt ist und mit einem erhöhten Mortalitäts- und Morbiditätsrisiko einhergeht (WHO, 1995).

---

[41] Unter einem gesundheitswirksamen Bewegungsausmaß versteht man einen empfohlenen Wochenumfang von 150 Minuten moderat bis anstrengender körperlicher Aktivität, der den Ruheenergieumsatz um das 3- bis 6-fache erhöht und auf diese Weise das Herzkreislauf- und Stoffwechselsystem sowie den Bewegungsapparat stärkt (Statistik Austria, 2015; Titze et al., 2012).

[42] Unter „funktionaler Fitness" verstehen wir die Durchführung alltäglicher Aktivitäten, die entsprechend der Klassifikation nach Katz (1969) als Tätigkeiten des täglichen Lebens (Activities of Daily Living, ADL) und nach Lawton und Brody (1969) als alltägliche Fertigkeiten, wie z. B. Telefonieren, Einkaufen oder Essen zubereiten (instrumental activities of daily living, iADL), bezeichnet werden (vgl. auch Spirduso, Francis und MacRae, 1995; Abbildung 12-1). Mit Hilfe dieser Tätigkeiten werden Funktionen erfüllt, die insbesondere die Mobilität und die Teilhabe an der Gesellschaft in den Fokus rücken (vgl. Internationale Klassifikation der Funktionen, ICF, WHO 2005).

Hinsichtlich der funktionalen Fitness zeigt die Österreichische Gesundheitsbefragung, dass bereits jeweils 32% der über 75-Jährigen Frauen und Männer von Problemen beim Gehen auf ebener Strecke und über Stufen betroffen sind, während dies nur zu 15% für Frauen und 10% für Männer im Alter von 60-74 Jahren zutraf (Statistik Austria, 2015). Dabei sind wiederum Frauen ab 75 Jahren wesentlich häufiger von körperlichen Einschränkungen bei alltäglichen Tätigkeiten, wie z. B. An- und Ausziehen (= Basisaktivitäten), betroffen als Männer. Ungefähr die Hälfte aller Personen mit einer körperlichen Beeinträchtigung bei den Basisaktivitäten benötigt eine Hilfestellung durch Betreuungspersonen. Davon nehmen 20% der Frauen gegenüber 80% der Männer die Hilfe von Freunden oder Familienmitgliedern in Anspruch (vgl. Statistik Austria, 2015).

In einer früheren Gesundheitsbefragung wurde die funktionale Fitness der über 60-Jährigen Österreicherinnen und Österreicher am Hintergrund der Klassifikation der Alltagsaktivitäten untersucht, dass davon ca. 25% als „körperlich fit" (22% Frauen, 27% Männer), 50% als „körperlich unabhängig/mobil" und 15% als „körperlich tlw. abhängig/gebrechlich" (Pflegestufe 1, 18% Frauen, 11% Männer) eingestuft worden sind (Statistik Austria, 2009). Diese „Leveleinteilung" der funktionalen Fitness, operationalisiert über die Fähigkeit älterer Personen bestimmte körperliche Tätigkeiten im Alltag durchführen zu können, wird auch im Projekt ZentrAAL angewandt und ist in Abbildung 12-1 zusammengefasst.

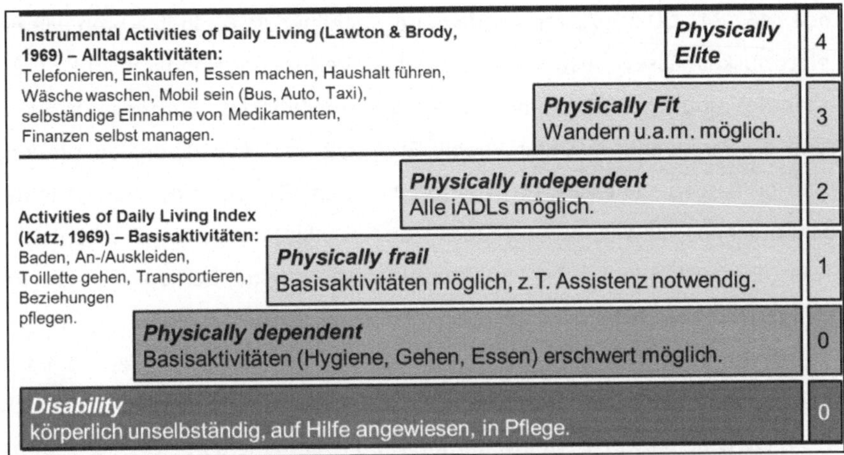

Abb. 12-1 Klassifikation der funktionalen Fitness zur Einteilung der ZentrAAL Teilnehmerinnen und Teilnehmer in Fitnesslevels 1 bis 3.

Entsprechend der österreichischen Daten zur funktionalen Fitness nehmen wir an, dass in der ZentrAAL-Alterskohorte 60-79 Jahre noch der Großteil selbständig körperlich aktiv ist und den Fitnesslevels zwei und drei zugeordnet werden können. Nachdem die körperlichen Beeinträchtigungen ab 75 Jahren jedoch signifikant zunehmen, ist zu erwarten, dass in unserer Studienpopulation auch Personen mit Unterstützungsbedarf, d. h. mit verringerter Mobilität, vorkommen und diese bereits eine geringere funktionale Fitness (Fitnesslevel 1) aufweisen.

Gerade der Verlust der körperlichen Mobilität ist eine treibende Komponente für die Abnahme der Tätigkeiten im Alltag und ist mit einem Verlust der körperlichen Kraft und der Skelettmuskelmasse (Sarkopenie) assoziiert (Fried et al., 2001; Jantunen et al., 2016). Begleitet wird dieser Prozess von einem Anstieg des Körperfetts zu Lasten der Skelettmuskelmasse. Insbesondere in höherem Alter (75+ J.) kann damit ein eklatanter Abbau der Skelettmuskelmasse und ihrer Funktion verbunden sein (Cruz-Jentoft et al., 2014). Sarkopenie wurde erst kürzlich als Krankheit klassifiziert und in die internationale Liste aufgenommen

(Code M62.84, ICD-10; Anker, Morley und Haehling, 2016). Indikatoren wie ein Skelettmuskelmasseverlust von >4,5 kg/Jahr, Verlust der Handkraft in kg (<20. Perzentile) und eine Abnahme der Gehgeschwindigkeit (European Working Group on Sarcopenia in Older People EWGSOP und Internationalen Working Group on Sarcopenia IWGS; Cruz-Jentoft et al., 2014), sowie der Rückgang des wöchentlichen Bewegungsausmaßes und selbstberichtete Erschöpfungs-/Ermattungszustände werden zur Operationalisierung der Sarkopenie herangezogen (Fried et al., 2010).

Insbesondere Personen die Komorbiditäten aufweisen und jene die sich bereits längere Zeit in höheren Pflegegeldstufen (>1 von 7 Stufen in Österreich, *https://www.help.gv.at/Portal.Node/hlpd/public/content/36/Seite.360516.htm*, Zugriff: 13.02.2017) befinden, sind Sarkopenie gefährdet. Je nach Definition liegt die Prävalenz der Sarkopenie zwischen 10% und 33%, wobei bereits jeweils mehr als 1/3 der Frauen im 40. Lebensjahr und Männer im 50. Lebensjahr davon betroffen sind (Cruz-Jentoft et al., 2014; Janssen, Heymsfield, und Ross, 2009).

Die mit dem Bewegungsmangel verbundenen direkten Gesundheitskosten in Österreich werden auf 0,7 bis 1,4 Milliarden Euro/Jahr geschätzt. Berücksichtigt man noch die indirekten Kosten (z. B. Ausgaben für therapeutische Maßnahmen oder Produktionsverluste), die deutlich höher ausfallen, so werden jährlich 3,1 Milliarden Euro an Gesundheitskosten angenommen (Titze et al., 2012). Bezug nehmend auf ein „erfolgreiches Altern" wird die Förderung der Gesundheit, z. B. durch regelmäßige körperliche Aktivität zur Verbesserung der funktionalen Fitness, als wesentliche Strategie formuliert sich den geänderten umwelt- und subjektbezogenen Bedingungen nach der Pensionierung proaktiv und vorausschauend zu stellen (Baltes, 1991; Ouwehand, de Ridder, und Bensing, 2007).

Fitness- und Bewegungsförderung im Projekt ZentrAAL

Das Projekt ZentrAAL (Salzburger Testregion für *Active Assisted Living* – AAL – Technologien) greift diesen Ansatz auf und versucht Menschen im Alter von 60-79 Jahren durch Informationskommunikationstechnologie (IKT) aktiv innerhalb und außerhalb des Wohnraums hinsichtlich des Zeitmanagements, der Sicherheit in der Wohnung und in Notsituationen sowie bei der Implementierung gesundheitswirksamer Aktivität im Alltag zu unterstützen (www.zentraal.at). Im Projekt ZentrAAL wird mit Hilfe von IKT ein Gesundheitsförderungsprogramm vermittelt, das zu regelmäßiger Bewegung an mehreren Tagen in der Woche und somit zur Verbesserung der funktionalen Fitness beitragen soll.

Ziele von „meineFitness" im Projekt ZentrAAL
Mit „meineFitness" soll ein altersbedingter Schwund der Skelettmuskulatur verzögert und die funktionale Fitness verbessert werden. Dafür wird ein Multikomponententraining empfohlen, das auf den Erhalt der Muskelkraft und die Verbesserung der Koordination, des Gleichgewichts und der Herz-kreislauffitness abzielt (Bouaziz et al., 2016; Zaleski et al., 2016).

Zwei Präventionsstrategien werden mit dem Gesundheitsförderungsprogramm „meineFitness" in ZentrAAL verfolgt:

- Förderung der funktionalen körperlichen Fitness („Fitnessförderung") und
- Förderung des gesundheitswirksamen Bewegungsausmaßes („Bewegungsförderung").

Ziel der *Fitnessförderung* ist der Erhalt oder die Verbesserung der funktionalen Fitness, d. h. der Fähigkeit körperliche Aktivitäten des Alltags wie Stufensteigen, Aufstehen/Niedersitzen, auf einem Bein stehen oder schnelles

Gehen durchführen zu können. Dazu erhalten die Testpersonen ein über Tablet vermitteltes Trainingsprogramm „meineFitness", d. h. eine Applikation (App), das für drei unterschiedliche Fitnessniveaus (Level 1, 2 und 3) am Hintergrund der Klassifikation der funktionalen Fitness hinsichtlich Schwierigkeitsgrad der Trainingsübungen und Belastungsintensität konzipiert ist (vgl. Abbildung 12-1, hellgraue Balken). Mit Hilfe funktionaler Tests wie z. B. dem „Einbeinstand" kann überprüft werden, ob das Fitnessprogramm gewirkt hat (siehe Erläuterungen S. 209-211).

Im Rahmen der *Bewegungsförderung* ist das Ziel, dass unsere TeilnehmerInnen das gesundheitswirksame Bewegungsausmaß von wöchentlich 150 min moderater bis anstrengender körperlicher Belastung in der Testphase erreichen. Damit wird die motorische Fähigkeit „Ausdauer" oder besser die Herzkreislauffitness trainiert. In ZentrAAL wird dazu die Komponente „Tipp des Tages" am Tablet implementiert, d. h. mit Hilfe von Nachrichten werden die TeilnehmerInnen angeregt sich häufiger in der Woche zu bewegen. Die Wirkung dieser „Aufforderungsnachrichten" auf das Bewegungsausmaß soll dabei untersucht werden, d. h. ob sich im Zeitraum der Testphase das Ausmaß und/oder die Einstellung zur Bewegung verändert haben (Erläuterungen zu den Tests siehe S. 209-211).

Außerdem sollen die TeilnehmerInnen mit Hilfe der Interventionskomponente „Aktivitätsuhr" zu mehr Bewegung angeregt werden und Schritte sammeln. Die mit der getragenen Uhr registrierten Schritte werden am Tablet in einer Übersicht eingeblendet und kommentiert. Bereits ab 7.000 bis 8.000 Schritten pro Tag kann ein gesundheitlicher Nutzen erwartet werden (Ewald, 2014; Tudor-Locke, 2010). Dieses Bewegungsausmaß kann in kurz andauernden sich wiederholenden Transportaktivitäten, wie zu Fuß Besorgungen machen (3.000-4.000 Schritte in 10 min), erreicht werden (Tudor-Locke, 2010; Marshall, 2009).

Schließlich soll die Wirkung aller drei Komponenten „meineFitness", „Tipp des Tages" und „Aktivitätsuhr" des IKT-Systems „meinZentrAAL" auf die funktionale Fitness und das Bewegungsausmaß, sowie die Ergebnisvariable Lebensqualität, untersucht werden.

Fragestellungen der Evaluierung von „meineFitness"

In diesem Beitrag liegt der Schwerpunkt auf der Darstellung der Analyse zur Wirksamkeit des Gesundheitsförderprogramms „meineFitness".

Übergeordnet interessiert uns dabei, wie viele ältere Menschen im Betreuten Wohnen zu Beginn der Testphase das gesundheitswirksame Bewegungsausmaß erreichen und wie viele ein den Referenzwerten (s. Tabelle 12-1) entsprechendes funktionales Fitnessniveau aufweisen.

In einem nächsten Schritt gehen wir der Frage nach, ob „meine Fitness", das Gesundheitsförderprogramm von ZentrAAL, zu einer Verbesserung der „Einstellung zur Bewegung", des „Bewegungsausmaßes" und der „funktionalen Fitness" nach der Testphase geführt hat (Vergleich Test- vs. Kontrollgruppe).

Schließlich werden die Effekte auch nach Geschlecht, Bewegungsausmaß, Fitnesszustand und Sarkopenie untersucht.

Methodisches Vorgehen

Das Projekt ZentrAAL

ZentrAAL, Salzburger Testregion für Active Assisted Living (AAL) Technologien, ist ein von der Forschungsförderungsgesellschaft gefördertes, kooperatives Forschungs- und Entwicklungsprojekt, welches von der Salzburg Research Forschungsgesellschaft (SRFG) koordiniert wird. Ziel von ZentrAAL ist die Entwicklung gebrauchstauglicher, nutzerfreundlicher Informationskommunikationstechnologien, die ein selbständiges und körperlich aktives Leben in den „eigenen vier Wänden" nach der Erwerbszeit fördern sollen (Garschall et al., 2017).

Getestet werden auf das Setting des Betreuten Wohnens zugeschnittene, selbst entwickelte Apps (z. B. „meineFitness"), die auf einem Tablet genutzt werden können. Darüber hinaus werden den TestteilnehmerInnen eine „Aktivitätsuhr" und eine smarte Waage zur Verfügung gestellt.

Betreutes Wohnen umfasst Barrierefreiheit und die stundenweise Betreuung durch eine „Betreuungsperson" meist ausgehend von einer Sozialorganisation. Bei Personen im betreuten Wohnen, handelt es sich i.d.R. um ältere Menschen, die im Alltag geringfügigen Unterstützungsbedarf haben oder diesen für sich in Zukunft sehen. Sie leben eigenständig in Haushalten in entsprechenden Mehrparteienhäusern.[43]

Untersuchungsdesign und Stichprobe für „meineFitness"

Das 36-Monate dauernde Projekt wird wissenschaftlich im Rahmen einer quasi-experimentellen Studie über den Testzeitraum von 15 Monaten mit unterschiedlichen Themenschwerpunkten evaluiert (Trukeschitz et al., 2015). Auch die Wirkungsanalyse von „meineFitness" findet damit nicht in einer Laborsituation, sondern in einem großangelegten Feldtest statt. Test- und Kontrollgruppe wurden nach spezifischen Merkmalen gebildet (Trukeschitz et al., 2015).

Im Rahmen eines Group-matched Designs (Murray, Varrnell und Blistein, 2004) wurden die Zuordnung von Test- und Kontrollhäusern vorgenommen. Als relevante Merkmale für die Gruppenbildung wurden insbesondere die Größe des Hauses und die regionale Lage herangezogen. Die

---

[43] https://www.help.gv.at/Portal.Node/hlpd/public/content/286/Seite.2860004.html; Zugriff am: 2.2.2017

Auswahl der Häuser und die Rekrutierung der Personen erfolgte mit Hilfe der Sozialeinrichtungen. Zu Beginn der Testphase haben sich 65 Personen der Kontrollgruppe (KG) und 67 Personen der Testgruppe (TG), diese testet alle Funktionen von „meinZentrAAL" - darunter auch „meineFitness", zur Teilnahme an der Studie schriftlich erklärt. Voraussetzungen um die ZentrAAL-Technologien zu testen sind: unterschriebene Einwilligungserklärung und Alter 60-79 Jahre.

Alle teilnehmenden Personen wurden vorab schriftlich und in persönlichen Gesprächen über die Ziele und den Nutzen der Studie aufgeklärt. Das Studienprotokoll zum Projekt wurde von der Ethikkommission der Universität Salzburg positiv bewertet und zur Durchführung genehmigt.

Die Intervention zur Fitness- und Bewegungsförderung im Projekt ZentrAAL
Für ZentrAAL wurde vom Interfakultären Fachbereich für Sport- und Bewegungswissenschaft der Universität Salzburg ein gesundheitsförderndes Bewegungs- und Fitnessprogramm konzipiert und gemeinsam mit der Projektleitungsorganisation (SRFG) und des Technikpartners ilogs mobile software GmbH umgesetzt.

Der konzeptionelle Schwerpunkt lag dabei auf der inhaltlichen Entwicklung des Fitnessförderungsprogrammes und der Herausforderung diese Inhalte für das Tablet nutzerfreundlich umzusetzen. Bei „meine Fitness" handelt es sich um ein Mehrkomponenten-Trainingsprogramm, das die motorischen Fähigkeiten Kraft, Gleichgewicht, Beweglichkeit und Schnelligkeit umfasst, und in zwei Trainingseinheiten pro Woche durchgeführt werden sollte. Abhängig vom Fitnessniveau wird die Belastung in den Trainingseinheiten, die ca. 15min bis 30min dauern, progressiv gestaltet, um auf diese Weise Anpassungsreaktionen des Bewegungsapparates und Herzkreislaufsystems zu provozieren. In anschaulichen Videoclips, die für „meineFitness" gesondert mit Personen der Zielgruppe hergestellt wurden, werden die Ausführungspositionen der Fitnessübungen (=Bewegungsaufgaben) dargestellt. Eine Trainingseinheit enthält bis zu sechs Übungen wie z. B. „Schulterblattpumpe im Vierfüßlerstand" oder „Kniebeuge von einem Stuhl aufstehend". Jede Trainingseinheit ist in zwei Blöcke, Aufwärmen/Körperwahrnehmung/Spannungsaufbau und Koordination/Kräftigung, unterteilt. Alle sechs Wochen werden neue Trainingsübungen in „meine Fitness" implementiert, um Eintönigkeit zu vermeiden und das Programm attraktiv zu gestalten. Die Testpersonen haben die Möglichkeit jede Trainingseinheit hinsichtlich der Schwierigkeit auf einer 3-stufigen Skala (zu leicht – gerade richtig – zu schwer) zu bewerten und wird im Rahmen des ZentrAAL-Cafés in das System auf ihrem persönlichen Tablet eingeführt. Zusätzlich wird auch die Betreuungsperson je betreutes Mehrparteienhaus in das Programm am Hintergrund trainings- und bewegungswissenschaftlicher Prinzipien im Rahmen einer 90min Schulung in „meineFitness" eingeführt. Das Trainingsprogramm wurde mithilfe der Trainingssoftware *SimpliFlow®* entwickelt und als App in „meinZentrAAL" integriert.

Der „Bewegungs-Tipp des Tages" ist als eine weitere Komponente im IKT-gestützten Programm „meinZentrAAL" integriert und wird über Tablet als Nachricht an die Testperson dreimal wöchentlich zugestellt (Abbildung 12-2). Von 336 Tipps, von denen einer pro Tag auf dem Tablet der Testgruppe erscheint, wurden 144 Bewegungstipps formuliert.

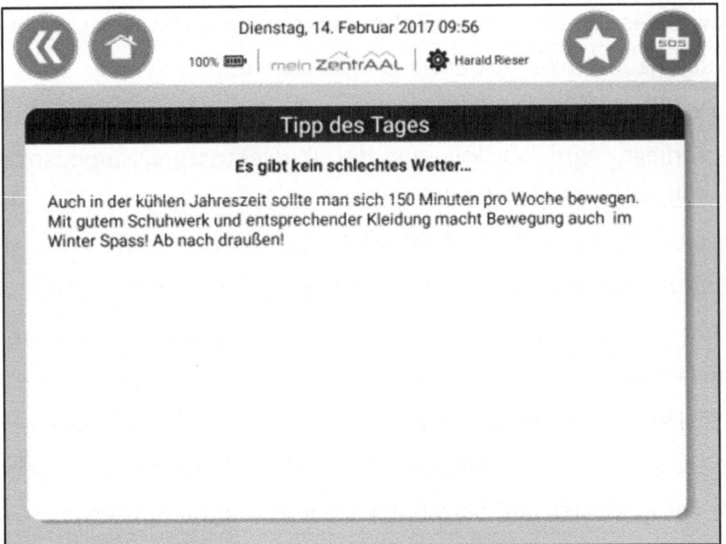

Abb. 12-2 Screenshot eines „Bewegungs-Tipp des Tages", der über das Tablet der Testgruppe bereitgestellt wird (von Schneider, SRFG, 2017, unveröffentlicht).

Mithilfe der Komponente „Aktivitätsuhr", die GPS-basiert ist und Daten über das tägliche Bewegungsausmaß in Minuten und Schrittzahl liefert, soll der Bewegungstipp des Tages in der Umsetzung unterstützt werden, indem die Testgruppe aufgefordert wird so viele Schritte wie möglich am Tag zu sammeln.

Testverfahren zur Überprüfung der Wirkung der Fitness- und Bewegungsförderung im Projekt ZentrAAL

Zur Überprüfung der Wirkung von „meineFitness" auf die funktionale Fitness und das Bewegungsausmaß nach der Testphase im Vergleich zum Ausgangsniveau werden folgende Testkriterien mit entsprechenden Testverfahren vor Start, dazwischen (5.-6. Monat Testphase) und am Ende der Testphase (12. – 13. Monat) in der Test- und Kontrollgruppe im Rahmen eines

ZentrAAL-Cafés, im Beisein der Betreuungsperson und von geschulten Testern in den Räumlichkeiten der Häuser durchgeführt.

Ob bereits ein über der Norm liegender Schwund der Skelettmuskelmasse vorliegt, wird objektiv mit der Bioelektrischen Impedanzanalyse (mBCA 525, seca, Deutschland) erhoben, wobei als Kriterium der Skeletal-Muscle-Index (SMI), d. h. die fettfreie Masse der Beine und Arme als „Appendikuläre Lean-Soft Tissue Mass (ALST)" in Kilogramm skaliert auf die Körperhöhe in Metern (h^2) erfasst wird. Personen, die mehr als zwei Standardabweichungen unterhalb der alters- und geschlechtsspezifischen Norm der ALST liegen, werden als sarkopenisch bezeichnet (Baumgartner et al., 1998; s. Tabelle 12-1). Die Körpermaße und das Körpergewicht werden objektiv leicht bekleidet und barfuß mit einer geeichten Körperwaage mit integrierter Messlatte (seca 711, seca, Deutschland) erfasst.

Mithilfe des ZentrAAL-Wirkungsfragebogens (Trukeschitz et al, 2015), der zu drei Zeitpunkten an Test- und Kontrollgruppe ergeht, wird die Einstellung zur Bewegung mit Hilfe des Testkriteriums „Absicht das Bewegungsverhalten zu verändern" in Anlehnung an das Transtheoretische Modell von Prochaska und DiClemente (1983) erfasst. Das Testkriterium „Gesundheitswirksames Bewegungsausmaß" wird mit einem Single-Item in Anlehnung an den International Physical Activity Questionnaire untersucht (Wanner et al., 2014). Zusätzlich wird Inaktivität als Ausmaß des „Sitzens" abgefragt (Item aus Österreichische Gesundheitsbefragung 2014, Statistik Austria 2015).

Mithilfe des 6-Minuten-Walktests wird die „Herzkreislauffitness" untersucht. Personen, die in sechs Minuten weniger als 400m gehen können, werden als körperlich beeinträchtigt bezeichnet; Personen, die mehr als 550m bewältigen werden als körperlich fit klassifiziert (vgl. Rikli und Jones, 1998; siehe Tabelle 12-1).

Die funktionale Fitness wird objektiv anhand motorischer Tests untersucht und damit das Fitnesslevel erhoben. Folgende Tests werden zu den drei Testzeitpunkten durchgeführt:

- Krafttests (Handgriffkraft in Kilogramm mit Handdynamometer bzw. Beinkraft in Zeit in Sekunden für fünf Wiederholungen Aufstehen aus dem Sitzen und als Wiederholungszahl für Aufstehvorgänge - 5-Mal in 30 Sekunden („30s-chair rise test"),
- Zwei Gleichgewichtstests (Zeit für Aufstehen-Gehen-Hinsetzen in Sekunden, timed-up-and-go TUG-Test; Zeit in Sekunden für Stehen auf einem Bein), und
- Zwei Schnelligkeitstests (Zeit für 6 Meter in Sekunden maximal und habituell schnell gehend).

Insbesondere die Handgriffkraft, die Gehgeschwindigkeit und der 6-Minuten Gehtest (6-MWT) werden zusätzlich zum Skeletal-Muscle-Index zur Beurteilung der Sarkopenie herangezogen (Tabelle 12-1).

Statistische Verfahren

Deskriptive Auswertungen werden einen ersten Einblick geben. Die formulierten Fragestellungen werden mit analytischen statistischen Verfahren untersucht. Im Rahmen einer ersten Analyse werden je nach statistischer Voraussetzungen lineare Verfahren, wie z. B. multivariate Varianzanalyse für ein 2 (pre 0 /post 12 Mon.) x 2-(TG/KG) Faktoren-Modell, angewandt.

Test	„gebrechlich/ unabhängig"	„unabhängig"	„fit"	Referenz
*SMI, kg/m², Frauen/Männer	<5,5/ <7,2			Cruz-Jentoft et al. (2010)
*6-MWT, m	<400	400-550	>550	Troosters et al. (1999)
*Handgriffkraft, kg, Frauen/Männer	<20/ <30	20-24/ 30-36	>24/ >36	Onder et al. (2002)
30s-chair rise, Wiederholungen	<12	12-14	>12	Rikli und Jones (2013)
5-times chair rise, s	>14	12-14	<12	Guralnik et al. (1994)
TUG, s	>20	12-20	<12	Granacher et al. (2014)
Einbeinstand, s	k. A.			Granacher et al. (2014)
Max. Gehgeschwindigkeit, m/s	k. A.			Granacher et al. (2014)
*Habituelle Gehgeschwindigkeit, m/s	<0,8	0,8-1,05	>1,05	Granacher et al. (2014)

*Sarkopenie-Kriterium nach Cruz-Jentoft et al. (2010); k. A., keine Angabe

Tab. 12-1 Referenzwerte der funktionalen Fitness.

Implikationen und Ausblick

In diesem Beitrag wurde das Studienprotokoll zur Wirkungsanalyse von „meineFitness" dargestellt, um die Rationale und das Testverfahren des IKT-unterstützten Gesundheitsförderungsprogramms „meineFitness" aufzuzeigen. Die für 60-79 Jährige Menschen entwickelte App wurde auf einem Tablet-Computer von den TeilnehmerInnen der Testgruppe im Betreuten Wohnen in der Salzburger Testregion ZentrAAL über 15 Monate (2016/2017) getestet.

Dabei wird das Ziel verfolgt, die funktionale Fitness zu verbessern, um auf diese Weise mit Sarkopenie assoziierte Kenngrößen, wie den Skeletal-Muscle Index, die Handkraft oder die Gehgeschwindigkeit zu verbessern und die Mobilität im Alltag zu erhalten (Fried et al., 2001; Bouaziz et al., 2016). Sollte es uns gelingen diese Marker positiv durch die App zu verändern, dann könnte dieses Ergebnis die Nutzung IKT-unterstützter Fitnessprogramme erhöhen, da Personen dieser Zielgruppe die Verbesserung der Fitness und Mobilität als wichtige Motive erachten, um sich regelmäßiger zu bewegen (Newitt, Barnett und Crowe, 2016).

Ferner können mit dieser Studie erstmals Einblicke in das gesundheitswirksame Bewegungsausmaß, die funktionale Fitness und das Vorkommen der Sarkopenie von älteren Frauen und Männern im Setting Betreutes Wohnen gewonnen werden, um daraus personalisierte und geschlechtsspezifische Interventionsstrategien für die Zukunft abzuleiten. Obwohl Frauen eine höhere Lebenserwartung aufweisen, erleiden sie im Vergleich zu Männern ca. 10 Jahre früher einen Verlust der Skelettmuskelmasse und funktionalen Fitness (Statistik Austria 2015). Man kann daher annehmen, dass Frauen mehr Jahre in Gebrechlichkeit zubringen werden und daher von einer Förderung besonders profitieren würden. Ob wir Frauen mit „meineFitness" in ZentrAAL ausreichend fördern können, wird die Wirkungsanalyse - erste Ergebnisse sind im Herbst 2017 zu erwarten - zeigen.

Neben der Herausforderungen Akzeptanz, Nutzerfreundlichkeit und Gebrauchstauglich von „meineFitness", haben wir folgende Aspekte der Fitness- und Bewegungsförderung nach Fuchs (2003) beachtet:

- Zielexplikation,

- Mehrebenenprinzip,
- Stadienspezifik,
- Niederschwelligkeit

Eine Zielexplikation wurde im Konsortium[44] von ZentrAAL durchgeführt. Übergeordnet soll die Lebensqualität älterer Menschen mit Hilfe von AAL-Technologien verbessert werden. Wir kommen dabei auf übergeordneter Zielebene mit „meineFitness" den Österreichischen Rahmen-Gesundheitszielen nach, die einen gemeinsamen Handlungsrahmen für österreichische Institutionen darstellen und darin die Förderung der Gesundheitskompetenz aller Altersgruppen betonen sowie im Ziel 8 auf eine „gesunde und sichere Bewegung im Alltag" in allen Lebenswelten (z. B. in Senioren- und Pflegeheimen) fokussieren (Rendi-Wagner und Peinhaupt, 2012). Im Hinblick auf die Zielgruppe und das in den Blick genommene Bewegungsverhalten werden die „strategischen Ziele (2 Präventionsstrategien)" wie „taktischen Ziele (Interventionskomponenten)" in ZentrAAL konkret formuliert und ausgeführt.

Nachdem wir mit „meinZentrAAL" die individuelle (Test- und Kontrollpersonen), interpersonelle (Interaktion Test-/Kontrollpersonen mit Betreuungspersonen sozialer Einrichtungen) und kommunale (Setting betreutes Wohnen im Land Salzburg) Ebene ansprechen, wird das Mehrebenen-Prinzip der Gesundheitsförderung berücksichtigt. Einschränkend muss jedoch konstatiert werden, dass die Interventionskomponente „meineFit-

---

[44] ZentrAAL-Konsortium; Leitung: Salzburg Research Forschungsgesellschaft mbH.; Mitglieder: Wirtschaftsuniversität Wien, Forschungsinstitut Altersökonomie; Hilfswerk Salzburg Gemeinnützige GmbH; Fachhochschule Kärnten – gemeinnützige Privatstiftung; ilogs mobile software GmbH; Salzburg Wohnbau GmbH; Paris Lodron-Universität Salzburg, Interfakultärer Fachbereich Sport- und Bewegungswissenschaft / USI; Salzburg AG für Energie, Verkehr und Telekommunikation.

ness" nicht konzipiert wurde, um einen regen Austausch zwischen mehreren Ebenen, wie z. B. zwischen Testern und Betreuungspersonen oder Testern und Angehörigen (Individuums- und interpersonelle Ebene) zu forcieren. Eine rezente Studie weist darauf hin, dass ein Anstieg des Bewegungsausmaßes insbesondere durch einen interpersonellen Ansatz im Vergleich zu einen individuumszentrierten Ansatz der Verhaltensänderung erreicht werden konnte (McMahon et al., 2017). Es wird sich zeigen, ob die Schulung des Betreuungspersonals in das Programm „meineFitness" ausreicht, um die Nutzung der App seitens der Testpersonen zu erhöhen.

Aufgrund der Fitnesseinstufung unserer Testpersonen, wird zwar das Niveau der körperlichen Leistungsfähigkeit berücksichtigt, jedoch wurden die Maßnahmen nicht am Hintergrund ihrer Einstellung zur Bewegung, d. h. ob sie eine Änderung des Bewegungsverhaltens intendieren, entwickelt. Im Rahmen der Evaluierung werden wir anhand des Testkriteriums „Absicht das Bewegungsverhalten zu verändern" überprüfen können, ob die Änderung des Bewegungsausmaßes unserer TeilnehmerInnen in der Kontroll- und Testgruppe über die „Stadienspezifität" erklärt werden kann.

Das letzte und wohl gewichtigste Prinzip in der Gesundheitsförderung, das der Niederschwelligkeit, ist durch das mittels Technik gestaltete Fitness- und Bewegungsförderungsprogramm sicher die größte Herausforderung im Projekt ZentrAAL. Hier werden die Akzeptanz- und Nutzungsanalysen der Konsortialpartner zeigen, welche Systemkomponenten die Nutzung der App am Tablet erleichtert oder erschwert haben.

Die App „meineFitness" wurde für ältere Personen im Rahmen eines interdisziplinären Teams für den Kontext Betreutes Wohnen entwickelt, um die funktionale Fitness und Mobilität im Alltag zu fördern. Die Analysen der im April 2017 endenden Testphase werden zeigen, ob wir diese Ziele erreicht haben.

Literatur

Anker SD, Morley JE und von Haehling S (2016): *Welcome to the ICD-10 code for sarcopenia.* J Cachexia Sarcop Muscle 7, 521-524

Baltes PB (1991): *The many faces of human ageing: toward a psychological culture of old age.* Psychol Med 21, 837-854

Baltes PB und Smith J (2003): *New frontiers in the future of aging: from successful aging of the young old to the dilemmas of the fourth age.* Gerontol 49, 123-135

Baumgartner RN, Koehler KM, Gallagher D et al. (1998): Epidemiology of sarcopenia among the elderly in New Mexico. Am J Epidemiol 147, 755-763

Bohannon RW (1997): *Comfortable and maximum walking speed of adults aged 20-79 years: reference values and determinants.* Age Ageing 26, 15-19

Bouaziz W, Lang PO, Schmitt E et al. (2016): *Health benefits of multicomponent training programmes in seniors: a systematic review.* Int J Clin Pract 70, 520-536

Cruz-Jentoft AJ, Baeyens JP, Bauer JM et al. (2010): *European Working Group on Sarcopenia in Older, P. (2010). Sarcopenia: European consensus on definition and diagnosis: Report of the European Working Group on Sarcopenia in Older People.* Age Ageing 39, 412-423

Cruz-Jentoft AJ, Landi F, Schneider SM et al. (2014): *Prevalence of and interventions for sarcopenia in ageing adults: a systematic review. Report of the International Sarcopenia Initiative (EWGSOP and IWGS).* Age Ageing 43, 748-759

Davillas A, Benzeval M und Kumari M. (2016): *Association of adiposity and mental health functioning across the lifespan: Findings from Understanding Society (the UK Household Longitudinal Study).* PLoS ONE 11 e0148561

Ewald B, Attia J und McElduff P (2014): *How many steps are enough? Dose-response curves for pedometer steps and multiple health markers in a community-based sample of older Australians.* J Phys Act Health 11, 509-518

Foster C, Richards J, Thorogood M et al. (2013): *Remote and web 2.0 interventions for promoting physical activity.* The Cochrane Library

Fried LP, Tangen CM, Walston J et al. (2001): *Frailty in older adults: evidence for a phenotype.* J Gerontol A Biol Sci Med Sci 56, M146-156

Fuchs R (2003): *Sport, Gesundheit und Public Health.* In: Strauß, B., Schlicht, W, Munzert, J., und Fuchs, R. (Hrsg.). Sportpsychologie, Bd.1. Göttingen, Bern, Toronto, Seattle: Hogrefe

Garschall M, Frauenberger C, Kropf J et al. (2017): *Assistive Solutions in Practice: Experiences from AAL Pilot Regions in Austria.* Stud Health Technol Infrom 236, 184-195

Granacher U, Muehlbauer T, Gschwind YJ et al. (2014): *Diagnostik und Training von Kraft und Gleichgewicht zur Sturzprävention im Alter.* Zeitschrift für Gerontologie und Geriatrie 47, 513-526

Guralnik JM, Simonsick EM, Ferrucci L et al. (1994): *A short physical performance battery assessing lower extremity function: association with self-reported disability and prediction of mortality and nursing home admission*. J Geront 49, M85-M94

Jantunen H, Wasenius N, Salonen MK et al.(2016): *Objectively measured physical activity and physical performance in old age*. Age Ageing 46, 232-237

Janssen I, Heymsfield SB und Ross R (2009): *Low relative skeletal muscle mass (sarcopenia) in older persons is associated with functional impairment and physical disability*. Journal Amer Ger Soc 50, 889-896

Katz S, Ford AB, Moskowitz RW et al. (1963): *Studies of illness in the aged: the index of ADL: a standardized measure of biological and psychosocial function*. JAMA 185, 914-919

Lawton M und Brody E (1988): *Instrumental Activities of Daily Living Scale (IADL)*

Lohne-Seiler H, Kolle E, Anderssen SA et al. (2016): *Musculoskeletal fitness and balance in older individuals (65-85 years) and its association with steps per day: a cross sectional study*. BMC Geriatr 16, 6

McMahon SK, Lewis B, Oakes JM et al. (2017): *Assessing the effects of interpersonal and intrapersonal behavior change strategies on physical activity in older adults: a factorial experiment*. Annals Behav Med 1-15

Marshall SJ, Levy SS, Tudor-Locke CE et al. (2009): *Translating physical activity recommendations into a pedometer-based step goal: 3000 steps in 30 minutes*. Am J Prev Med 36, 410-415

Murray DM, Varrnell SP und Blistein JL (2004): *Design and analysis of group-randomized trials: A review of recent methodological development*. Am J Public Health 94, 423-432

Newitt R, Barnett F und Crowe M (2016): *Understanding factors that influence participation in physical activity among people with a neuromusculoskeletal condition: a review of qualitative studies*. Disability Rehab 38, 1-10

Olshansky SJ, Passaro DJ, Hershow RC et al. (2005): *A potential decline in life expectancy in the United States in the 21st century*. N Engl J Med 352, 1138-1145

Onder G, Penninx BW, Lapuerta P et al. (2002) *Change in Physical Performance Over Time in Older Women The Women's Health and Aging Study*. J Geront A 57, M289-M293

Ouwehand C, de Ridder DT und Bensing JM (2007): *A review of successful aging models: proposing proactive coping as an important additional strategy*. Clin Psychol Rev 27, 873-884

Prochaska JO und DiClemente CC (1983): *Stages and processes of self-change of smoking: toward an integrative model*. J Consult Clin Psychol 51, 390-395

Rendi-Wagner P und Peinhaupt C (2012): *Rahmengesundheitsziele. Richtungsweisende Vorschläge für ein gesünders Österreich*. Wien: Bundesministerium für Gesundheit

Rikli RE und Jones CJ (1998): *The reliability and validity of a 6-minute walk test as a measure of physical endurance in older adults*. J Aging Phys Act 6, 363-375

Rikli RE und Jones CJ (2013): *Development and validation of criterion-referenced clinically relevant fitness standards for maintaining physical independence in later years.* Gerontologist 53, 255-267

Spirduso WW, Francis KL und MacRae PG (1995). *Physical dimensions of aging* (Second Edition ed.). IL: Human Kinetics

Statistik Austria (2015): *Österreichische Gesundheitsbefragung 2014.* Wien: Statistik Austria

Statistik Austria (2009): *Österreichische Gesundheitsbefragung 2006/2007.* Wien: Statistik Austria

Titze S, Ring-Dimitriou S, Schober et al. (2012): *Arbeitsgruppe Körperliche Aktivität/Bewegung/Sport der Österreichischen Gesellschaft für Public Health (2010):* Bundesministerium für Gesundheit, Gesundheit Österreich GmbH, Geschäftsbereich Fonds Gesundes Österreich. Österreichische Empfehlungen für gesundheitswirksame Bewegung. Wien: Eigenverlag

Troosters T, Gosselink R und Decramer M (1999): *Six minute walking distance in healthy elderly subjects.* Europ Respir J 14, 270-274

Trukeschitz B, Schneider C, Krainer D et al. (2015): *Geplantes Evaluierungsdesign von „meinZentrAAL".* ZentrAAL-Forschungsbericht, Wien (unpublished)

Tudor-Locke C (2010): *Steps to Better Cardiovascular Health: How Many Steps Does It Take to Achieve Good Health and How Confident Are We in This Number?* Curr Cardiovasc Risk Rep 4, 271-276

Wanner M, Probst-Hensch N, Kriemler S et al. (2014): *What physical activity surveillance needs: validity of a single-item questionnaire.* Br J Sports Med 48, 1570-1576

World Health Organization (1995): *Epidemiology and prevention of cardiovascular diseases in elderly people.* Geneva: World Health Organization

World Health Organization (2005): *Internationale Klassifikation der Funktionsfähigkeit, Behinderung und Gesundheit (ICF).* Geneva: WHO

World Health Organization (2016): *World health statistics 2016: monitoring health for the SDGs, sustainable development goals.* Geneva: WHO

Wisen AG und Wohlfart B (2004): Aerobic and functional capacity in a group of healthy women: reference values and repeatability. *Clin Physiol Funct Imaging 24,* 341-351

Zaleski AL, Taylor, BA, Panza, GA et al. (2016): Coming of Age: Considerations in the Prescription of Exercise for Older Adults. *Methodist Debakey Cardiovasc J 12,* 98-104

13 Care in Movement
– technologieunterstütztes Trainingskonzept für Ältere im Pflegesetting

Sonja Jungreitmayr

„Care in Movement" (CiM) ist ein internationales Forschungsprojekt („Empowering communities to care by combining smart technology and personal help to maintain mobility"), dass sich zum Ziel gesetzt hat, technologische Innovationen gepaart mit persönlicher Hilfe zu nutzen um ältere Personen länger mobil zu halten.

Konkret wird untersucht, ob es mit Hilfe von smarten Technologien und speziell geschulter Betreuung möglich ist, ältere Personen zur Bewegung zu motivieren und so signifikant Einfluss auf gesundheits- und leistungsdefinierende Marker zu nehmen. Dies geschieht in Zusammenarbeit mit Instituten in Österreich und Italien, in den Regionen Salzburg bzw. Pavia.

Auf die Gesundheit im Alter zu achten, ist einerseits individuell als auch seitens der Gesellschaft ein wichtiges Thema. Ein Verlust der Gesundheit, bzw. Einschränkungen darin, bedeuten eine enorme Last für die Betroffenen selbst, wie auch für deren Umgebung und letztlich monetär für die Gesellschaft. Sollte sich der demographische Trend der letzten Jahre weiter fortsetzen, ist weiter von einer generellen Erhöhung der mit Immobilität verbundenen Aufwände auszugehen. Am Beispiel Österreichs, und hier im speziellen des Bundeslandes Salzburgs, kann die Sachlage klar dargestellt werden.

Die Bevölkerung wird älter: Betrug der Anteil der über 65-Jährigen in Österreich 2010 noch 14.9% stieg dieser Anteil binnen 5 Jahren auf 18,5% und wird für 2030 mit 22.8% prognostiziert (Statistik Austria, 2017).
Ältere Menschen benötigen tendenziell mehr Pflege. Der Anteil von über 60-Jährigen im Betreuungssetting beträgt in Österreich ca. 90%, respektive 87% im Bundesland Salzburg (Statistik Austria, 2017).

Die Konsequenzen daraus schlagen sich bereits in verschiedenen Aufwänden im Bereich der Pflege nieder: Der Anteil der Personen die von mobilen Betreuungs- und Pflegediensten betreut wurden stieg in gesamt Österreich von 2011 bis 2015 um 22.293 Personen, in Salzburg um 1.471. Das ergibt für das Bundesland einen Zuwachs von ca. 25% binnen 4 Jahren (Statistik Austria, 2017).

Dieser Bedarfs- und Aufwandssteigerung steht eine auf Bundesebene betrachtet rezessive Entwicklung im Bereich des Betreuungs- und Pflegepersonals gegenüber. Betrugen die Vollzeitäquivalente im mobilen Betreuungs- und Pflegedienst 2011 noch 11.975,5 lag der Stand im Jahre 2015 österreichweit bei 11.864,4.

Es bedarf also an Maßnahmen, die älteren Personen möglichst lange mobil und unabhängig zu erhalten, wobei diese Lösungen weder personal- noch kostenintensiv sein dürfen.

Ob eine Person pflegebedürftig ist kann mittels verschiedener Instrumente erhoben werden. Zu diesem Zweck sind (i)ADL -Listen ((instrumental) Activities of Daily Living), die Items zur Bewältigung basaler, und instrumenteller Tätigkeiten des alltäglichen Lebens abfragen wie z. B. jene von Katz (1968), Lawton und Brody (1969) oder auch Barthel (1965) sehr weit verbreitet (Gilberg, 2000).

Diese Listen erfassen verschiedene Bereiche wie Körperpflege/Hygiene, Mobilität, Haushaltsführung und Ernährung. Während in den Bereichen Haushaltsführung und Ernährung gesundheits- bzw. behinderungsbedingte Beeinträchtigungen nur schwer von sozial erworbenen Schwächen (Bsp: verheiratete Männer die Bestimmtes nie erlernen mussten und somit Defizite aufweisen obwohl sie körperlich dazu in der Lage wären) getrennt erhoben werden können, kann man besonders in den Bereichen Mobilität bzw. außerhäusliche Mobilität von Funktionen sprechen, die durch die körperliche Verfassung der Person determiniert sind. Nebst basalen Tätigkeiten wie Körperhygiene sind es häufig Aktivitäten wie Spazierengehen und Treppensteigen wo über alle Altersgruppen hinweg auffällig viel Hilfeleistung benötigt wird sowie ein deutlicher Anstieg der betroffenen Personen zu bemerken ist (Gilberg, 2000).

Die physische Leistungsfähigkeit (die durch die Bereiche Spazierengehen und Treppensteigen gut dargestellt werden kann) kann und soll durch langfristige, regelmäßige Bewegung und körperliches Training, das mehrere Dimensionen der motorischen Fähig- und Fertigkeiten berücksichtigt, bis ins hohe Alter trainiert und verbessert werden (Binder et al., 2002; Daniels et al., 2008; Illig und Pfeffer, 2010; Theou et al., 2011).

Um eine nachhaltiges Erhalten der physischen Fähigkeiten zu bewirken, muss demnach eine dauerhafte Verhaltensänderung angestrebt werden. Orientiert an Fuchs (2003) ist es wichtig Maßnahmen bezüglich der Determinanten des Verhaltens betreffend zu entwickeln, um eine Änderung im Verhaltensmuster zu initiieren. Um Personen der älteren Zielgruppe zu erreichen und sie beim Entwickeln eines dauerhaften, aktiven Lebensstils, der mehr allgemeine Bewegung und multidimensionales Training beinhalten sollte, zu unterstützen, wird demnach ein partizipativer Ansatz gewählt. D. h., die Pflegenden, egal ob es sich um MitarbeiterInnen professioneller Betreuungsdienste, Familienangehörige oder Freiwillige handelt, werden in die Intervention miteinbezogen.

Im vorliegenden Projekt wird das Gemeinsame adressiert. So wird es den zu Betreuenden, Verwandten, Freiwilligen und dem Betreuungspersonal ermöglicht z. B. Trainingsübungen zusammen auszuführen. Das Betreuungspersonal ist an der Erhebung der physischen Fitness beteiligt, kann also auf diese Weise positiv in den Prozess eingebunden werden. Über diese Art der sozialen Unterstützung wird die Verhaltensänderung der zu pflegenden Personen vermehrt unterstützt (siehe Abbildung 13-1).

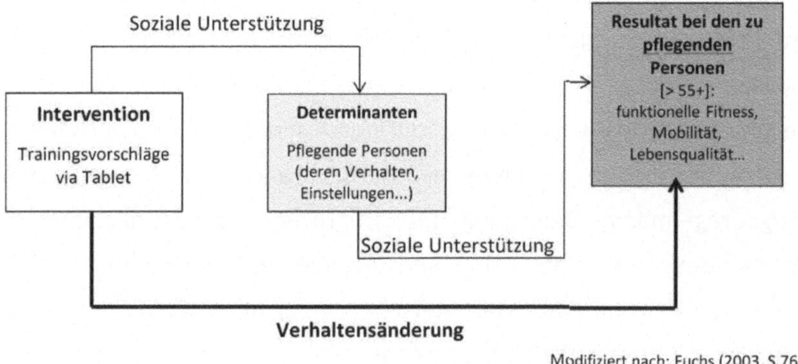

Abb. 13-1 Modell der Verhaltensänderung in Care in Movement (nach Fuchs, 2003).

Lösungen die mithilfe smarter Technologien arbeiten, können Rahmenbedingungen dieser Art liefern. Tragbare Sensorik wie Tablets, Smartwatches und Wearables wie z. B. Handgelenksbänder, sind beim jungen Teil der Bevölkerung und der im Arbeitsalltag verankerten Personen bereits alltägliche Gebrauchsgegenstände und machen mittlerweile auch vor Altenheimen nicht mehr halt.

Möglichkeiten die AAL (Active Assisted Living, siehe Kapitel 3 „Active Assisted Living – Beiträge zur Mensch-Computer Interaktion zum gesunden Altern" und 11, „Sarkopenie vorbeugen im betreuten Wohnen") Komponenten zu integrieren rücken immer mehr in den Fokus der Forschung, da ihnen enormes Potential im Bewältigen der Probleme, die der eingangs beschriebene soziale Wandel mit sich bringt, zugeschrieben wird (Schneider, 2011).

Dass ältere Personen neuen Technologien gegenüber durchaus positiv eingestellt und aufgeschlossen sind, konnte in diversen Studien (Demiris, 2004; Steele et al.; 2009) bereits bestätigt werden. Im CiM Projekt wurden während der Planungsphase detaillierte Akzeptanztests durchgeführt, um modifizierbare Elemente an die Bedürfnisse der Älteren anpassen und so möglicherweise die Konformität erhöhen zu können.

Die in der Studie genutzten „smart Technologies" sind Tablets mit eigens entwickelter Bedienungsoberfläche und tragbare Sensoren für das Handgelenk (Fitnesstracker), die z. B. die zurückgelegte Strecke inklusive der dafür benötigten Schritte aufzeichnen.

Um die Willigkeit von Personen Trainingsvorschlägen nachzukommen zu erhöhen (Marcus, 1998), bedient sich die am Tablet inkludierte Fitness-Applikation einer Software mittels derer es für sportwissenschaftlich ausgebildete Personen möglich ist, Basisprogramme vorzubereiten und diese einzelnen Personen je nach Leistungslevel zuzuweisen. Auf diese Weise wird eine quasi-individuelle Trainingsplanung vorgenommen, die individuelle Leistungsniveaus berücksichtigt und dennoch zeiteffizient gestaltet werden kann.

Studiendesign „Care in Movement"

Die international angelegte Feldstudie wird im Bundesland Salzburg sowie der italienischen Region Pavia durchgeführt. In beiden Regionen werden derzeit jeweils 60 Personen im Alter von 55-85 Jahren für Interventions- wie auch Kontrollgruppe rekrutiert.

Der Zeitraum des Feldtestes wird mit 8 Monaten festgelegt. In den Monaten April, August und Dezember werden von den geschulten Pflegekräften Erhebungen in beiden Gruppen durchgeführt, mittels denen anthropometrische Kenngrößen (z. B. Bauchumfang, Körpergröße) wie auch Parameter der funktionellen Fitness aufgenommen werden. Basierend auf den Ergebnissen dieser Messungen erhalten die zu Betreuenden der Interventionsgruppe quasi-individualisierte Trainingsvorschläge auf die bereitgestellten Tablets, die sie dort jederzeit auch selbständig aufrufen können. Die Pflegenden der Interventionsgruppe (IG) sind angehalten mindestens zweimal pro Woche bei den Trainingsvorschlägen unterstützend zur Seite zu stehen.

Familienmitglieder der ProbandInnen der IG sind ebenfalls eingeladen die Trainingsvorschläge gemeinsam mit den zu Betreuenden durchzuführen. ProbandInnen sowie Betreuungspersonal der Kontrollgruppen sind naturgemäß von der Intervention ausgenommen. In der Kontrollgruppe (KG) erfolgt ausschließlich die Erhebung der Kenngrößen. Das Betreuungspersonal der KG ist angehalten die Betreuung wie üblich fortzusetzen.

Zeitschiene/Erhebungszeitpunkte:

PRE-Test	Interventions-	INTER-Test	Interventions-	POST-Test
April 2017	phase 1	August 2017	phase 2	Dezember 2017

Erste Ergebnisse zur Effektivität der Intervention werden im Herbst 2017 erwartet.

Die Erkenntnisse dieser Studie können dazu beitragen, dass AAL-gestützte Interventionen, die auch körperliches Training beinhalten, im Setting der Pflege mehr Beachtung erfahren. Kommt die Studie zu positiven Ergebnissen könnte ein wichtiger Meilenstein hin zum "gesunden Alter" gelegt werden.

Literatur

Barthel DW (1965): *Functional evaluation: the Barthel index, Maryland State.* Med J 14, 16-65

Binder EF, Schechtman KB, Ehsani AA et al. (2002): *Effects of exercise training on frailty in community-dwelling older adults: results of a randomized, controlled trial.* J Amer Geriatrics Soc 50, 1921-1928

Daniels R, van Rossum E, de Witte L et al. (2008): *Interventions to prevent disability in frail community-dwelling elderly: a systematic review.* BMC Health Serv Res 8, 278

Demiris G, Rantz MJ, Aud MA et al (2004): *Older adults' attitudes towards and perceptions of 'smart home' technologies: a pilot study.* Med Informat Internet Med 29, 87-94

Fuchs R (2003): *Sport, Gesundheit und Public Health.* In: Strauß, B., Schlicht, W, Munzert, J., und Fuchs, R. (Hrsg.). Sportpsychologie, Bd.1. Göttingen, Bern, Toronto, Seattle: Hogrefe

Gilberg R (2000): *Hilfe-und Pflegebedürftigkeit im höheren Alter: eine Analyse des Bedarfs und der Inanspruchnahme von Hilfeleistungen.* Max-Planck-Institut für Bildungsforschung

Illig C und Pfeffer I (2010): *Fördert ein multidimensionales Gesundheitssportprogramm kognitive und motorische Fähigkeiten im höheren Erwachsenenalter?* Sportwissenschaft 40, 110-119

Katz S, Ford AB, Moskowitz RW et al (1968): *Studies of illness in the aged. The index of ADL: A standardized measure of biological and social functioning.* J Amer Med Assoc 185, 94

Lawton MP, Brody EM (1969): *Assessment of older people: self-maintaining and instrumental activities of daily living.* Gerontologist 9, 179-186

Marcus BH, Bock BC, Pinto BM et al. (1998): *Efficacy of an individualized, motivationally-tailored physical activity intervention.* Ann Behav Med 2, 174-180

Schmidt L, Majcen K, Borrmann M et al. (2015): *Potenzial von AAL-Lösungen in der häuslichen Pflege aus Sicht der primären, sekundären und tertiären AnwenderInnen.* In AAL-Kongress 2015. VDE VERLAG GmbH

Schneider U, Schober F und Harrach B (2011): *Ambient Assisted Living (AAL)-Technologien im betreubaren Wohnen"-Wissenschaftliche Evaluierung des Pilotprojektes" REAAL" im Hinblick auf sozialpolitische Zielsetzungen.WU Wien*

Steele R, Lo A, Secombe C et al. (2009): *Elderly persons' perception and acceptance of using wireless sensor networks to assist healthcare.* Internat J Med Inform 78, 788-801

Theou O, Stathokostas L, Roland KP et al (2011): *The effectiveness of exercise interventions for the management of frailty: a systematic review.* J Aging Res, 2011, 569194

14 Ventilatorische Indizes und Fettstoffwechsel

Martin Pühringer

Mit zunehmendem Alter steigt die Prävalenz zahlreicher Erkrankungen und gesundheitlicher Risikofaktoren (z. B. Herz-Kreislauf-Erkrankungen, Metabolisches Syndrom, Typ-2-Diabetes, Bluthochdruck, Adipositas, Fettstoffwechselstörung).

Durch regelmäßige körperliche Aktivität werden kardiovaskuläre und metabolische Funktionen verbessert und eine hohe kardiorespiratorische Fitness (CRF, beschreibt die Fähigkeit der Atmung und des Blutkreislaufs den Körper mit Sauerstoff zu versorgen) senkt die Mortalität bei Personen mit oben genannten Erkrankungen und Risikofaktoren (Colberg et al., 2010; Moffatt und Stamford, 2006).

Ein wichtiges Ziel in der Prävention und Therapie dieser Erkrankungen ist daher die Erhöhung der CRF, wobei die Frage nach der optimalen Intensität und dem optimalen Umfang der körperlichen Aktivität nach wie vor nicht eindeutig geklärt ist. In Trainingsstudien wurden interindividuelle Differenzen hinsichtlich der belastungsinduzierten Veränderungen von Kenngrößen für die kardiorespiratorische Fitness (wie der maximalen Sauerstoffaufnahme und der Sauerstoffaufnahme an ventilatorischen Indizes) festgestellt. Diese Differenzen sind auf Unterschiede hinsichtlich der Studienpopulation, genetischer Faktoren und der Belastungsintensität in Relation zu den ventilatorischen Indizes zurückzuführen (Gaskill et al., 2001; Ring-Dimitriou et al., 2014).

Ventilatorische Indizes sind Kenngrößen, welche einen Hinweis auf das Stoffwechselgeschehen (z. B.: aerober vs. anaerober Energiestoffwechsel) während körperlicher Belastung geben und mittels Gasstoffwechselmessung bei einem progressiv ansteigenden Belastungstest am Fahrradergometer bestimmt werden. Die Herzfrequenz bzw. Leistung an den verschiedenen ventilatorischen Indizes wird zur Belastungssteuerung eingesetzt, um gezielt bestimmte Stoffwechselvorgänge im Training auszulösen. In der wissenschaftlichen Literatur hat sich ein 3-Phasen-Modell mit den zwei ventilatorischen Indizes „Anaerobe Schwelle (Anaerobic Threshold, AT)" und „Respiratorischer Kompensationspunkt (Respiratory Compensation Point, RCP)" etabliert (eine Übersicht zu diesem Modell liefern Westhoff et al., 2013).

Die AT beschreibt jene Belastungsintensität, an welcher aerobe Stoffwechselprozesse nicht mehr ausreichend Energie für die erforderlichen Muskelkontraktionen zur Verfügung stellen können und deshalb anaerobe Stoffwechselprozesse zunehmen. Dies führt zu einem Anstieg der H^+-Ionen (Protonen) im Blut, welche über das Kohlensäure-Bikarbonat-Puffersystem (wichtigste Reaktion im Blut um pH Schwankungen auszugleichen) gepuffert werden und somit zu einem überproportionalen Anstieg der Kohlendioxid Abgabe (VCO_2) gegenüber der Sauerstoffaufnahme (VO_2) führen. In diesem 3-Phasen-Modell wird die AT mit dem „Punkt des optimalen Wirkungsgrades der Atmung" (POW) gleichgesetzt, welcher definiert ist als Beginn des überproportionalen Anstiegs der Ventilation (VE) gegenüber der VO_2 (Hollmann, 1959). Es wurden Unterschiede in der VO_2 und der Leistung an den ventilatorischen Indizes AT und POW gefunden, wobei diese Differenz mit zunehmender CRF größer wird (Koch, 2010; Tschentscher und Ring-

Dimitriou, 2010). Dieser zunehmende Unterschied könnte auf einen Prozess der Ökonomisierung der Atmung mit zunehmender CRF zurückzuführen sein und soll im Zuge dieser Forschungsarbeit erforscht werden.

Bei Bewegungsprogrammen in der Prävention und Therapie von Adipositas oder dem Metabolischem Syndrom spielt die Steigerung der Fettoxidation eine wichtige Rolle. Es konnte gezeigt werden, das die aerobe Kapazität (beschreibt die Fähigkeit des Energiestoffwechsels, die für die Belastungsintensität erforderliche Energie über aerobe Stoffwechselprozesse bereit zu stellen) in Zusammenhang mit der Fettoxidationsrate steht und durch Training steigt (Brooks und Mercier, 1994). Die Beschreibung des Zusammenhangs zwischen den ventilatorischen Indizes (als Kenngrößen für die aerobe Kapazität) und dem Fettstoffwechsel ist ein weiteres Ziel dieser Forschungsarbeit.

Methodik

Die Datenerhebung erfolgt im Zuge der epidemiologischen Studie Paracelsus 10.000 (Salk, 2016). Mit Ende des Jahres 2017 sind ca. 1000 Datensätze von Studienteilnehmern im Alter zwischen 50 und 60 Jahren zur Analyse verfügbar.

Im Anschluss folgt eine Auswahl der durchgeführten Untersuchungen und Analysen:

- Spiroergometrie inklusive Belastungs-EKG, Blutdruck und Sauerstoffsättigung
- 7 Tage Bewegungs-Monitoring mittels Bewegungssensor
- Anthropometrische Messungen (Größe, Gewicht, Bauchumfang)
- Körperzusammensetzung (Bioelektische Impedanzanalyse, BIA)

- Glukose Toleranz Test (GTT) sowie Abnahme von Blut-, Harn- und Stuhlproben

- Anamnesegespräch, Fragebögen zu Lebensstil, Ernährung und Bewegungsverhalten

Die Auswertung der ergospirometrischen Daten erfolgt mithilfe einer softwaregestützten mathematischen Bestimmungsmethode (in Anlehnung an Wisén und Wohlfart, 2004), welche für die vorliegende Forschungsarbeit entwickelt und validiert wird. Mittels indirekter Kalorimetrie und stöchiometrischer Gleichungen werden die verschiedenen Kenngrößen der Fettoxidation bestimmt (in Anlehnung an Cheneviere, Malatesta, Peters, und Borrani, 2009).

Die vorliegende Forschungsarbeit soll das Verständnis über die Stoffwechselvorgänge während körperlicher Belastung vertiefen und dazu beitragen, effiziente und individuell angepasste Trainingsempfehlungen für die Therapie und Prävention von Erkrankungen zu liefern, um ein gesundes Altern zu ermöglichen.

Literatur

Brooks GA und Mercier J (1994): *Balance of carbohydrate and lipid utilization during exercise: the "crossover" concept.* J Appl Physiol 76, 2253–2261

Cheneviere X, Malatesta D, Peters EM et al. (2009): *A mathematical model to describe fat oxidation kinetics during graded exercise.* Medicine and Science in Sports and Exercise 41, 1615–1625

Colberg S, Albright A, Blissmer et al. (2010): *Exercise and type 2 diabetes: American College of Sports Medicine and the American Diabetes Association: joint position statement. Exercise and type 2 diabetes.* Medicine und Science in Sports und Exercise 42, 2282–2303

Gaskill SE, Ruby BC, Walker J et al. (2001). *Validity and reliability of combining three methods to determine ventilatory threshold.* Medicine and Science in Sports and Exercise 33, 1841–1848

Hollmann W (1959): *The relationship between pH, lactic acid, potassium in the arterial and venous blood, the ventilation, PoW and puls frequency during increasing spirometric work in endurance trained and untrained persons.* In 3rd Pan-American Congress for Sports Medicine. Chicago.

Koch R (2010): *Der Zusammenhang der „Ventilatory Thresholds" als Marker der Ausdauerleistungsfähigkeit mit der absoluten und relativen Fettverbrennung.* Unveröffentlichte Diplomarbeit. Paris Lodron-Universität Salzburg.

Moffatt RJ und Stamford B (2006): *Lipid metabolism and Health.* Boca Raton: Taylor und Francis

Ring-Dimitriou S, Kedenko L, Kedenko et al. (2014): *Does Genetic Variation in PPARGC1A Affect Exercise- Induced Changes in Ventilatory Thresholds and Metabolic Syndrome?* JEPonline 17, 1–18

Salk (2016): *Paracelesus Studie.* Retrieved February 22, 2017, from http://www.salk.at/12103.html

Tschentscher M und Ring-Dimitriou S (2010): *Reliability of respiratory thresholds and relation to fat oxidation in untrained young adults.* Saarbrücken: VDM Verlag Dr. Müller

Westhoff M, Rühle KH, Greiwing A et al. (2013): *Ventilatorische und metabolische (Laktat-) Schwellen: Positionspapier der Arbeitsgemeinschaft Spiroergometrie.* Deutsche Medizinische Wochenschrift 138, 275–280

Wisén AGM und Wohlfart B (2004): *A refined technique for determining the respiratory gas exchange responses to anaerobic metabolism during progressive exercise - repeatability in a group of healthy men.* Clin Physiol Funct Imag 24, 1–9.

15 Altersbedingte Veränderung schlafspezifischer Gehirnoszillation

Michael Hahn, Kerstin Hödlmoser

Jeden Tag verlieren wir durch den Schlaf im Durchschnitt acht Stunden unser Bewusstsein. Hierbei werden in einem 90 minütigen Zyklus zunächst die „Non-Rapid Eye Movement" Phasen (NREM-1, 2, 3) mit zunehmender Schlaftiefe durchschritten. Beendet wird jeder Zyklus mit dem „Rapid Eye Movement Schlaf" (REM), der sich durch rasche Augenbewegungen auszeichnet. Neben der erholenden Funktion des Schlafes (Siegel, 2005), ist Schlaf ein Zustand der durch die Weiterverarbeitung und Reaktivierung von neu gelernten Inhalten, die Gedächtniskonsolidierung begünstigt (Diekelmann und Born, 2010). Dies bedeutet, dass neu Gelerntes und Erlebtes im Langzeitgedächtnis verfestigt wird. Allerdings ist der Schlaf über das Altern hinweg keinesfalls konstant. So ist der Übergang vom Kindes- zum Erwachsenenalter gekennzeichnet durch eine Abnahme der Gesamtschlafzeit und des Tiefschlafes (Ohayon, Carskadon, Guilleminault, und Vitiello, 2004). Gleichzeitig kommt es in dieser Übergangsphase zur Manifestierung verschiedener psychischer Störungen, wie beispielsweise Schizophrenie oder Depression, die mit Schlafproblemen einhergehen (Kessler et al., 2012; Tesler, Gerstenberg, und Huber, 2013). In Anbetracht dieser Befundlage sollte die Schlafforschung vermehrt zur Untersuchung des erfolgreichen Alterns sowie generell in der Alternsforschung berücksichtigt werden.

Schlafspindeln

Veränderungen des Schlafes in der Pubertät zeigen sich nicht nur auf der Makroebene (Abnahme der Schlafdauer und des Tiefschlafanteils), sondern auch auf der Mikroebene, welche sich durch eine markante Veränderung der Gehirnoszillationen während des Schlafes auszeichnen. Die in thalamo-kortikalen Schaltkreisen generierten Schlafspindeln (11 - 15 Hz) treten insbesondere im Leichtschlafstadium (NREM-2) auf (Abbildung 15-1). Schlafspindeln können basierend auf ihrer Frequenz und Lokation in langsame, frontale Spindeln (11 - 13 Hz) und schnelle, zentro-parietale Spindeln (13 - 15 Hz) eingeteilt werden (De Gennaro und Ferrara, 2003; Steriade, 1999; Zeitlhofer et al., 1997). Bisherige Forschungsbefunde deuten darauf hin, dass Schlafspindeln unter anderem mit Gedächtniskonsolidierung und kognitiven Fähigkeiten im Zusammenhang stehen (Bodizs et al., 2005; Hoedlmoser et al., 2014; Schabus et al., 2004). Bei Jugendlichen mit einem Ausbruch der Schizophrenie in der Pubertät konnte eine von der Norm abweichende topographische Verteilung der Schlafspindeln gezeigt werden (Tesler et al., 2015). Bezüglich der Entwicklung der Schlafspindeln wurden bereits altersbedingte Veränderungen in Anzahl, Dichte und Frequenz in Querschnittsstudien berichtet (Nicolas, Petit, Rompre, und Montplaisir, 2001). Zusammenfassend werden Schlafspindeln in all diesen vorangegangenen Studien unter anderem als ein Gradmesser für ein korrekt funktionierendes thalamo-kortikales Netzwerk diskutiert.

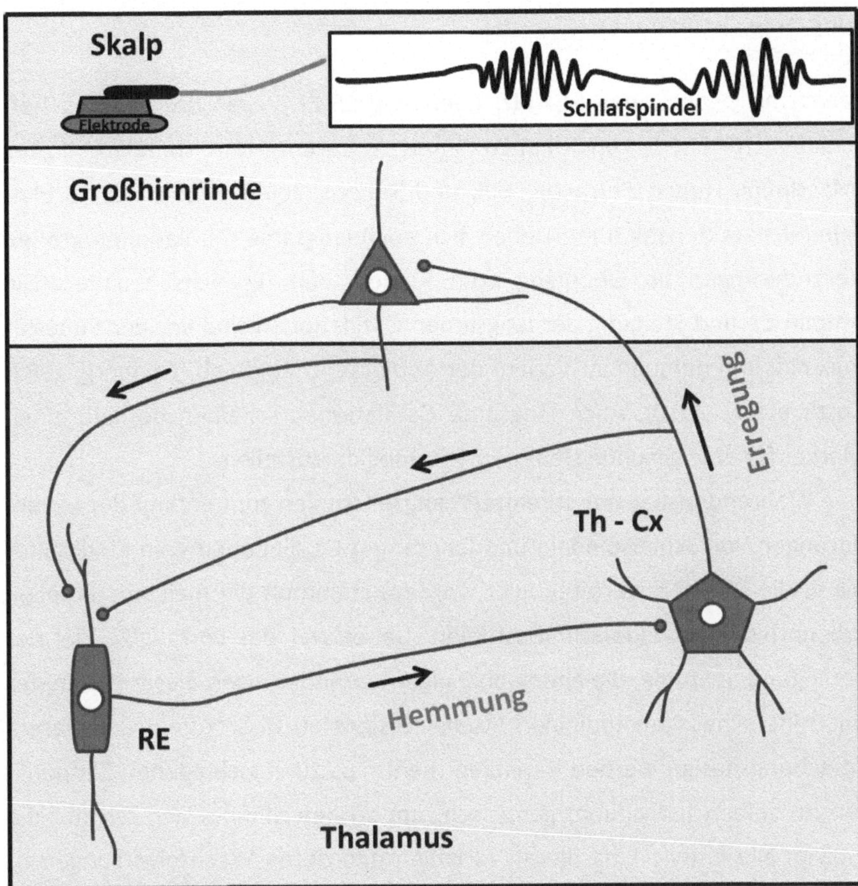

Abb. 15-1 Generation der Schlafspindeln durch das Zusammenspiel von retikulären (RE) und thalamokortikalen Neuronen (Th – Cx) im Thalamus. Die retikulären Neuronen üben eine rhythmische Hemmung (inhibitorisches post-synaptische Potential) auf die thalamo-kortikalen Neuronen aus. In dem Zeitfenster ohne Hemmung, leiten die thalamo-kortikalen Neuronen eine Erregung (exzitatorische post-synaptische Potential) weiter zu den Pyramidalzellen in der Großhirnrinde. Diese Erregung wird durch am Skalp angebrachte Elektroden im EEG als Schlafspindel sichtbar (adaptiert aus Amzica und Steriade, 2000).

Langsame Oszillationen

Langsame Oszillationen (< 1 Hz, Abbildung 15-2) prägen das Bild des Tiefschlafes (NREM-3) und haben ihren Ursprung im frontalen Kortex (Massimini, Huber, Ferrarelli, Hill, und Tononi, 2004). Ähnlich der Schlafspindelcharakteristik, unterziehen sich auch langsame Oszillationen großen Veränderungen im Übergang vom Kindes- zum Erwachsenenalter. Die Amplitude und Steigung der langsamen Oszillationen sind vor der Pubertät maximal und nehmen im Verlauf der Adoleszenz rapide ab (Feinberg, 1982; Kurth et al., 2010). Auch langsame Oszillationen scheinen deshalb einen Marker für eine gesunde Gehirnentwicklung darzustellen.

Während bisher nur vereinzelt Langzeitstudien zum Verlauf der Veränderungen von Schlafspindeln und langsamen Oszillationen vom Kindesalter bis in die Pubertät veröffentlicht wurden, stammen die meisten aktuellen Erkenntnisse aus Querschnittsstudien. Daher war das vorrangige Ziel der vorliegenden Studie, die altersabhängigen Veränderungen dieser Parameter mit Hilfe eines longitudinalen Studiendesigns zu überprüfen. Bei diesem Forschungsdesign werden Variablen mehrmals zu verschiedenen Zeitpunkten im selben Individuum gemessen, um so den Einfluss der Zeit auf die individuelle Entwicklung dieser Variablen und deren Wechselwirkungen zu untersuchen (Twisk, 2013).

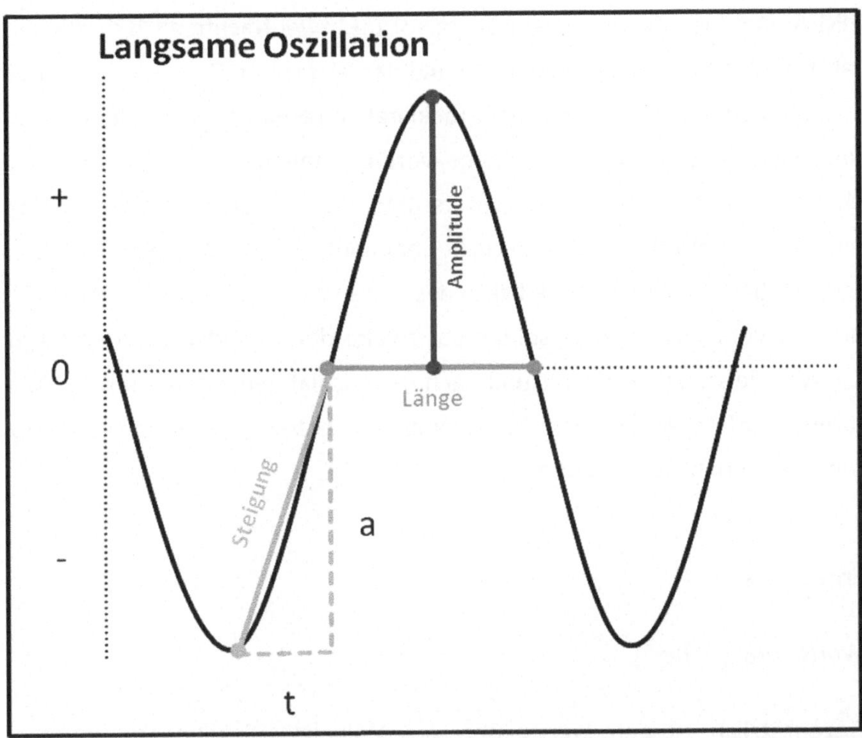

Abb. 15-2 Schematische Darstellung einer langsamen Oszillation im NREM-3. Gekennzeichnet sind die für die vorliegende Untersuchung relevanten Parameter: Amplitude, Steigung und Länge (adaptiert aus Kurth et al., 2010).

Studiendesign

Von ursprünglich 63 gesunden Versuchspersonen (28 weiblich, mittleres Alter = 9,56, SD = 0,76), welche zum ersten Messzeitpunkt (2008 – 2011) untersucht wurden, liegen bisher die Daten von 19 Versuchspersonen sowohl vor der Pubertät (10 weiblich, mittleres Alter = 9,53, SD = 0,77) als auch nach der Pubertät (ca. 6 Jahre später; mittleres Alter = 15,95, SD = 0,97) vor. Das Studiendesign umfasste pro Versuchsperson insgesamt vier

EEG-Aufnahmen: jeweils zwei Nächte vor und zwei Nächte nach der Pubertät. Die Aktivität der Schlafspindeln und der langsamen Oszillationen wurde zwischen einer Experimentalnacht (deklarative Lernaufgabe vor dem Schlaf) und einer Gewöhnungsnacht (ohne vorangegangene Lernaufgabe) verglichen. Vor der Experimentalnacht lernten die Versuchspersonen ähnlich einem Vokabeltest semantisch nicht verwandte Wortpaare (z. B. „Meise - Blech"). Beim Abruf wurde lediglich das erste Wort präsentiert („Meise - ?") und die Versuchspersonen sollten das zweite dazugehörige Wort erinnern. Die Abrufleistung wurde vor und nach dem Schlaf gemessen. Im präpubertären Alter lernten die Versuchspersonen eine Liste von 50, im postpubertären Alter von 80 Wortpaaren.

Ergebnisse

Wortpaaraufgabe

Gegensätzlich zu den Ergebnissen von Wilhelm, Diekelmann und Born (2008), bei denen ein Anstieg der Gedächtnisleistung bei Kindern und Erwachsenen über Nacht festgestellt wurde, verbesserten sich die Versuchspersonen in der vorliegenden Studie weder im präpubertären noch im postpubertären Alter signifikant in der Abrufleistung nach dem Schlaf (Abbildung 15-3a). Ein Grund hierfür könnten Unterschiede in der Wortpaaraufgabe sein. So verwendeten Wilhelm et al. (2008) nur 20 Wortpaare und ein Lernkriterium von 60%. In der aktuellen Studie stand die Gedächtnisveränderung über Nacht im präpubertären Alter nicht im Zusammenhang mit der Veränderung im postpubertären Alter. Dies bedeutet, dass die Gedächtnisveränderung über Nacht keine stabile Eigenschaft über die 6 Jahre hinweg darstellt. Allerdings zeigten Versuchspersonen mit einer hohen Gedächtnisleistung im präpubertären Alter auch eine hohe Gedächtnisleistung im postpubertären Alter. Darüber hinaus erinnerten die Versuchspersonen signifikant mehr Wortpaare im postpubertären Alter. So scheint die Gedächtnisleistung eine stabile Eigenschaft zu sein, die sich in der Pubertät weiterentwickelt. Ein Ergebnis, das durch die Weiterbildung des Arbeitsgedächtnisses in der Adoleszenz erklärt werden kann (Bunge und Wright, 2007).

Schlafspindeln

Im präpubertären Alter zeigte sich eine höhere langsame als schnelle Spindeldichte sowohl an frontalen als auch an zentralen Elektrodenpositionen (Abbildung 15-3c). Dieser signifikante Unterschied blieb nach der Pubertät nur frontal bestehen, während sich das Muster an den zentralen Positionen umkehrte: Im postpubertären Alter wiesen die Versuchspersonen an den zentralen Elektroden eine höhere schnelle als langsame Spindeldichte auf. Ein gradueller Frequenzanstieg der zentro-parietalen Spindeln zwischen 4 und 24 Jahren wurde bereits berichtet (Shinomiya, Nagata, Takahashi und Masumura, 1999). Entsprechend den vorliegenden Befunden zeigt sich dieser Frequenzanstieg in der Pubertät am stärksten. Zusammenfassend deuten diese Ergebnisse darauf hin, dass sich das typische topografische Spindelmuster erst in der Pubertät ausbildet (Zeitlhofer et al., 1997). Vorangegangene Studien fanden bei präpubertären Kindern eine höhere Spindelaktivität (Anzahl und Amplitude) im frontalen als im zentro-parietalen Bereich. In der frühen Adoleszenz erhöht sich die frontale Spindelfrequenz abrupt (Nagata, Shinomiya, Takahashi und Masumura, 1996; Scholle, Zwacka und Scholle, 2007; Shinomiya et al., 1999). Passend dazu wurde auch in der aktuellen Studie ein frontaler Anstieg in der schnellen Spindeldichte im postpubertären Alter beobachtet, welcher den zuvor berichteten Frequenzanstieg zu repräsentieren scheint. Diese Veränderungen in der Spindelcharakteristik lassen auf eine Weiterentwicklung von thalamo- und kortikokortikalen Netzwerken in der Pubertät schließen (Doran, 2003).

Langsame Oszillationen

Konform mit den Ergebnissen von Kurth et al. (2010) sowie Campbell und Feinberg (2009) wurden auch in der vorliegenden Untersuchung im präpubertären Alter signifikant mehr langsame Oszillationen detektiert als im postpubertären Alter. Des Weiteren verringerten sich die Steigung und Amplitude der langsamen Oszillationen bis ins postpubertäre Alter, während sich die Länge signifikant erhöhte (Abbildung 15-3b). Zeitgleich zur Abnahme der Amplitude und Steigung der langsamen Oszillationen reduziert sich durch die Ausdünnung der Synapsen in der Pubertät die graue Masse im Gehirn (Huttenlocher und Dabholkar, 1997). Es wird angenommen, dass durch diese strukturelle und funktionelle Veränderung ein effizienteres und effektiveres kortikales Netzwerk entsteht. Beispielsweise konnte gezeigt werden, dass die Abnahme der langsamen Oszillationen in der Pubertät in Verbindung mit der Leistungssteigerung in einer visiomotorischen Aufgabe steht (Lustenberger et al., 2016). Das könnte auch den gefunden Anstieg der Gedächtnisleistung in der aktuellen Studie erklären.

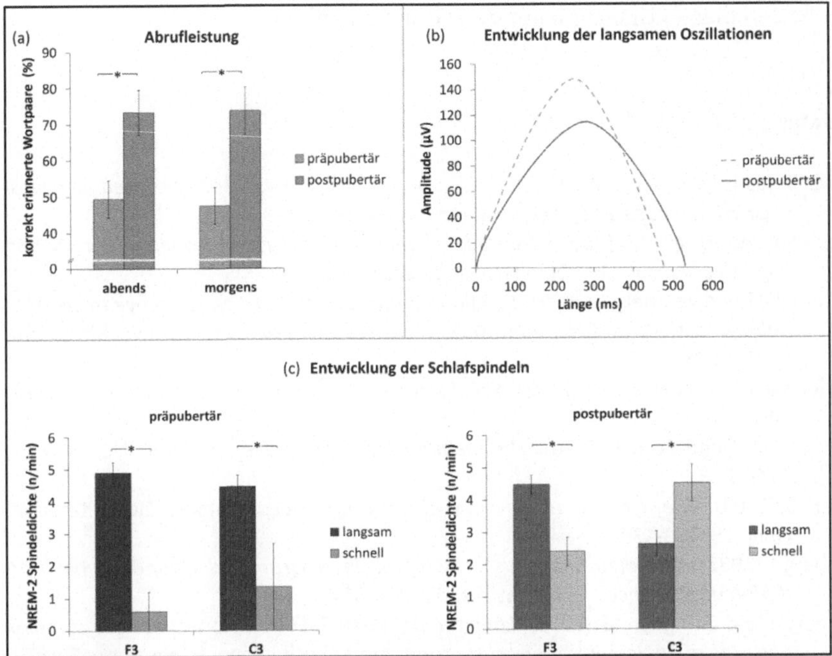

Abb. 15-3 (a) Mittelwerte und Standardfehler der korrekt erinnerten Wortpaare in Prozent am Abend und am Morgen im prä- und postpubertären Alter. (b) Schematische Darstellung der Veränderungen der langsamen Oszillationen in der Pubertät. (c) Entwicklung der Schlafspindeldichte im Schlafstadium NREM-2 an den Elektrodenpositionen F3 und C3, getrennt nach langsamen und schnellen Spindeln für beide Untersuchungszeitpunkte.

Zusammenfassung

Die Ergebnisse der vorliegenden Längsschnittstudie verdeutlichen, dass die Pubertät eine Phase darstellt, in der sich das Gehirn massiven Veränderungen unterzieht, wodurch ein effektiveres neuronales Netzwerk entstehen kann. Demnach ist anzunehmen, dass die Pubertät eine vulnerable Phase in der Gehirnentwicklung darstellt, in welcher psychische Störungen auftreten und sich manifestieren können (Kessler et al., 2012). Normative Daten von gesund entwickelten Versuchspersonen wie von der aktuellen Studie können helfen diesen Ursachen auf den Grund zu gehen.

Literatur

Bodizs R, Kis T, Lazar AS et al. (2005): *Prediction of general mental ability based on neural oscillation measures of sleep.* J Sleep Res 14, 285-292

Bunge SA und Wright SB (2007): *Neurodevelopmental changes in working memory and cognitive control.* Curr Opin Neurobiol 17, 243-250

Campbell IG und Feinberg I (2009): *Longitudinal trajectories of non-rapid eye movement delta and theta EEG as indicators of adolescent brain maturation.* PNAS 106, 5177-5180

De Gennaro L und Ferrara M (2003): *Sleep spindles: an overview.* Sleep Med Rev 7, 423-440

Diekelmann S und Born J (2010): *The memory function of sleep.* Nat Rev Neurosci 11, 114-126.

Doran S (2003): *The dynamic topography of individual sleep spindles.* Sleep Research Online 5; 133-139

Feinberg I (1982): *Schizophrenia: caused by a fault in programmed synaptic elimination during adolescence?* J Psychiatr Res 17, 319-334

Feinberg I und Campbell IG (2013). *Longitudinal sleep EEG trajectories indicate complex patterns of adolescent brain maturation.* Am J Physiol Regul Integr Comp Physiol, 304, R296-303

Hödlmoser K, Heib DP, Roell, J., et al. (2014). *Slow sleep spindle activity, declarative memory, and general cognitive abilities in children.* Sleep 37, 1501-1512

Huttenlocher PR und Dabholkar AS (1997): *Regional differences in synaptogenesis in human cerebral cortex.* J Comp Neurol 387, 167-178

Kessler RC, Avenevoli S, Costello EJ et al. (2012): *Prevalence, persistence, and sociodemographic correlates of DSM-IV disorders in the National Comorbidity Survey Replication Adolescent Supplement.* Arch Gen Psychiatry, 69, 372-380

Kurth S, Jenni OG, Riedner BA, et al. (2010): *Characteristics of sleep slow waves in children and adolescents.* Sleep 33, 475-480

Lustenberger C, Mouthon AL, Tesler N et al. (2016): *Developmental trajectories of EEG sleep slow wave activity as a marker for motor skill development during adolescence: a pilot study.* Dev Psychobiol 59, 5-14

Massimini M, Huber R, Ferrarelli F, et al. (2004): *The sleep slow oscillation as a traveling wave.* J Neurosci 24, 6862-6870

Nagata K, Shinomiya S, Takahashi K et al. (1996): *[Developmental characteristics of frontal spindle and centro-parietal spindle].* No To Hattatsu 28, 409-417

Nicolas A, Petit D, Rompre S et al. (2001): *Sleep spindle characteristics in healthy subjects of different age groups.* Clin Neurophysiol 112, 521-527

Ohayon MM, Carskadon MA, Guilleminault C et al. (2004): *Meta-analysis of quantitative sleep parameters from childhood to old age in healthy individuals: developing normative sleep values across the human lifespan.* Sleep 27, 1255-1273

Schabus M, Gruber G, Parapatics S et al. (2004): *Sleep spindles and their significance for declarative memory consolidation.* Sleep 27, 1479-1485

Scholle S, Zwacka G und Scholle HC (2007): *Sleep spindle evolution from infancy to adolescence.* Clin Neurophysiol 118, 1525-1531

Shinomiya S, Nagata K, Takahashi K und Masumura T (1999): *Development of sleep spindles in young children and adolescents.* Clin Electroencephalogr 30, 39-43

Siegel JM (2005): *Clues to the functions of mammalian sleep.* Nature 437, 1264-1271

Steriade M (1999): *Coherent oscillations and short-term plasticity in corticothalamic networks.* Trends Neurosci 22, 337-345

Tesler N, Gerstenberg M, Franscini M et al. (2015): *Reduced sleep spindle density in early onset schizophrenia: a preliminary finding.* Schizophr Res 166, 355-357

Tesler N, Gerstenberg M und Huber R (2013): *Developmental changes in sleep and their relationships to psychiatric illnesses.* Curr Opin Psychiatry 26, 572-579

Twisk JWR (2013): *Applied Longitudinal Data Analysis for Epidemiology: A Practical Guide,* 2nd Edition. Applied Longitudinal Data Analysis for Epidemiology: A Practical Guide, 2nd Edition 1-321

Wilhelm I, Diekelmann S und Born J (2008): *Sleep in children improves memory performance on declarative but not procedural tasks.* Learn Mem 15, 373-377

Zeitlhofer J, Gruber G, Anderer P et al. (1997) *Topographic distribution of sleep spindles in young healthy subjects.* J Sleep Res 6, 149-155

16 Das Gesundheitsförderungsprojekt Fidelio
– Gesundheitsförderung und Prävention im Alter

Anton-Rupert Laireiter, Margit Somweber

Gesundheitsförderung und Prävention haben sich in den letzten beiden Jahrzehnten als wichtige Strategien der Gesundheitsversorgung etabliert und wurden so auch zentrale Gegenstände der öffentlichen Gesundheitsvorsorge und der Kassenversorgung.

Seit 2010 unterstützt der Hauptverband aufbauend auf dem EU-Projekt „Health pro Elderly" (*www.healthproelderly.com*) Initiativen zur Förderung der Gesundheit und Prävention von Krankheiten bei Menschen, die sich in der zweiten Lebenshälfte befinden. In diese sind verschiedene öffentliche und private Krankenversicherungen involviert, u.a. auch die Salzburger Gebietskrankenkasse, die zusammen mit dem Fachbereich Psychologie der Universität Salzburg das Gesundheitsförderungs- und Präventionsprojekt „Fidelio" entwickelt hat und seit 2013 betreibt.

Den äußeren Rahmen dieses Projekts stellen strategische Handlungsempfehlungen und ein Maßnahmenkatalog mit dem Titel *„Gesundheitsförderung und Prävention mit Frauen und Männern ab 50"* dar. Der Maßnahmenkatalog gibt die zentralen Themen dieser Initiative vor: Gesunde Ernährung, Bewegung, Fall- und Unfallvermeidung, Prävention von Alkohol- und Tabakmissbrauch, soziale Beziehungen und soziales Kapital, psychische Gesundheit, Medikamentengebrauch, Ruhestand und Vorruhestand, gesundheitsfördernde Hausbesuche und Einbindung pflegender Angehöriger in Prävention und Gesundheitsförderung (Laireiter und Somweber, 2014).

Das Projekt selbst und seine Entwicklung sind ausführlich in der Arbeit von Laireiter und Somweber (2014) dokumentiert. Der vorliegende Beitrag schließt an diese Publikation an und gibt einen Überblick über die bisher durchgeführten Entwicklungen und Studien und berichtet über die konkrete Umsetzung der Maßnahmen im Rahmen des öffentlichen Roll-out.

Gesundheitsförderung und Prävention als Ansätze der Gesundheitsversorgung

Gesundheitsförderung

Gesundheitsförderung als Konzept geht auf den Ansatz der Salutogenese von Aaron Antonovsky zurück, der sich nach Studien an KZ-Überlebenden in den 1970er Jahren fragte, wie entsteht Gesundheit und was hält sie aufrecht. Dieser Ansatz wurde in den 1980er Jahren von der WHO aufgegriffen und floss 1986 in die „Ottawa-Konferenz" der WHO ein, in der nicht nur Gesundheitsförderung als Konzept, sondern auch ein erweiterter Gesundheitsbegriff geprägt wurden (Franke, 2012). Entsprechend dem WHO-Programm ist unter Gesundheitsförderung „ein umfassender sozialer und politischer Prozess ..." [zu verstehen, der nicht nur] ... „Maßnahmen zur Stärkung der individuellen Kompetenzen, sondern auch Aktivitäten zur Veränderung der sozialen, wirtschaftlichen und physischen Umweltbedingungen, die zu einer Verbesserung der Gesundheit der Bevölkerung und des Einzelnen beitragen können", umfasst (Naidoo und Wills, 2010, S. 78). Gesundheitsförderung verfolgt entsprechend einen Verhaltens- (Stärkung individueller Gesundheitskompetenzen) und einen Verhältnisansatz (Veränderung von Umweltbedingungen) (Hurrelmann, Klotz und Haisch, 2014).

Prävention

Anders als die Gesundheitsförderung beinhaltet die Prävention kein grundsätzlich alternatives Paradigma, sondern baut auf den Entwicklungen innerhalb der Medizin, insbesondere der Epidemiologie und Sozialmedizin, auf. Ausgangspunkt waren Veränderungen im Krankheitsspektrum seit den 1940er Jahren, indem Krankheiten mit einer langen ätiologischen und pathogenetischen Kette sowie chronische Erkrankungen in ihrer Inzidenz und Prävalenz zunahmen (Perrez und Hilti, 2011). Für diese erschien eine Reduktion der Prävalenz durch präventive Interventionen eine sinnvolle Strategie (Hurrelmann et al., 2010). Idee der Prävention ist es, die ätiologischen (Risiko-) Faktoren von Erkrankungen zu reduzieren und die pathogenetischen Prozesse zu unterbrechen (Perrez und Hilti, 2011).

Genauso wie die Gesundheitsförderung, die primär nicht auf die Ausschaltung von Risikofaktoren, sondern auf die Förderung protektiver und Resilienzfaktoren abzielt, ist die Prävention interdisziplinär angelegt und bezieht die Medizin, Psychologie, Pädagogik und Soziologie gleichermaßen ein (Perrez und Hilti, 2011). War sie ursprünglich auf die Reduktion von Risikofaktoren bezogen, so ist seit den 1990er Jahren auch die Förderung von Ressourcen, Resilienz und protektiven Faktoren Gegenstand derselben, was die Abgrenzung zur Gesundheitsförderung schwer macht.

Gesundheitsförderung und Prävention in der zweiten Lebenshälfte

Lange Zeit war Gesundheitsförderung und Prävention in der zweiten Lebenshälfte kein oder nur ein mit geringem Interesse bedachtes Thema (Röhrle, 2014), obwohl man heute davon ausgehen muss, dass die ältere Bevölkerung stetig zunehmen wird (Maercker, 2012). Umso erfreulicher ist es, dass die EU seit Beginn der 2000er Jahre mit der systematischen Entwicklung von Projekten für die Gesundheitsförderung und Prävention Älterer begann (Health pro Elderly, 2010), so dass ein Aufschwung in diesem Bereich erzielt werden konnte. Gemeinsame Merkmale der in diesem Rahmen entwickelten und geförderten Projekte sind u.a. (vgl. Health pro Elderly, 2010, 14ff.):

- Basierung auf einem mehrdimensionalen Gesundheitsbegriff (psychische, physische, soziale Gesundheit)
- Mehrdimensionale/ganzheitliche Förderung von Gesundheit (Maßnahmen mit einem breiten Wirkungspotenzial)
- Evidenzbasiertheit und Bewährtheit der Angebote
- Empowerment und Befähigung zur eigenverantwortlichen Gesundheitsförderung
- Adäquatheit und Zugänglichkeit für die Zielgruppe (an die Möglichkeiten und Fähigkeiten der Zielgruppe angepasst)
- Zielorientiertheit und Evaluation der Maßnahmen und
- Nachhaltigkeit der Maßnahmen

Grundlagen, Rahmenbedingungen, Struktur und Entwicklung von „Fidelio"

Der Begriff „Fidelio" hat nur eine begriffliche Ähnlichkeit mit der gleichnamigen Oper von Beethoven, nicht jedoch eine inhaltliche. Der Begriff entstammt einem partizipativen Suchprozess für den Namen des Projektes, an dem auch Mitglieder der Zielgruppe beteiligt waren. Er wurde aus mehreren vorgeschlagenen ausgewählt, da er mit Begriffen wie aktiv, frohgemut, unbeschwert, gesund, „rüstig", meisternd etc. assoziiert wurde.

Theoretisch basiert das Projekt, wie bei Laireiter und Somweber (2014) ausführlicher dargestellt, auf Konzepten und Ansätzen der Gerontopsychologie (Maercker, 2012; Martin und Kliegel, 2010), der Gesundheitspsychologie (z. B. Resilienz, Gesundheitsverhalten, Ressourcenmodelle, Salutogenese, Gesundheitskompetenz; Psychoedukation, Empowerment, Selbstmanagement etc.) (Brinkmann, 2014), der Gesundheitsförderung (Naidoo und Wills, 2010) und der Prävention (Hurrelmann et al., 2014; Röhrle, 2014). Ebenso wurden die oben angeführten „Evidenzbasierten Leitlinien für die Gesundheitsförderung älterer Menschen" (Health pro Elderly, 2010) berücksichtigt und eigene Projektstandards etabliert (Laireiter und Somweber, 2014, 198): Partizipation und Empowerment, Zielgruppenorientierung, Psychoedukation und Kurzinterventionen, Kompetenzentwicklung, Evidenzbasierung und Orientierung an Bewährtem, Expertenunterstützung, Einbezug sozial Isolierter und Außenstehender sowie Nachhaltigkeit.

Fidelio basiert nicht auf einer einzelnen Intervention, sondern besteht aus verschiedenen Einzelinterventionen mit unterschiedlichen Ansatzpunkten und Zielperspektiven, deren Entstehung und Entwicklung in der Arbeit von Laireiter und Somweber (2014) ausführlich dargestellt ist. Wie dort beschrieben, wurden zunächst partizipativ zehn Projektideen entwickelt, die in der Folge über projektbezogene Vorstudien auf sieben Teilprojekte reduziert wurden:

1. Sturzprävention und Förderung der Bewegungssicherheit durch Bewegung, Tanz und Krafttraining
2. Förderung gesunden Schlafs
3. Demenzprävention durch Gedächtnisförderung und Gedächtnistraining
4. Gesunde Ernährung im Alter
5. Prävention von Isolation und Einsamkeit durch Netzwerkentwicklung und Förderung sozialer Kompetenz
6. Förderung und Entwicklung von Glückserleben und Wohlbefinden
7. Prävention von Überlastung und Burnout von pflegenden Angehörigen

Darauf aufbauend erfolgte eine weiterführende Beforschung und Evaluation dieser Themen in Form von Masterarbeiten aus dem Fach Psychologie (betreut von den Autoren). Im weiteren Projektverlauf wurden sieben weitere Masterarbeiten zur Fundierung und breiteren Evaluation des Projekts sowie solche zu noch offenen Themen vergeben. Im Abschnitt 1.4 werden zunächst die Arbeiten und Ergebnisse der ersten Projektevaluation dargestellt, in Abschnitt 1.5 wird auf die weiterführenden Arbeiten und Projekte eingegangen.

Teilprojekte und deren Evaluation

Masterarbeiten im Fach Psychologie der Universität Salzburg werden üblicherweise über einen Zeitraum von zwei Semestern durchgeführt. Die im Folgenden zu berichtenden Arbeiten basieren auf einer leichten Modifikation der oben genannten sieben Themenbereiche: Das Thema „gesunde Ernährung" wurde aufgrund bereits umfangreicher Studien dazu von der Liste genommen, anstatt dessen wurden die Themen „Förderung von Selbstwert und Selbstvertrauen" als Element der Prävention depressiver Entwicklungen im Alter sowie „Gesundheitsförderung bei sozial isolierten und zurückgezogenen SeniorInnen" als besonders wichtiges Thema zusätzlich aufgenommen, was die insgesamt acht Arbeiten dieser Projektphase erklärt.

Sieben der acht Arbeiten sind Interventionsstudien zur Entwicklung gesundheitsförderlicher Kompetenzen der Zielgruppe, die Arbeit zur Gesundheitsförderung bei isolierte Senioren (Kreiner, 2014) ist eine Befragungsstudie, die Fragen des Gesundheitsverhaltens und der Gesundheitskompetenz sowie der wahrgenommenen psychischen und somatischen Gesundheit und Wünsche nach Gesundheitsförderung untersuchte (N=100, Durchschnittsalter 74 Jahre; Rg. 65-92). Zusätzlich wurde in dieser Studie noch der Faktor „Stadt vs. Land" variiert. Sozial Isolierte (operationalisiert über einen sozialen Integrationsindex; Kreiner, 2014) wiesen ein höheres Alter, ein schlechteres psychisches Allgemeinbefinden und eine schlechtere körperliche Funktionsfähigkeit auf und bewegten sich weniger. Zusätzlich lebten sie häufiger alleine und fühlten sich sozial weniger unterstützt. Sie unterschieden sich nicht von den sozial besser Integrierten im subjektiven Gesundheitszustand, im Rauchen, in der Ernährung, in den Arztbesuchen und der ärztlichen Compliance. Es fanden sich auch keine Unterschiede im Geschlecht und der Wohnortgröße. Damit verbunden zeigten sich auch keine Unterschiede in der Gesundheitskompetenz und dem Wunsch nach Gesundheitsinformationen. Beide Gruppen wiesen einen insgesamt geringen Informationsstand hinsichtlich Gesundheit und Gesundheitsförderung auf und wollten diesen auch nicht verbessern. Dieses Ergebnis führte zu der Entscheidung, die Gruppe sozial weniger gut Integrierter in dem Projekt durch spezifische Informationsstrategien auch weiterhin zu berücksichtigen.

Eine weitere Arbeit (Hausladen, 2015), die eine Intervention zur Reduktion von Belastungen und Rollenkonflikten und zur Förderung der sozialen

Unterstützung und Verbesserung des Umgangs mit der Situation betreuender Angehöriger von Demenzerkrankten durchführte, sei hier ebenfalls nur kurz erwähnt, da dieses Thema im Rahmen der weiteren Projektumsetzung keine Berücksichtigung mehr fand. Der Grund dafür liegt in der Tatsache, dass es im Bundesland Salzburg viele öffentliche und private Initiativen zur Betreuung von Demenzkranken und zur Unterstützung betreuender Angehöriger gibt. In der logistisch und technisch sehr aufwändigen Arbeit wurden insgesamt 50 betreuende Angehörige, die in eine Interventions- und eine parallelisierte Kontrollgruppe ohne Intervention aufgeteilt waren, untersucht. Die Intervention bestand aus vier wöchentlichen Sitzungen mit Psychoedukation, Kommunikationstraining, Entspannungsübungen, Stressbewältigungsübungen und Aufklärung über Betreuungsmöglichkeiten und wurde gefolgt von einem achtwöchigen Follow-up. Insgesamt erbrachte diese Studie eine signifikante Zunahme an Wissen über Demenz und mögliche Betreuungsangebote (mit mittlerer bis hoher Effektstärke), eine signifikante Reduktion an wahrgenommener Belastetheit und Depressivität, eine Verbesserung der Befindlichkeit (jeweils mittlere Effektstärken) und eine Zunahme des Gesundheitsverhaltens über die Intervention und die Kontrollgruppe hinweg. Die Effekte blieben über den achtwöchigen Follow-up-Zeitraum hinweg erhalten. Keine Verbesserungen zeigten sich in der wahrgenommenen sozialen Unterstützung, was auf das sehr hohe Ausgangsniveau in dieser Variable zurückzuführen ist. Im wahrgenommenen demenzspezifischen Belastungserleben fanden sich mittlere (Prä-Post) bis höhere (Prä-Follow-up), jedoch statistisch ebenfalls nicht signifikante Effekte. Daraus lässt sich schlussfolgern, dass bereits kurze Interventionen pflegende Angehörige betreffend zu Verbesserungen in deren Befindlichkeit, deren Selbstfürsorge und Belastetheit führen.

Förderung von gesundem Schlaf im Alter *(Kostyra und Walcher, 2014)*

Ein wichtiges Thema im Alter sind Veränderungen im Schlaf: Mit zunehmendem Alter kommt es sowohl zu einer Reduktion des Schlafbedarfs wie auch zu einer Veränderung der Schlafarchitektur (Staedt, Gudlowski und Hauser, 2009; Weeß und Landwehr, 2009), was häufig – vor allem auch aufgrund des Umgangs der Betroffenen damit – mit Schlafstörungen assoziiert ist. Klinische und subklinische Schlafstörungen zählen zu den häufigsten Problemen im Alter (Helmchen et al., 1996). Umso erstaunlicher ist es, dass es kaum Angebote für diese Altersgruppe gibt (Staedt et al., 2009). Es war uns daher ein großes Anliegen, eine entsprechende präventive und gesundheitsfördernde Intervention zu entwickeln. Frau Kostyra und Frau Walcher haben aufbauend auf vorliegenden Konzepten für jüngere Altersgruppen eine psycho-edukativ getragene Kurzintervention für das höhere Alter entwickelt und ihre Wirksamkeit in einer Evaluationsstudie mit der eines anderen als wirksam bekannten Treatments – der Lichttherapie (Rohan, Lindsey, Roecklein und Lacy, 2004) verglichen.

Die Intervention (genannt „Schlafcoaching") bestand aus fünf Sitzungen und zwei Datenerhebungen über drei Wochen und beinhaltete die Elemente Psychoedukation (Schlaf, Schlafveränderungen im Alter, Schlafprobleme und Schlafstörungen, Selbsthilfemöglichkeiten, Behandlung etc.), Entspannung und Ruhe, irrationale Überzeugungen bzgl. Schlaf und deren kognitive Umstrukturierung und Umgang mit Sorgen (Sorgenexposition und Sorgenstuhl), jeweils orientiert an bekannten Trainings (z. B. Morin und Espie, 2004; Spiegelhalder, Backhaus und Riemann, 2011). Für die Lichttherapie wurden so genannte „Lichtduschen" mit jeweils 10.000 Lux angeschafft, die von den ProbandInnen nach einem vorher festgelegten Plan über 3 Wochen angewendet wurden. Diese Intervention wurde mit jeweils einer Sitzung pro

Woche zu den Themen Psychoedukation, Information zu den biologischen Grundlagen und Anwendungsunterstützung ebenfalls über drei Wochen begleitet.

Die Gruppenzuteilung erfolgte per Zufall. Leider gelang es trotz intensiven Bemühens nicht zwei ausreichend große Gruppen zusammenzustellen (Schlafcoaching: n=11; Lichttherapie: n=10). Von den 21 Personen waren 18 Frauen; das Durchschnittsalter lag bei 63.2 Jahren (SD=8.7); alle wiesen entsprechend dem Pittsburg Sleep Quality Index (PSQI, Buysse et al., 1989) leichte bis mittelgradige Schlafprobleme auf. Zusätzlich nahmen 16 (=76.2%) regelmäßig Medikamente (u.a. Psychopharmaka, Hypnotika etc.) ein; ein Drittel (n=7) erwiesen sich im vorausgehenden Symptomscreening als leicht bis mittelgradig depressiv und mehr als ein Drittel (38%) klagte über Schmerzen. Die Effekte der Interventionen wurden als primärem Outcome über die Schlafqualität (PSQI) und sekundär über die Depressivität (Allgemeine Depressionsskala, ADS, Hautzinger, Bailer, Hofmeister und Keller, 2012) und die Befindlichkeit (Mehrdimensionaler Befindlichkeitsfragebogen, MDBF; Steyer, Schwenkmezger, Notz und von Eid, 1997) mit Selbstbeurteilungen jeweils zu Beginn und am Ende der Intervention evaluiert. Aus technischen Gründen konnte kein Follow-up durchgeführt werden.

Aufgrund der geringen Stichprobengröße erwiesen sich die meisten Effekte als statistisch nicht signifikant, jedoch waren die gewonnenen Effekte durchwegs mittelstark bis sehr hoch: So erwiesen sich beide Interventionen im Hinblick auf den Primär-Outcome (subjektive Schlafqualität, PSQI) als hoch effektiv mit einer deutlichen Überlegenheit des Schlafcoachings, während die Effekte in den sekundären Outcomes niedriger und bis auf einen Fall ausgeglichener waren. Für die Depressivität zeigte sich zwischen beiden Interventionen kein signifikanter Effektunterschied, die Prä-Post-Effekte waren jeweils mittelgradig ausgeprägt. Interessant sind die Ergebnisse in der Befindlichkeit: Im Bereich der Stimmung erwies sich die Lichttherapie als deutlich wirksamer, insofern hier im Gegensatz zum Schlafcoaching mit einem Nulleffekt eine sehr starke Verbesserung erreicht werden konnte. Die wahrgenommene Müdigkeit reduzierte sich in beiden Bedingungen nur geringfügig, wohingegen sich das subjektive Ruhegefühl jeweils mittelgradig verbesserte.

Denkraum: Studie zur Evaluation eines ganzheitlichen computergestützten Gedächtnistrainings für Senioren (Puck, 2014)

Ein zentraler Aspekt positiven Alterns ist geistige Fitness und der Besitz ausreichender geistiger Kräfte (Maercker, 2012). Entsprechend ist die Förderung der kognitiven Fähigkeiten und der Gedächtnisleistung ein weiteres wichtiges Standbein von Fidelio, das als Zielgröße von Anfang an im Repertoire dieses Projektes verankert war (Laireiter und Somweber, 2014). In der hier durchgeführten Studie wurde ein computergestütztes mit einem herkömmlichen Gedächtnistraining verglichen. Der Vorteil des computerisierten Trainings liegt darin, dass die Trainingsteilnehmer auch außerhalb der Gruppensitzungen die Möglichkeit besitzen zu üben und dass sie individuelle Übungsprogramme zusammenstellen können.

An dem Training nahmen insgesamt 75 Personen teil, die durch Selbstselektion auf drei Gruppen aufgeteilt wurden. Die Kontrollgruppe war als Wartelisten-Gruppe konzipiert, die das Training nach Abschluss der Studie erhielt. Die TeilnehmerInnen mussten über 55 Jahre alt sein und durften keine Hinweise auf Depressivität und/oder kognitive Einschränkungen besitzen.

Das Training bestand insgesamt aus acht strukturierten Sitzungen, die einmal wöchentlich stattfanden, gefolgt von einer achtwöchigen Follow-up-

Zeit ohne Intervention. In den Sitzungen wurden sehr viele unterschiedliche Hirnleistungen trainiert, ebenso wie sehr unterschiedliche Aufgaben bearbeitet wurden (ausführlicher bei Puck, 2014). Als primäre Outcome-Variable fungierten der Lern- und Gedächtnistest (LGT-3) von Bäumler (1974) und der Fragebogen zur Erfassung alltäglicher Gedächtniserfahrungen als subjektives Gedächtnismaß (FEAG, Holzapfel, 1990).

Von den 75 Personen, die das Training begannen, absolvierten 26 das computerisierte, 23 das herkömmliche Training und 26 die Kontrollgruppe. Das mittlere Alter lag 64.3 Jahre (SD=7.3), ca. 75% waren Frauen. Die drei Gruppen unterschieden sich nicht hinsichtlich soziodemographischer und Gedächtnisleistungen. Zum zweiten Messzeitpunkt waren insgesamt noch 65 Personen in der Stichprobe enthalten, zum dritten (Follow-up) noch 53. Während des Trainings gab es keine Ausfälle, die zehn nicht an der zweiten Messung teilnehmenden Personen waren entweder nach der Prä-Messung ausgeschieden oder konnten aus verschiedenen Gründen an der Post-Messung nicht teilnehmen. Auch hier gab es keine systematischen Unterschiede zwischen den Probanden, die alle Messungen absolvierten und denen, die diese nicht absolvierten.

Die Ergebnisse erbrachten sehr hohe und statistisch signifikante Effekte für die beiden aktiven Trainingsbedingungen im LGT-3 zum Trainingsende im Vergleich zur Kontrollgruppe; die beiden Gedächtnisbedingungen unterschieden sich nicht voneinander. Vergleichbare Ergebnisse konnten für die Subskala „Verbalgedächtnis" des LGT-3 gefunden werden. Die subjektiven Gedächtniserfahrungen (FEAG) zeigten keine signifikanten Effekte durch die Intervention. Im Hinblick auf die längerfristigen Effekte des Trainings konnte Stabilität über die achtwöchige Beobachtungszeit festgestellt werden, ebenso wie sich die beiden Gruppen zum Follow-up weiterhin signifikant mit hohen Effektstärken von der Kontrollgruppe unterschieden. Diese Befunde bildeten sich sowohl in der Gesamtskala, wie auch in den beiden Sub-skalen (Verbal- und Figuralgedächtnis) ab. Die beiden Interventionsbedingungen unterschieden sich auch zu diesem Messzeitpunkt nicht voneinander. Wiederum keine Effekte zeigten sich in der subjektiven Gedächtniswahrnehmung.

Bewegung, Tanz und Kraft im Alter *(Würth, 2014)*

Von zentraler Bedeutung für die Gesundheit im Alter ist ausreichende körperliche Bewegung. Zusätzlich gibt es viele empirische Hinweise dafür, dass Bewegung und Krafttraining zur Verbesserung körperlicher Funktionen und der körperlichen Stabilität im Sinne der Sturzprävention beitragen (Würth, 2014). Auch zeigen Studien, dass Tanz die körperliche Fitness und die sensomotorische Koordination im Alter zusätzlich zu fördern im Stande ist, was wiederum der Sturzprävention zugutekommen sollte.

Aus diesem Grunde integrierte Würth (2014), die selbst über eine Fit-ness- und Tanztrainerausbildung verfügt, diese beiden Elemente zu einem kombinierten Bewegungs-, Kraft- und Tanztraining, das insgesamt aus einem 14-wöchigen Sportkurs mit einer 90-minütigen Einheit pro Woche und Hausaufgaben zu sechsmal zehn Minuten Übungen pro Woche bestand.

Zur Evaluation dieses Programms wurden zwei Gruppen, bestehend aus je 20 Teilnehmern gebildet, wobei eine den Sportkurs absolvierte und die andere als Wartelisten-Kontrollgruppe ohne Intervention fungierte. Die Gruppenzuordnung erfolgte durch Anmeldung und nicht durch Zufall, weshalb das Design als quasiexperimentell bezeichnet werden muss. Das Durchschnittsalter der Gesamtgruppe lag bei 64.1, $SD=5.6$ Jahren (Rg: 54-77); insgesamt nahmen 33 Frauen und 7 Männer (=21.2%) an der Studie teil. Beide Gruppen unterschieden sich nicht hinsichtlich Alter, Geschlecht, Familien- und Bildungsstand. Die Effekte des Trainings wurden sowohl über subjektive wie auch objektive und körperbezogene Parameter evaluiert (vgl. ausführlicher Würth, 2014). Zusätzlich wurden auch die Aufmerksamkeits- und Konzentrationsleistung sowie die Sturzgefährdung als Evaluationsparameter in die Studie aufgenommen.

Die Trainings-Teilnehmer gaben nach dem Training an signifikant aktiver (mittlerer Effekt) zu sein, was auch gegenüber der Kontrollgruppe gefunden werden konnte; sie fühlten sich wohler, erlebten eine Zunahme in der motorischen Selbstwirksamkeit und im Spaß an der Bewegung. Zusätzlich stiegen in dieser Gruppe über das Training die Konzentrationsleistung, der subjektive Gesundheitszustand, das subjektiv wahrgenommene Gleichgewicht und die Beweglichkeit und es reduzierte sich auch das Gewicht in dieser Gruppe im Gegensatz zur Kontrollgruppe.

Förderung sozialer Beziehungen und sozialer Kompetenzen im Alter *(Witt, 2014)*

Zu den zentralen Ressourcen im Alter gehören positive soziale Beziehungen, die für Angehörige beider Geschlechter von großer Bedeutung für die psychische und somatische Gesundheit und das Wohlbefinden sind (Spicker und Lang, 2011). Entsprechend ist die Förderung der sozialen Teilhabe und eine Verbesserung der sozialen Beziehungen im Alter ein wichtiger Ansatzpunkt der psychologischen Gesundheitsförderung, der nach Röhrle und Sommer (1998) am besten mit einem Training sozialer Kompetenzen verbunden werden sollte.

Aufbauend auf diesen Vorüberlegungen entwickelte Witt (2014) unter dem Titel „Ich – Du – Wir" ein kombiniertes Beziehungs- und Kompetenzorientiertes Fördertraining, das aus folgenden Komponenten besteht:

Psychoedukation zu Sozialem Netzwerk, Sozialer Unterstützung und deren gesundheitsbezogener Bedeutung, sondern Verbesserung sozialer Beziehungen, sozialer Kommunikation und von Beziehungskompetenzen. Das Training bestand aus insgesamt sechs strukturierten Trainingssitzungen und zwei Randsitzungen (Einführung, Abschluss samt Datenerhebung) und erstreckte sich über sieben Wochen. Gefolgt wurden diese von einem vierwöchigen Follow-up zur Überprüfung der kurzfristigen Stabilität. An der quasiexperimentellen Studie nahmen insgesamt 38 Personen (21 Trainings-, 17 Kontrollgruppe ohne Intervention) teil (mittleres Alter 62.2; *SD*= 5.8; Rg=53-79). Der Frauenanteil überwog mit 68.1%, wobei in der Kontrollgruppe mehr Männer waren als in der Trainingsgruppe. In dieser waren auch mehr allein Lebende und Geschiedene. Ansonsten ergaben sich keine Unterschiede zwischen beiden Gruppen. Gleich nach Beginn des Trainings schied eine Person aus der Trainingsgruppe aus, sodass insgesamt 37 Datensätze in die Posttestung eingingen. Für das Follow-up wurde nur die Trainingsgruppe herangezogen; zu diesem Zeitpunkt konnten nur noch 11 Personen motiviert werden, die Verfahren zu bearbeiten.

Als primäre Outcome-Variable des Trainings fungierte das subjektive Wohlbefinden (differenziert in psychisches, soziales und körperliches). Als sekundäre Outcomes wurden netzwerkbezogene soziale Kompetenzen und die wahrgenommene Soziale Unterstützung, jeweils gemessen über reliable psychometrische Verfahren, erfasst (ausführlicher Witt, 2014).

Die Ergebnisse der Hauptfragestellungen lassen sich wie folgt zusammenfassen: Insgesamt konnte im Vergleich zur Kontrollgruppe gezeigt werden, dass das Training zu einer signifikanten Verbesserung im subjektiven Wohlbefinden mit einem hohen Effekt führte. Zusätzlich verbesserten sich auch das körperliche und das psychische Wohlbefinden, jeweils mit hohen Effekten, nicht jedoch das soziale. Auch für die netzwerkbezogenen sozialen

Kompetenzen konnten mittlere bis starke Verbesserungen beobachtet werden, sowohl allgemein wie auch bezogen auf Freundschaften und familiäre Kontakte. Auch für die wahrgenommene Soziale Unterstützung fanden sich mittelstarke bis starke Effekte des Trainings im Vergleich zur Kontrollgruppe. Keine positiven Veränderungen konnten für die Kontakt- und Integrationsbereitschaft in das Soziale Netzwerk gefunden werden. Nach Beendigung des Trainings gaben die TeilnehmerInnen an, eine höhere Selbstöffnungs- und Kommunikationsbereitschaft gegenüber dem Sozialen Netzwerk zu haben. Die Effekte in den Befindensvariablen, den sozialen Kompetenzen und der wahrgenommenen Unterstützung blieben über die vier Wochen Beobachtungszeit stabil.

Verbesserung von Selbstwert und Selbstvertrauen und von Glück und Wohlbefinden im Alter (Hecht, 2014; Zimmermann, 2014)

Abschließend seien noch zwei Studien dargestellt, die ausgehend von einem vergleichbaren theoretischen Hintergrund (Positive Psychologie, Glücksforschung) versuchten positive Emotionen, Lebenszufriedenheit und das Selbstwertgefühl aktiv zu verbessern. Hecht entwickelte ein sechs Sitzungen umfassendes Seminar mit den Themen Psychoedukation zu Glück und Freude, Achtsamkeit und Genuss, persönliche Ziele und Werte, Vergebung, persönliche Stärken und der Einsatz dieser Stärken im Alltag und Dankbarkeit und Umgang mit Dankbarkeit im Alltag. Zimmermann's Seminar umfasste ebenfalls sechs Sitzungen mit den Themen Psychoedukation zu Selbstwert und Wohlbefinden, Achtsamkeit, innerer Kritiker vs. liebevoller Begleiter, Selbstakzeptanz, Selbstachtung und Selbstwertschätzung, Selbstvertrauen und Selbstwirksamkeit.

Die Evaluation der beiden Seminare (jeweils Interventions- und Kontrollgruppen) führte zu vergleichbaren Ergebnissen: Steigerung des subjektiven Wohlbefindens, des Selbstwerts und der positiven Stimmungslage und Reduktion negativer Gefühle, Stabilität der Effekte über vier Wochen.

Konsequenzen und methodische Probleme

Insgesamt erbrachten die eben dargestellten Arbeiten Evidenz dafür, dass die entwickelten Konzepte und Methoden bei der Zielgruppe Effekte in einem Ausmaß bewirken, die es als gerechtfertigt erscheinen ließen, sie in die Regelversorgung zu übertragen. Um nicht den Eindruck methodischer Naivität zu erwecken, sei an dieser Stelle kurz darauf hingewiesen, dass die durchgeführten Masterarbeiten im Großen und Ganzen zwar den methodischen Kriterien einer Abschlussarbeit entsprachen, dass sie aber strenge wissenschaftliche Anforderungen in verschiedenerlei Hinsicht nicht ganz erfüllen, weshalb der Begriff „Evidenz" hier nicht im Sinn der Wirksamkeitsforschung der Psychotherapie oder Medizin zu verstehen ist (z. B. Ebenen der Evidenz, evidenzbasierte Psychotherapie etc.; vgl. Norcross, Beutler und Levant, 2006), sondern eher im Sinne empirischer Belegtheit (empirical supportedness; Chambless und Ollendick, 2001). Mit strenger wissenschaftlicher Brille betrachtet sollten methodisch akzeptable Arbeiten in diesem Kontext folgende Kriterien erfüllen (vgl. dazu auch Norcross et al., 2006):

- Genügend große Stichprobe (optimalst mittels Poweranalyse bestimmt und abgestimmt auf die verwendeten statistischen Verfahren)
- randomisierte Zuteilung zu den Behandlungs- und Kontrollgruppen
- adäquate Selektion der Stichprobe nach festgelegten Ein- und Ausschlusskriterien

- kontrollierte Durchführung der Intervention, nicht von den Untersuchern selbst durchgeführt
- mittel- bis längerfristige Follow-up-Untersuchungen, am besten mit mehreren Messzeitpunkten

Gerade im Feld der Gerontopsychologie sind verschiedene dieser Kriterien unseren Erfahrungen gemäß generell schwer zu erfüllen, sodass man für Studien in diesem Feld vermutlich generell Abstriche machen muss. Viele ältere Menschen, insbesondere im höheren Alter, leiden unter verschiedenen kognitiven, körperlichen und psychischen Beeinträchtigungen und sind daher generell nur schwer zu motivieren, an Studien dieser Art teilzunehmen. Man erhält daher immer eine Positivselektion an Probanden. Ältere Menschen sind, so unsere Erfahrung, für wissenschaftliche Studien generell schwerer zu motivieren, so dass die Stichprobengrößen i.d.R. eher klein sind. Ganz besonders gilt dies für Männer, weshalb alle diese Studien einen Geschlechtsbias aufweisen. Bei älteren Stichproben ist der Männeranteil aufgrund ihrer geringeren Lebenserwartung ohnedies noch geringer. Vor allem ist es schwer, diese Menschen dazu zu motivieren, auf eine Intervention, für die sie sich interessieren, wegen der Zuteilung zu einer Wartelistenkontrollgruppe, zwei bis drei Monate zu warten. Da die Untersuchungsteilnehmer i.d.R. nicht aufgrund eigener Motivation an derartigen Studien teilnehmen, sondern weil sie darum gebeten wurden, ist eine Zuteilung zu einer Wartelistenkontrollgruppe ethisch auch kaum argumentierbar. Methodischen Kriterien entsprechende Studien mit größeren Fallzahlen und längeren Beobachtungszeiträumen sind daher nur im Rahmen geförderter Forschung realisierbar.

Roll-out und Umsetzung in der Gesundheitsversorgung

Nach Abschluss der oben beschriebenen Planungs- und Evaluationsphase wurden die Ergebnisse der einzelnen Arbeiten im Rahmen eines kleinen Symposiums einer größeren Fachöffentlichkeit präsentiert und im Anschluss in der Planungsgruppe des Hauptverbands und der Gebietskrankenkasse einer Evaluation unterzogen mit dem Ergebnis, folgende Themen über Workshops und Seminare der Zielgruppe im Bundesland Salzburg anzubieten: Schlafcoaching, Bewegung, Tanz und Kraft, Gedächtnistraining, Förderung von Wohlbefinden und Glück, Förderung sozialer Beziehungen, Verbesserung von Stimmung und Selbstwert (Depressionsprävention), richtige Ernährung, Sturzprävention und Kondition.

Um die einzelnen Themen in der realen Versorgungssituation praktikabel zu gestalten, wurden die ursprünglich meist vier bis acht Termine umfassenden Seminare generell reduziert und auf verschiedene Formate aufgeteilt: 1. Vorträge zu den Themen Sturzprävention, gesunder Schlaf, richtige Ernährung, 2. psychoedukative Kurzseminare, 3. ein fünf Einheiten umfassendes Gedächtnistraining und zehn Einheiten umfassende Sportkurse.

Zur regelmäßigen Überprüfung von Qualität und Effekten dieser Interventionen, wurde ein begleitendes Workshop- und Seminar-Monitoring entwickelt, welches die TeilnehmerInnen nach jeder Veranstaltung ausfüllten und das von den ReferentInnen an die Projektleitung retourniert wurde. Zusätzlich verpflichteten sich diese, über jede Veranstaltung einen Kurzbericht zu schreiben und ebenfalls an die Projektleitung zu senden. Beide werden von einer Hilfskraft regelmäßig ausgewertet und fließen zusammen mit anderen Elementen in die Evaluation dieses Projektteils ein.

Der Roll-out des Praxisprojekts erfolgte im März 2015; die ersten Seminare wurden ab April 2015 durchgeführt. Tabelle 16-1 gibt einen Überblick über die seit Beginn bis März 2017 (gesamt: 2 Jahre) durchgeführten Veranstaltungen.

Wie ersichtlich, wurden in den Jahren 2015 – 2017 im Rahmen der Praxisphase von Fidelio insgesamt 174 Veranstaltungen durchgeführt; dabei wurden insgesamt 2534 Personen erreicht, wovon die meisten Frauen waren. Die meisten dieser Veranstaltungen (130 = 75%) fanden außergebirg (Tennengau, Flachgau, Stadt Salzburg) statt; der Lungau und der Pinzgau wurden kaum bedient (15= 8.9%). Wie ebenfalls ersichtlich, gibt es eine klare Hitliste an Themen: An erster Stelle findet sich das Schlafcoaching, gefolgt von dem Gedächtnistraining und den verschiedenen Bewegungs- und Sportangeboten (inklusive dem Sturzpräventionsvortrag). Erst dann folgen das Depressionspräventionsseminar (Stimmung und Selbstwert) und die Ernährungsvorträge. Wenig bis gar nicht interessierte man sich für Wohlbefinden und Glück und positive Beziehungen.

Die bisher durchgeführte Evaluation lässt erkennen, dass die Angebote insgesamt sehr positiv bewertet werden, insbesondere die Bewegungskurse (Siehe Tabelle 16-2).

Kursname	Kursformat	Anzahl
Gesunder Schlaf	Kurz-Seminar (2x3 AE)	28
Gedächtnistraining	Seminar (5x2 AE)	20
Mobil und beweglich ab 65	Kurs (10x2 AE)	20
Erhöhte Sturzgefahr	Vortrag (2 AE)	19
Tanz und Gymnastik	Kurs (10x2 AE)	17
Gute Stimmung und Selbstwert	Kurz-Seminar (2x3 AE)	16
Kondition und Koordination ab 50	Kurs (10x2 AE)	14
Genussvolle Ernährung ab 65	Vortrag (2 AE)	14
Richtige Ernährung 50+	Vortrag (2 AE)	11
Wohlbefinden und Glück	Kurz-Seminar (2x3 AE)	9
Gute soziale Beziehungen	Kurz-Seminar (2x3 AE)	6
Gesamt	---	174

Tab. 16-1 Fidelio-Programm: Durchgeführte Kurse und Veranstaltungen (von April 2015 bis Juni 2017)

Die Teilnehmer teilen auch mit, dass sie die kleinen Hausaufgaben zwischen den Sitzungen schätzen und häufig auch durchführen. Am häufigsten geben sie an, von den Informationen zu profitieren und auch davon, etwas Neues über verschiedene Probleme und deren Bewältigung zu lernen.

Natürlich ist ein Praxisprojekt dieser Art auch mit Problemen konfrontiert: So ist das Interesse an dem Projekt über das Land verteilt sehr heterogen. Es gibt Gemeinden, die sehr viele Angebote buchen; es gibt aber auch nicht wenige, die daran kein Interesse bekunden und die scheinbar auch nicht motivierbar sind, Veranstaltungen für ihre Senioren auszurichten. Vor allem bei den Seminaren zum Schlaf, der Stimmung und dem Selbstwert sowie den positiven Beziehungen wird immer wieder deutlich, dass viele TeilnehmerInnen ein weiterführendes klinisches Angebot benötigen würden (z. B. Psychotherapie, Gruppenbehandlungen etc.), was Fidelio aber nicht leisten kann.

Weiterführende Projekte und Entwicklungen

Wie weiter oben bereits erwähnt, wurde die Evaluation einiger Teilprojekte erweitert, um diese auf eine breitere empirische Basis zu stellen (z. B. Entwicklung von Glück und Wohlbefinden, Schlafcoaching, Sturzprävention, Förderung positiver Beziehungen). Andere sollten einen breiteren Fokus erhalten (Selbstwertaufbau → Erweiterung in Richtung Prävention depressiver Entwicklungen im Alter). Zusätzlich sollte untersucht werden, ob bestimmte Methoden, z. B. Biographie- und Reminiszenzarbeit, für die Anwendung im Bereich des Projekts geeignet sind. Da das Durchschnittsalter aller in der ersten Phase des Projekts involvierten Personen um 65 Jahren lag, interessierte zusätzlich, ob und bis zu welchem Grad die entwickelten Verfahren auch an älteren Altersgruppen, d. h. an über 70 Jährigen, und auch an BewohnerInnen von Seniorenwohnheimen angewendet werden können. Aus diesen Intentionen entstand in den letzten Jahren eine Reihe von Arbeiten, die zum Teil bereits abgeschlossen, zum Teil noch im Laufen sind. Auf diese sei in diesem Abschnitt zusammenfassend kurz eingegangen.

Fremuth (2016) entwickelte ein kombiniertes psychologisches und motorisches Training, das sowohl Übungen zum Thema Gleichgewicht und Muskelkraft enthielt, wie es zusätzlich neben einer ausführlichen Psychoedukation auch Themen der Sturzangst, Wohnraumanpassung und Verhaltensänderung behandelte. Das Training erfolgte in drei Sitzungen à 2.5 Std. innerhalb von zwei Wochen mit einem Follow-up von 6 Wochen. An dem Training nahmen insgesamt 40 Personen über 60 Jahren (19 in der Interventionsgruppe) teil. Die Ergebnisse weisen auf eine Verbesserung des motorischen Funktionsniveaus und der sturzbezogenen Selbstwirksamkeit (jeweils mittlere bis große Effekte) und eine leichte Reduktion in der Sturzangst hin, die über den Katamnesezeitraum stabil blieben.

Käsinger und Cosgun (2016) entwickelten auf der Basis psychologischer Konzepte ein präventives Interventionsprogramm zur Prävention depressiver Entwicklungen im höheren Alter. Das sechs-wöchige Programm bestand aus Achtsamkeitsübungen, körperlicher Aktivierung, progressiver Muskelentspannung und der Führung eines Tagebuchs zur Erfassung positiver Erfahrungen (Glückstagebuch). An der Studie nahmen 40 Personen über 60 Jahren (20 Interventions-, 20 Kontrollgruppe ohne Intervention) teil. Die Ergebnisse zeigen eine deutliche Reduktion der Depressivität und eine Verbesserung im Selbstwert, dem Ausmaß positiver Alltagsaktivitäten und der Befindlichkeit (jeweils in mittlerem Ausmaß).

Wein (2016) erweiterte das Programm von Witt (2014) und führte es an einer weiteren Stichprobe von 40 Teilnehmern über 60 Jahren durch (20 Interventions-, 20 Kontrollgruppe). Sie konnte die Ergebnisse von Witt bestätigen.

Gaberszig (2017) erweiterte das Programm von Hecht (2014) und führte die positiv psychologische Intervention an einer Gruppe von 19 Personen aus Wiener SeniorInnenwohnheimen mit hohem Alter (M=84.2 Jahre) durch. Die Effekte wurden einer unbehandelten Kontrollgruppe gleichen Alters und Unterkunft gegenübergestellt. Die Studie erbrachte insgesamt sehr hohe Effekte, verglichen mit der Kontrollgruppe und den Ausgangswerten, im subjektiven Wohlbefinden, der allgemeinen Lebenszufriedenheit, dem Glückserleben und einer Positivierung der Affektbalance. Zusätzlich nahmen negative Gefühle ab. Auch hier erwiesen sich die Effekte als über einen Zeitraum von vier Wochen stabil. Zusätzlich zeigten Moderatoranalysen, dass Teilnehmer, die vor der Intervention depressiver waren und weniger positive Gefühle erlebten, von der Intervention stärker profitierten. Diese Studie wird gegenwärtig in einem Salzburger Seniorenwohnheim wiederholt.

Im Hinblick auf Reminiszenz- und Biographiearbeit wurden zwei Arbeiten durchgeführt, eine von Ulrich (2015) in einem Seniorenwohnheim und eine von Mederle (2016) an einer Stichprobe noch zu Hause lebender älterer Menschen. Die Ergebnisse erwiesen sich in beiden Arbeiten als vergleichbar, wobei sie im Seniorenheim stärker ausfielen. In beiden Fällen kam es zu Verbesserungen in der positiven Emotionalität, der Lebenszufriedenheit und dem Selbstwertgefühl sowie einer Abnahme an Depressivität und negativen Affekten. Die Effektunterschiede dürften in der längeren Dauer der Intervention von Ulrich begründet sein (6 vs. 3 Wochen). Die Effekte erwiesen sich bei Mederle (2016) als stabil über ein 4 Wochen Follow-up.

Gegenwärtig werden zwei Arbeiten zur Verbesserung von Stimmung und Selbstwert und der Förderung positiver Emotionen bei älteren Menschen im institutionellen Kontext (Seniorenwohnheime, Tageszentren) durchgeführt, um die wichtige Frage zu untersuchen, ob Interventionen zur Förderung positiver Emotionen und psychischer Gesundheit auch bei sehr hohen Altersgruppen noch zu nachweislichen Effekten führen. Ein wichtiges Ziel der Gesundheitsförderung im höheren Alter sollte es eigentlich sein, ein langes Leben bei positiver Gesundheit zu erhalten.

Insgesamt und zusammenfassend bestätigen diese Arbeiten die Ergebnisse der ersten Phase und erbringen neben einer Erweiterung der empirischen Basis auch die Erkenntnis, dass psychologische Interventionen auch in höherem Alter und im institutionellen Kontext erfolgreich durchgeführt werden können und zu entsprechenden Effekten führen. Zudem erwies sich das Programm von Fremuth zur Sturzprävention als vielversprechend, so dass es an die „Regelversorgung" adaptiert werden soll. Weitere Themen, die gegenwärtig von Bedeutung sind, sind eine breitere Evaluation des Schlafcoachings, sowie eine Intervention zur Prävention negativer Entwicklungen und komplizierter Trauer nach Verlustereignissen. Empirische Befunde zeigen ein erhöhtes Risiko für diese Altersgruppe (Wagner, 2013). Ebenso hat sich in der Regelanwendung gezeigt, dass der Übergang in den Ruhestand für viele eine kritische Phase ist, der mittels einer speziellen Intervention begegnet werden soll.

Ausleitung und Ausblick

Fidelio ist ein Gesundheitsförderungsprojekt des Hauptverbands der Sozialversicherungsträger, das von der Salzburger Gebietskrankenkasse (SGKK) in Zusammenarbeit mit der Arbeitsgruppe des Erstautors durchgeführt wird. Es versteht sich von selbst, dass ein derartiges Projekt nicht alleine entwickelt und durchgeführt werden kann. Es sei deshalb an dieser Stelle allen an der Entwicklung und Durchführung des Projekts ausdrücklich gedankt. Insbesondere gilt der Dank der Leiterin der Abteilung Gesundheit der Salzburger Gebietskrankenkassa (SGKK), Fr. Elisabeth Gampert-Zeisberger, MSc, und dem Direktor der Salzburger Gebietskrankenkassa SGKK, Herrn Dr. Harald Seiss, die das Projekt nachhaltig unterstützt und sehr umsichtig begleitet haben. Zu danken ist natürlich auch allen Masterstudierenden, die durch Ihre Arbeiten zur Entwicklung des Projekts beigetragen haben und vor allem das Potenzial psychologischer Interventionen in diesem Bereich offenkundig gemacht haben. Unser besonderer Dank gilt aber allen Kolleginnen und Kollegen, die an der Projektumsetzung beteiligt sind und waren, namentlich Lisa Stäudle von der SGKK, Viktoria Spätauf und Dr. Sophie Hartl von der Abteilung, die für die Administration zuständig sind, sowie den Projektreferentinnen Maria Magdalena Schaireiter, Tanja Grünberger, Karin Löberbauer, Ivan Leonardelli, Judith Lederer-Uher, Stephanie Puck, Johanna Ziegler,

Jessica und Karina Würth, Sonja Obersamer, Brigitte Böhm-Klabischnig und Susanne Obermoser.

Drei Themen wurden während der Projektdurchführung offensichtlich, die abschließend nicht unerwähnt bleiben sollen: Zum einen zeigte sich, dass die Angebote von Fidelio überwiegend Frauen in Anspruch nahmen, was die Frage nach der „Männergesundheit" und der Erreichbarkeit von Männern für Gesundheitsthemen aufwirft. Zum zweiten wurde offensichtlich, dass Menschen bis ins hohe Alter ansprechbar für Gesundheitsförderung sind und auch davon profitieren können. Dies wirft Fragen in Hinblick auf die Möglichkeit von Gesundheitsförderung bis ins hohe Alter auf. Und zum dritten wurde auch deutlich, wie wichtig in diesem Bereich weiterführende Forschung, insbesondere im Hinblick auf die Dauer und Nachhaltigkeit von Gesundheitsförderungs- und Präventionsmaßnahmen, ist. Solche bedarf aber entsprechender finanzieller Mittel und Unterstützung durch die Gesellschaft.

Literatur

Bäumler G (1974): *Lern- und Gedächtnistest (LGT-3)*. Göttingen: Hogrefe

Brinkmann R (2014): *Angewandte Gesundheitspsychologie*. München: Pearson

Buysse DJ, Reynolds CF III et al. (1989): *The Pittsburgh Sleep Quality Index: A new instrument for psychiatric practice and research*. Psychiatry Research 28, 193-213

Chambless DL und Ollendick TH (2001): *Empirically supported psychological interventions: Controversies and evidence*. Annual Review of Psychology 55, 685–716

Gaberszig K (2017): *Interventionsstudie zur Steigerung des subjektiven Wohlbefindens und Glücks im Alter – Revision und Evaluation eines bestehenden Konzepts*. Masterarbeit. Fakultät für Psychologie, Universität Wien

Franke A (2012): *Modelle von Gesundheit und Krankheit* (3., überarb. Aufl.). Bern: Huber, Hogrefe

Fremuth L (2016): *Sturzprävention im Alter. Ergebnisse einer präventiven Intervention zur Verringerung des Sturzrisikos und der sturzbezogenen Angst*. Masterarbeit. Fachbereich Psychologie, Universität Salzburg.

Hausladen MF (2015): *Projekt: Umgang und Leben mit Demenz". Evaluation eines psychoedukativen Unterstützungsangebots für versorgende Angehörige von Menschen mit Demenz über 55 Jahren*. Masterarbeit. Fachbereich Psychologie, Universität Salzburg

Hautzinger M, Bailer M, Hofmeister D et al. (2012): *Allgemeine Depressionsskala (ADS)* (2., überarb. und neu norm. Aufl) Göttingen: Hogrefe

Health pro Elderly (2010): *Evidenzbasierte Leitlinien für die Gesundheitsförderung älterer Menschen*. Wien: Österreichisches Rotes Kreuz

Hecht C (2014): *Eine psychologische Intervention zur Steigerung des psychologischen Wohlbefindens und Glücks bei Menschen über 55 Jahren*. Masterarbeit. Fachbereich Psychologie, Universität Salzburg

Helmchen H, Baltes MM, Geiselmann B et al. (1996): *Psychische Erkrankungen im Alter*. In KU Mayer, und PB Baltes (Hrsg.), *Die Berliner Altersstudie* (S.185–219) Berlin: Akademie Verlag

Holzapfel H (1990): *Fragebogen zur Erfassung alltäglicher Gedächtnisleistungen (FEAG)*. In H. Holzapfel, *Lerntheoretisch orientiertes Hirnleistungstraining. Grundlagen, Programmentwicklung, Manual*. Dortmund: Verlag modernes Lernen.

Hurrelmann K, Klotz T und Haisch J. (2014): *Lehrbuch Prävention und Gesundheitsförderung* (4. Aufl.). Bern: Huber, Hogrefe

Käsinger K und Cosgun K (2016): *Eine Interventionsstudie zur Prävention von Depression im höheren Lebensalter*. Masterarbeit. Fachbereich Psychologie, Universität Salzburg

Kostyra J und Walcher S (2014): *Schlafprobleme im Alter und deren nicht-medikamentöse Prävention zur Förderung eines gesunden Schlafs: Lichttherapie vs. ‚Schalfcoaching'*.Masterarbeit. Fachbereich Psychologie, Universität Salzburg

Kreiner M (2014): *Gesundheitsförderung bei sozial isolierten SeniorInnen*. Masterarbeit. Fachbereich Psychologie, Universität Salzburg

Laireiter A-R. und Somweber M. (2014): *Gesundheitsförderung und Prävention im Alter. Bericht über ein empirisch gestütztes Praxisprojekt zur Verbesserung der psychischen Gesundheit im Alter*. Psychologie in Österreich, 2/3, 195-201

Maercker A (2012): *Psychologie des höheren Lebensalters. Grundlagen der Alterspsychotherapie und klinischen Gerontopsychologie*. In A. Maercker (Hrsg.), *Alterspsychotherapie und klinische Gerontopsychologie* (2., überarb. u. erw. Aufl., S. 1–58). Berlin: Springer

Martin M und Kliegel M (2010): *Psychologische Grundlagen der Gerontologie* (3., überarb. und erw. Aufl.). Stuttgart: Kohlhammer

Mederle C (2016): *Einfluss der integrativen und instrumentellen Reminiszenzarbeit auf das subjektive Wohlbefinden alter Menschen. Eine Interventionsstudie*. Masterarbeit. Fachbereich Psychologie, Universität Salzburg

Morin CM und Espie CA (2004): *Insomnia: A clinical guide to assessment and treatment*. New York, NY: Springer

Naidoo J und Wills J (2010): *Lehrbuch der Gesundheitsförderung* (2., überarb. und akt. Aufl.). Köln: Bundeszentrale für gesundheitliche Aufklärung

Norcross JC, Beutler LE und Levant RF (Eds.). (2006): *Evidence-based practices in mental health*. Washington, DC: American Psychological Association

Perrez M und Hilti N (2011): Prävention. In Perrez M und Baumann U (Hrsg.), *Lehrbuch Klinische Psychologie – Psychotherapie* (4., akt. Aufl., S. 398-427). Bern: Hans Huber

Puck St (2014): *Denkraum: Evaluation eines ganzheitlichen computergestützten Gedächtnistrainings für Senioren*. Masterarbeit. Fachbereich Psychologie, Universität Salzburg

Rohan KJ, Lindsey KT, Roecklein KA et al. (2004): *Cognitive-behavioral therapy, light therapy, and their combination in treating seasonal affective disorder*. Journal of Affective Disorders 80, 273-283

Röhrle B (2014): *Prävention psychischer Störungen bei älteren Menschen. Überblick über den Stand der Forschung*. Verhaltenstherapie und Psychosoziale Praxis 46, 73-93

Röhrle B und Sommer G (1998): *Zur Effektivität netzwerkorientierter Interventionen*. In B. Röhrle, G. Sommer und F. Nestmann (Hrsg.), *Netzwerkintervention* (S. 13-47) Tübingen: Deutsche Gesellschaft für Verhaltenstherapie

Spicker I und Lang G (2011): *Kommunale Gesundheitsförderung mit Fokus auf ältere Menschen*. Wien: Gesundheit Österreich GmbH, Fonds Gesundes Österreich

Spiegelhalder K, Backhaus J und Riemann D (2011): *Schlafstörungen* (2., überarb. Aufl.). Göttingen: Hogrefe

Staedt J, Gudlowski Y und Hauser M (2009): *Schlafstörungen im Alter. Rat und Hilfe für Betroffene und Angehörige*. Stuttgart: Kohlhammer

Steyer R, Schwenkmezger P, Notz P und Eid Mv. (1997): *Der Mehrdimensionale Befindlichkeitsfragebogen (MDBF)*. Göttingen: Hogrefe

Ulrich KM (2015): *Biographiearbeit mit alten Menschen. Eine Interventionsstudie im Seniorenwohnheim*. Masterarbeit. Fachbereich Psychologie, Universität Salzburg

Wagner B (2013): *Komplizierte Trauer. Grundlagen, Diagnostik und Therapie*. Berlin: Springer

Weeß HG und Landwehr R (2009): *Phänomenologie, Funktion und Physiologie des Schlafes. Psychotherapie im Dialog 10*, 101-106

Wein AT (2016): *Förderung positiver Beziehungen im Alter. Eine gesundheitsfördernde Intervention zur Stärkung sozialer Integration durch Optimierung sozialer Kompetenzen und Kommunikation*. Masterarbeit. Fachbereich Psychologie, Universität Salzburg

Witt LK (2014): *Förderung sozialer Beziehungen im Alter. Ergebnisse einer präventiven Intervention zur Verbesserung der sozialen Integration*. Masterarbeit. Fachbereich Psychologie, Universität Salzburg

Würth K (2014): *Bewegung, Tanz und Kraft im Alter*. Masterarbeit. Fachbereich Psychologie, Universität Salzburg

Zimmermann J (2014): *Aktiv Altern – Selbstwert als Quelle aktiven Alterns. Eine Interventionsstudie zur Förderung der Gesundheit im Alter*. Masterarbeit. Fachbereich Psychologie, Universität Salzburg

17 Prävalenz psychischer Störungen in Salzburger Seniorenheimen

Tanja Grünberger, Anton-Rupert Laireiter

Zur Entstehung psychischer Störungen im Alter wird allgemein angenommen (z. B. Maercker, 2002a; Maercker, 2003; Jagsch, 2006), dass sie sich einerseits durch eine Kumulation von Risikofaktoren im Verlauf des Lebens erstmals manifestieren könnten, andererseits aus früheren Lebensphasen ins Alter „mitgenommen" würden. In beiden Fällen würden sich im Vergleich zu jüngeren Kohorten häufig Unterschiede in Verlauf und Symptomatik zeigen. Darüber hinaus gäbe es Störungen, die typischerweise erst im höheren Alter entstünden, z. B. Demenz.

In der älteren, nicht in Heimen oder betreuten Wohnungen lebenden (= institutionalisierten) Allgemeinbevölkerung sind die Häufigkeitsraten (Prävalenzen) psychischer Störungen – abgesehen von kognitiven Störungen – nicht höher als bei jüngeren Bevölkerungsgruppen (Bickel, 1997; Helmchen et al., 1996). Bei SeniorenheimbewohnerInnen ist dagegen auf Basis der gebräuchlichsten Rahmenmodelle des Alterns (z. B. Baltes und Baltes, 1993; Knight und McCallum, 1998) und wegen vermehrt auftretender Risikofaktoren (z. B. Kumulationseffekte von Lebensereignissen, chronische Erkrankungen, Verlust wahrgenommener Kontrolle, vgl. Aronson et al., 2004; Langer und Rodin, 1976) mit höheren Prävalenzraten zu rechnen.

Tatsächlich existieren Studien, die den Anteil der von einer psychischen Störung Betroffenen an der institutionalisierten älteren Bevölkerung mit rund zwei Drittel (Burns et al., 1993) bzw. 50–90% (Knight, Robinson und Satre, 2002) angeben. Im deutschsprachigen Raum liegen für SeniorenheimbewohnerInnen bisher erst wenige Studien vor (z. B. Wancata et al., 1998), deren Ergebnisse jedoch vergleichbare Werte erbrachten.

Ein möglicher Grund für die geringe Anzahl an Studien und deren große Schwankungsbreite mag darin liegen, dass viele der gängigen diagnostischen Instrumente für ältere Personen nicht normiert sind bzw. teilweise das Kriterium der Test-Fairness nicht erfüllen, z. B. aufgrund kognitiver, sensorischer, motorischer Einschränkungen der Untersuchten (Gunzelmann und Oswald, 2002). Aufgrund von für die Altersgruppe (Kohorte) spezifischen Einstellungen und Haltungen könnten außerdem psychische Symptome weniger häufig präsentiert werden als körperliche Symptome (Gunzelmann und Oswald, 2002). Das sollte zu einer großen Anzahl an falschnegativen Diagnosen führen, d. h. nicht als solche erkannte psychische Störungen. Weitere Hürden der gerontopsychologischen Diagnostik liegen außerdem in hohen Ko- und Multimorbiditäten, der teils schwierigen differenzialdiagnostischen Abgrenzung psychischer von körperlichen Beschwerden (Gunzelmann und Oswald, 2002) sowie in altersbedingt veränderten Erscheinungsformen einiger Störungsbilder (Maercker, 2002a).

So sind z. B. bei der Demenz zunächst die Pseudodemenz/Depression, das Delir, die amnestische Störung (Saß et al., 2003) sowie altersadäquate kognitive Veränderungen (Insel und Badger, 2002) differenzialdiagnostisch auszuschließen. Außerdem ist im fortgeschrittenen Stadium meist nur noch Fremdbeurteilung möglich (Köhler, Weyerer und Schäufele, 2007), fundierte Demenzdiagnostik erfordert jedoch eine Verlaufsmessung mit Bildgebung und Selbst- und Fremdbeurteilung (v. Kieckebusch, 2010; Saß et al., 2003).

In Anlehnung an die DSM-IV-TR-Forschungskriterien[45] (Saß et al., 2003) schlägt z. B. Maercker (2002a) die Diagnose „mild cognitive impairment" (MCI) vor, die nicht auf ein Vorläuferstadium der Demenz reduziert werden kann (v. Kieckebusch, 2010).

Bei affektiven Störungen stehen im Alter häufig nicht die Stimmung betreffende, sondern körperliche bzw. kognitive Symptome im Vordergrund (Saß et al., 2003). Außerdem wird das für eine Diagnosestellung erforderliche Zeitkriterium von mindestens zweiwöchiger Episodendauer trotz beträchtlichem Leidensdruck oft unterschritten. Daher wird als zusätzliche Diagnose die „recurrent brief depression" nach den Forschungskriterien des DSM-IV-TR diskutiert (Maercker, 2002a). Differenzialdiagnostisch auszuschließen sind v.a. körperliche Erkrankungen, Medikamente (Hautzinger, 2002) sowie Demenz (Saß et al., 2003).

Angststörungen treten im Alter im Vergleich zu Jüngeren eher durch kognitive Beeinträchtigungen, Insomnie, Hypervigilanz (Schaub und Linden, 2000) und weniger durch Vermeidungsverhalten (Maercker, 2002a) in Erscheinung, häufig auch kombiniert mit depressiven Symptomen (vorgeschlagene Zusatzdiagnose: „Störung mit Angst und Depression, gemischt", Maercker (2002a), aus Forschungskriterien des DSM-IV-TR). Im Rahmen der Differenzialdiagnostik sind auch andere psychische Ursachen in Erwägung zu ziehen, wie z. B. sozialer Rückzug durch Depression oder Sturzangst (Wisocki, 2002). Auch fehlen altersgerechte und altersnormierte Diagnoseverfahren sowie eine umfassende Überprüfung, ob die gängigen Kriterien für Angststörungen im Alter noch sinnvoll anzuwenden sind (Schaub und Linden, 2000).

---

[45] DSM: Diagnostisches und Statistisches Manual psychischer Störungen, Amerikanische Psychiatrische Vereinigung; beinhaltet die Diagnosekriterien für psychische Störungen. DSM-IV-TR: Text-revidierte, 4. Auflage.

Weitere, in der hier besprochenen Altersgruppe, nicht zu vernachlässigende Störungen sind u.a. posttraumatische Belastungsstörungen (Maercker und Karl, 2005; Maercker, 2002b; Jagsch, 2006), Anpassungsstörungen (Maercker, Einsle und Köllner, 2007; Saß et al., 2003) sowie komplizierte bzw. verlängerte Trauer (Prigerson et al., 2009; Maercker, 2002a).

Methodik

Aus dem Literaturüberblick ergaben sich für die vorliegende Studie drei Ziele: Anpassung eines bestehenden Diagnoseverfahrens an die Erfordernisse einer gerontopsychologischen Diagnostik bei SeniorenheimbewohnerInnen; Erhebung der Häufigkeit psychischer Störungen bei Seniorenheimbewohnerinnen im Bundesland Salzburg; Überprüfung der Notwendigkeit altersspezifischer Diagnosekriterien.

Im Rahmen eines Institutions-epidemiologischen Vorgehens wurde ein querschnittliches Ein-Gruppen-Design realisiert. Die mindestens 65jährigen Probanden wurden per Zufall aus der gesamten ständigen Bewohnerschaft von 13 Seniorenheimen des Bundeslandes Salzburg rekrutiert. Es ergab sich eine Gesamtstichprobe von N=190, 79.5% davon weiblich, Durchschnittsalter M=85.65 Jahre, Standardabweichung SD=7.27.

Die ausgewählten Probanden wurden zunächst auf Basis einer Fremdbefragung des Pflegepersonals bzgl. ihrer persönlichen „Befragbarkeit" vorbeurteilt: Für jeden einzelnen Teilnehmer wurde eingeschätzt, ob die Durchführung eines diagnostischen Interviews sinnvoll bzw. zumutbar sei. Es verblieb eine „befragbare" Teilstichprobe von N=84, 76.2% davon weiblich, Alter M=85.52 Jahre, SD=7.47. Alle im Folgenden dargestellten Ergebnisse beziehen sich auf diese Teilstichprobe.

Verfahren

Die Fremdbefragung des Pflegepersonals bestand aus Exploration, Barthel-Index zur Erfassung der Alltagsaktivitäten (Lübke et al., 2001), Global Deterioration Scale (GDS, Ihl und Fröhlich, 1991) zur Erfassung der Ausprägung kognitiver Einschränkungen sowie einem selbst entwickelten Kurzinterview zur Differenzialdiagnostik kognitiver Störungen nach DSM-IV-TR. Im Anschluss erfolgte ein klinisches Interview inkl. Mini-Mental-Status-Examination MMSE (Demenz-Screening, Kessler, Markowitsch und Denzler, 2000) mit dem Bewohner selbst.

Hierfür wurde das CIDI[46] (Wittchen und Semler, 1990) in der speziell für die Diagnostik älterer Personen entwickelten Version CIDI65+ (Andreas et al., 2013) verwendet und an den Seniorenheimkontext angepasst (Integration altersspezifischer Diagnosen und Erscheinungsformen, Vereinfachung /Anpassung von Formulierungen, Berücksichtigung möglicher sensorischer Beeinträchtigungen).

Ergebnisse

Die folgenden beiden Tabellen (Tabelle 17-1 und 17-2) zeigen die in der Stichprobe gefundenen Häufigkeiten psychischer Störungen zum Untersuchungszeitpunkt. Die linke Spalte listet die untersuchten Störungsbilder auf, rechts werden die jeweiligen Häufigkeiten (Spalte „f"), die Prävalenzraten (prozentualer Anteil an der Stichprobe, Spalte „$\hat{p}(\%)$") sowie die Konfidenzintervalle (Bereich, in dem der wahre Wert mit einer Wahrscheinlichkeit von 95% liegt, Spalte „$KI_{95\%}$", dargestellt.

---

[46] CIDI: „Composite International Diagnostic Interview"; standarisiertes Interview nach DSM-IV-TR zur Erfassung psychischer Störungen

Störung (Anzahl gültiger Angaben)	f	$\hat{p}(\%)$	$KI_{95\%}$
Demenz (84)	2	2.38	0–5.64
– ohne komplizierende Faktoren	0	--	--
– mit Depression und Verhaltensstörung	1	1.19	0–3.51
– bei Parkinson	1	1.19	0–3.51
– weitere Subtypen	0	--	--
andere kognitive Beeinträchtigungen (84)	3	3.57	0–7.54
– Delir	0	--	--
– amnestische Störung	3	3.57	0–7.54
somatoforme Störungen (84)	1	1.19	0–3.51
irgendeine Angststörung (84)	9	10.71	4.10–17.32
– Panikstörung ohne Agoraphobie (84)	1	1.19	0–3.51
– Panikstörung mit Agoraphobie (84)	0	--	--
– Agoraphobie ohne Panikstörung (84)	2	2.38	0–5.64
– generalisierte Angststörung (84)	2	2.38	0–5.64
– soziale Phobie (84)	5	5.95	0.89–11.01
– spezifische Phobie (84)	3	3.57	0–7.54
– Zwangsstörung (84)	1	1.19	0–3.51
irgendeine affektive Störung (82)	15	18.29	9.92–26.66
– Dysthymie (82)	1	1.22	0–3.60
– Major Depression, aktuell Episode (82)	8	9.76	3.34–16.18
– Major Depression, in Remission (82)	7	8.54	2.49–14.59
– bipolare Störung/manische Symptome (84)	0	--	--
Schizophrenie / andere psychotische Störungen (83)	0	--	--
Störungen in Zshg. mit psychotropen Substanzen	1	1.21	0–3.56
– Alkoholabhängigkeit, aktuell (83)	1	1.21	0–3.56
– Alkoholmissbrauch, aktuell (83)	0	--	--
– Medikamentenabhängigkeit (80)[a]	0	--	--
PTBS, aktuell (79)	2	2.53	0–5.93
Anpassungsstörung (79)	0	--	--
Punktprävalenz irgendeiner Störung (72)	20	27.78	17.43–38.13

Tab. 17-1 Punktprävalenzen und Konfidenzintervalle nach DSM-IV-TR

[a] Beurteilung nur eingeschränkt möglich, da Medikamente meist durch Pflege gestellt wurden

Nach den Diagnosekriterien des DSM-IV-TR (Tabelle 17-1) ergibt sich somit eine Gesamtprävalenz für irgendeine psychische Störung in der Höhe von 27.78%. Am häufigsten fanden sich dabei affektive Störungen mit 18.27%, gefolgt von 10.71% der Probanden, die von einer Angststörung betroffen waren.

In Tabelle 17-2 werden altersspezifische und subsyndromale Erscheinungsformen dargestellt, die zu einer deutlichen Beeinträchtigung der betroffenen Personen führten, aber nicht die Kriterien nach DSM-IV-TR erfüllten. In die jeweiligen Gesamtprävalenzen (mit „*" gekennzeichnet) wurden diese mit einbezogen.

Störung (Anzahl gültiger Angaben)	f	$\hat{p}(\%)$	$KI_{95\%}$
andere kognitive Beeinträchtigungen (84)*	8	9.52	3.24–15.80
– MCI	3	3.57	0–7.54
– Pseudodemenz	1	1.19	0–3.51
– kognitive Beeinträchtigung nach Schlaganfall	1	1.19	0–3.51
irgendeine Angststörung (82)*	18	21.95	12.99–30.91
– Angst und Depression, gemischt (82)	0	--	--
– subsyndromale Angst (84)	10	11.91	4.98–18.84
irgendeine affektive Störung (82)*	19	23.17	14.04–32.30
– kurzdauernde rezidivierende Depression (82)	0	--	--
– einfache Trauer (82)	1	1.22	0–3.60
– subsyndromale Depression (82)	3	3.66	0–7.72
komplizierte Trauer (79)	2	2.53	0–5.93
Punktprävalenz irgendeiner Störung (72)	31	43.06	31.62–53.50

Tab. 17-2 Punktprävalenzen und Konfidenzintervalle altersspezifischer und subsyndromaler Erscheinungsformen/Diagnose-Kategorien

Diskussion

Die Gesamtprävalenz für irgendeine psychische Störung nach DSM-IV-TR fällt deutlich niedriger aus als erwartet, jedoch in ähnlicher Höhe wie bei gleichaltrigen, nicht institutionalisierten Personen (Helmchen et al., 1996).

Sollte eine der Ursachen dafür die Zusammensetzung der Stichprobe sein (siehe unten), könnte man das Ergebnis als Hinweis darauf verstehen, dass nicht das Wohnen im Heim an sich ein Risikofaktor ist, sondern vielmehr der Grad der körperlichen bzw. psychischen Beeinträchtigung.

Der Unterschied zwischen den Punktprävalenzen nach DSM-IV-TR und jenen, in die auch altersspezifische Diagnosen und subsyndromale Ausprägungen[47] inkludiert wurden (Tabelle 17-2), ist jedoch beträchtlich: Die Gesamtprävalenz irgendeiner Störung steigt von 27,78% auf 43,06%, der Wert für Angststörungen verdoppelt sich, affektive Störungen verzeichnen einen geringeren Anstieg (von 18,29% auf 23,17%). Diese Unterschiede kommen vor allem durch das häufige Auftreten subsyndromaler Ausprägungen zustande. Die zusätzlich erhobenen altersspezifischen Diagnosen, wie z. B. komplizierte Trauer, kommen in dieser Stichprobe kaum bis gar nicht vor. Die Notwendigkeit, solche Kriterien einzuführen, wird damit tendenziell verneint.

Auffällig ist das besonders häufige Vorkommen subsyndromaler Ausprägungen von Angst- und affektiven Störungen: Viele Probanden klagten über ausgeprägte Symptomatik, die Frage nach dem Ausmaß der Alltagsbeeinträchtigung wurde dennoch häufig verneint, womit eine Diagnosestellung nach DSM nicht mehr zulässig ist. Ursache könnte zum einen eine für die untersuchte Kohorte spezifische Tendenz zum Herunterspielen (v. Kieckebusch, 2010) sein, zum anderen könnte aber auch die Frage nach Alltagsbeeinträchtigungen bei SeniorenheimbewohnerInnen nicht (mehr) valide sein.

---

[47] Subsyndromal = die entsprechende Auffälligkeit (z. B. Angst) erreicht nicht die den Diagnosekriterien entsprechende Ausprägung, um sie als Störung im herkömmlichen Sinn diagnostizieren zu können

Die Aussagekraft der Ergebnisse wird vor allem durch die geringe Stichprobengröße eingeschränkt. Dies ist vor allem auf die Präselektion im Sinne der Befragbarkeit zurückzuführen. Diese Vorauswahl war aus ethischen Gründen im Sinne der Zumutbarkeit unumgänglich, außerdem erschien die Verwertbarkeit von Interviewdaten vor allem bei kognitiv schwer Beeinträchtigten fraglich. Daraus resultierte eine zu „fitte" Stichprobe, die nur für weniger beeinträchtigte BewohnerInnen als repräsentativ angesehen werden kann. Gleichzeitig ergaben sich dadurch für die einzelnen Störungen aber auch so geringe Fallzahlen, dass die daraus abgeleiteten Prävalenzberechnungen nur eingeschränkt generalisierbar sind.

Das angepasste klinische Interview erscheint für den Seniorenheimkontext zwar besser geeignet, mit einer Durchführungsdauer von 90 Minuten ist es für ältere Personen aber grenzwertig. Auch sollten oben erwähnte, für die Altersgruppe spezifische Antworttendenzen stärker berücksichtigt werden, was für die weitere Forschung als weit dringlicher erscheint als die Einführung altersspezifischer Diagnosekriterien. Bei einer Weiter- oder Neuentwicklung eines solchen Verfahrens müssten auch die Gütekriterien umfassend überprüft werden, was im Rahmen dieser Arbeit nicht möglich war.

Literatur

Andreas S, Härter M, Volkert J et al. (2013): *The MentDis_ICF65+ study protocol: prevalence, 1-year incidence and symptom severity of mental disorders in the elderly and their relationship to impairment, functioning (ICF) and service utilisation.* BMC Psychiatry *13*, 1–10

Aronson E, Wilson TD und Akert RM (2004): *Sozialpsychologie* (4., akt. Aufl.). München: Pearson Studium

Baltes PB und Baltes MM (1993): *Psychological perspectives on successful aging: The model of selective optimization with compensation.* In PB Baltes und MM Baltes (Eds.), *Successful Aging. Perspec Behav Sci* (pp. 1–34). Cambridge University Press

Bickel H (1997): *Epidemiologie psychischer Erkrankungen im Alter.* In H. Förstl (Hrsg.), *Lehrbuch der Gerontopsychiatrie* (S. 1–15). Stuttgart: Ferdinand Enke Verlag

Burns BJ, Wagner HR, Taube JE et al. (1993): *Mental health service use by the elderly in nursing homes.* American Journal of Public Health 83, 331–337

Gunzelmann T und Oswald W-D (2002): *Gerontopsychologische Diagnostik.* In A. Maercker (Hrsg.), *Alterspsychotherapie und klinische Gerontopsychologie* (S. 111–123). Berlin: Springer

Hautzinger M (2002): Depressive Störungen. In A. Maercker (Hrsg.), *Alterspsychotherapie und klinische Gerontopsychologie* (S. 141–165). Berlin: Springer

Helmchen H, Baltes MM, Geiselmann B et al. (1996). *Psychische Erkrankungen im Alter.* In KU Mayer, und PB Baltes (Hrsg.), *Die Berliner Altersstudie* (S.185–219). Berlin: Akademie Verlag

Ihl R und Frölich L (1991): *Die Reisberg-Skalen.* Deutschsprachige Bearbeitung der Global Deterioration Scale, der Brief Cognitive Rating Scale und des Functional Assessment Staging von Barry Reisberg. Weinheim: Beltz Test

Insel KC und Badger TA (2002): *Deciphering the 4 D's: Cognitive decline, delirium, depression and dementia – a review.* J Adv Nursing 38, 360–368

Jagsch C (2006): *Gerontopsychiatrie und Gerontopsychotherapie.* In Jagsch C, Wintgen-Samhaber I und Zapotoczky K (Hrsg.), *Lebensqualität im Seniorenheim* (S. 66–75). Linz: Trauner Verlag

Kessler J, Markowitsch HJ und Denzler P (2000): *Mini-Mental-Status-Test (MMST).* Göttingen: Beltz Test GmbH

Kieckebusch U von (2010): *Psychologische Demenzdiagnostik.* München Reinhardt Verlag

Knight BG und McCallum TJ (1998): *Adapting psychotherapeutic practice for older clients: Implications of the contextual, cohort-based, maturity, specific challenge model.* Prof Psychol Res Pract, 29, 15–22

Knight BG, Robinson GS und Satre DD (2002): *Ein lebensspannenpsychologischer Ansatz der Alterspsychotherapie.* In A. Maercker (Hrsg.), *Alterspsychotherapie und klinische Gerontopsychologie* (S. 87–110). Berlin: Springer

Köhler L, Weyerer S und Schäufele M (2007): *Proxy screening tools improve the recognition of dementia in old-age homes: results of a validation study.* Age Ageing 36, 549–554

Langer EJ und Rodin J (1976): *The effects of choice and enhanced personal responsibility for the aged: A field experiment in an institutional setting.* Journal of Personality and Social Psychology 34, 191–198

Lübke N, Grassl A, Kundy M et al. (2001): *Hamburger Einstufungsmanual zum Barthel-Index.* Geriatrie Journal 1/2, 41–46

Maercker A (2002a): *Psychologie des höheren Lebensalters. Grundlagen der Alterspsychotherapie und klinischen Gerontopsychologie.* In Maercker A (Hrsg.), *Alterspsychotherapie und klinische Gerontopsychologie* (S. 1–58). Berlin: Springer.

Maercker A (2002b): *Posttraumatische Belastungsstörungen und komplizierte Trauer. Lebensrückblicks- und andere Interventionen.* In Maercker A (Hrsg.), *Alterspsychotherapie und klinische Gerontopsychologie* (S. 245–282). Berlin: Springer.

Maercker A (2003): *Alterspsychotherapie. Aktuelle Konzepte und Therapieaspekte.* Psychotherapeut 48, 132–149

Maercker A, Einsle F und Köllner V (2007): *Adjustment disorders as stress response syndromes: a new diagnostic concept and its exploration in a medical sample.* Psychopathology 40, 135–146

Maercker A und Karl A (2005): *Posttraumatische Belastungsstörung.* In Perrez M und Baumann U (Hrsg.), *Lehrbuch Klinische Psychologie – Psychotherapie* (S. 970–994). Bern: Huber

Prigerson HG, Horowitz MJ, Jacobs SC et al. (2009): *Prolonged grief disorder: Psychometric validation of criteria proposed for DSM-5 and ICD-11.* PLOS Med 6): e1000121

Saß H, Wittchen H-U, Zaudig M et al (2003): *Diagnostisches und statistisches Manual psychischer Störungen – Textrevision – DSM-IV-TR.* Göttingen: Hogrefe. Engl.: American Psychiatric Association: *Diagnostic and Statistical Manual of Mental Disorders,* Fourth Edition, Text Revision. Washington, D.C., American Psychiatric Association, 2000

Schaub T und Linden M (2000): *Epidemiologie und Differentialdiagnose von Angststörungen im Alter.* In Kretschmar C, Hirsch RD, Haupt M et al. (Hrsg.), *Angst – Sucht – Anpassungsstörungen im Alter* (S. 24-41). Düsseldorf: Deutsche Gesellschaft für Gerontopsychiatrie und -psychotherapie

Wancata J, Benda N, Hajji M et al. (1998): *Prevalence and course of psychiatric disorders among nursing home admissions.* Soc Psych Psych Epidem 33, 74–79

Wisocki PA (2002): Angststörungen. In A. Maercker (Hrsg.), *Alterspsychotherapie und klinische Gerontopsychologie* (S. 167–194). Berlin: Springer

Wittchen HU und Semler G (1990). *Composite International Diagnostic Interview (CIDI).* World Health Organization. Weinheim: Beltz Test

18 Betreuung und Pflege betagter Menschen – eine ethische Perspektive

Gunter Graf

Das Alter und der Prozess des Alterns können, wie der vorliegende Sammelband eindrucksvoll unter Beweis stellt, aus verschiedenen fachlichen Perspektiven betrachtet werden. Biologie, Psychologie, Medizin und Sportwissenschaften sind dabei ebenso zentral wie Soziologie und Kommunikationswissenschaften, die allesamt in den letzten Jahren und Jahrzehnten eine große Wissensbasis zu Fragen der Alter(n)sforschung entwickelt haben. Erst durch einen solchen multidisziplinären Blick wird es möglich, den entsprechenden Phänomenen angemessen zu begegnen und das Alter(n) in seiner Komplexität und Vielfalt zu verstehen. Ganz zentrale Einsichten sind dabei, dass wir es hier mit einer Lebensphase zu tun haben, die einerseits durch große *Potentiale* gekennzeichnet ist. Im Alter sind noch Entwicklungen und Veränderungen möglich, und es ist keinesfalls so, dass wir es hier mit einem „Verfallsprozess" zu tun hätten. Ganz im Gegenteil wird durch die Forschung – und auch die Lebenspraxis vieler Menschen – immer deutlicher, dass viele Menschen im Alter Neues lernen, sich verändern und ihr Leben bewusst in eine Richtung lenken, die sie wertschätzen. Andererseits ist aber festzuhalten, dass eine größere *Verletzlichkeit* ebenso zum Alter(n) gehört. Mit steigenden Lebensjahren erhöht sich das Risiko, mit gewissen (gesundheitlichen) Einschränkungen konfrontiert zu sein, die oftmals dazu führen, dass man auf Betreuung und/oder Pflege angewiesen ist. In der Regel ist das Alter(n) eines Menschen nur angemessen zu verstehen, wenn man es im Spannungsfeld von Potential und Verletzlichkeit sieht. Wie in diesem Beitrag deutlich werden wird, sind auch bei Menschen mit Pflegebedarf beide Aspekte wichtig, um ihre Lebenslage adäquat charakterisieren zu können.

Für viele wichtige Fragestellungen ist es nun aber nicht genug, auf einer deskriptiven Ebene zu *beschreiben*, was das Alter(n) auszeichnet und *Erklärungen* für gewisse – biologische, soziale, psychologische oder auch andere – Phänomene zu finden. Es gilt vielmehr auch darum, sich darüber Gedanken zu machen, wie ein *gutes Leben* im Alter aussieht und das Wissen, das von der Wissenschaft generiert wird, in den Dienst des Menschen zu stellen. Damit betritt man das Gebiet der Ethik, das sich mit Werten und Normen auseinandersetzt und die Frage nach dem Guten stellt – nach der guten Gesellschaft, dem guten Handeln, der guten Institution oder allgemein dem guten Leben. So komplex wie das Alter(n) selbst ist auch die Auseinandersetzung damit, wie das gute Leben im Alter zu charakterisieren ist, und es bietet sich an, zielgruppenspezifisch vorzugehen. Für diesen Beitrag sollen daher exemplarisch betagte Personen in Österreich herangezogen werden, die auf Betreuung und/oder Pflege angewiesen sind. Innerhalb dieser Gruppe stößt man zwar erneut auf ein hohes Maß an Vielfalt und Komplexität, trotzdem bringen Betreuung und Pflege einige gemeinsame Herausforderungen mit sich, die den Fokus auf diese Gruppe von Menschen rechtfertigen. Grundlage für die Analyse ist eine qualitative Studie, die das internationale forschungszentrum für soziale und ethische fragen (ifz) Salzburg gemeinsam mit der Österreichische Caritas Zentrale durchgeführt hat (ifz und Caritas, 2015).

In diesem Beitrag soll nun ausschnitthaft eine ethische Perspektive auf die Situation dieser Menschen geworfen werden, wobei zwei Werte im Zentrum stehen: Selbstbestimmung und Anerkennung.

Ich werde dabei wie folgt vorgehen: Im ersten Abschnitt gehe ich darauf ein, welches Verständnis von Ethik in der genannten Studie vorausgesetzt wurde und in welchem Verhältnis es zum empirischen Material steht, das erhoben wurde. Dabei handelt es sich um leitfadengestützte, problemzentrierte Interviews mit Menschen in Österreich, die auf die eine oder andere Weise mit der Pflege in Verbindung stehen: also pflegebedürftige Menschen, pflegende Angehörige, beruflich Pflegende sowie Menschen, die sich ehrenamtlich engagieren. Im zweiten Abschnitt bringe ich die beiden genannten Werte mit der speziellen Situation von Menschen in Verbindung, die auf Betreuung und Pflege angewiesen sind. Aufbauend auf einen Beitrag, der an anderer Stelle erschienen ist (Buchner und Graf, 2016), arbeite ich einige Aspekte von Selbstbestimmung und Anerkennung für diesen Kontext heraus, die für das gute Leben der Betroffenen von großer Relevanz sind und Orientierungslinien für praktische Verbesserungen vorgeben. Im abschließenden Ausblick verdeutliche ich nochmals, wie wichtig die Frage nach dem guten Leben in Betreuung und Pflege ist, da sie zeigt, dass der Mensch im Zentrum aller gesellschaftlicher Bestrebungen stehen soll.

Der ethische Rahmen: eine Skizze

Wie einleitend angesprochen, ist es wichtig, die Alter(n)sforschung – zu der ich die Pflegeforschung als Teildisziplin zählen möchte – nicht als ein Fachgebiet zu sehen, die nur wertneutrales Wissen über die Welt sammelt. Vielmehr ist sie auf verschiedenen Ebenen tief mit Wertfragen und somit dem Bereich der Ethik verwoben. Ohne dieses Problem in seiner Tiefe und wissenschaftstheoretischen Komplexität aufgreifen zu können (Kincaid, Dupré und Wylie, 2007), möchte ich einen Aspekt ansprechen, der mir besonders wichtig erscheint. Das Wissen, das in der Alternsforschung generiert wird, hat eine enorme Praxisrelevanz und kann dazu beitragen, dass das Alter(n) – nicht zuletzt in Betreuung und Pflege – für viele Menschen *besser* wird. Um verstehen zu können, was mit dieser Aussage genau gemeint ist, kommt man nicht umhin, sich mit dem guten Leben, oder spezifischer: dem guten Alter(n) auseinanderzusetzen. An dieser Stelle überschreitet man aber den Bereich der deskriptiven Wissenschaften, man betritt den Bereich des Normativen, der von der Ethik bearbeitet wird. Gleiches gilt im Übrigen, wenn man sich kritisch damit beschäftigt, wer von den Ergebnissen der Alter(n)sforschung profitiert. Ist es etwa so, dass der sozioökonomische Status einer Person damit zusammenhängt, welchen Zugang sie zu einem guten Alter(n) hat? Hier geht es um Verteilungsfragen, die sich in erster Linie um das Gerechtigkeitskonzept drehen. Und auch hier gilt: Ohne Ethik lässt sich diese Frage nicht beantworten.

Doch bleiben wir beim guten Alter(n) und den Wertmaßstäben, die man ansetzen kann, um es zu charakterisieren. Zwei Werte, die man in vielen ethischen Auseinandersetzungen mit dem guten Leben – zum Teil in unterschiedlichen Ausprägungen – findet, sind Selbstbestimmung und Anerkennung (Nussbaum, 2011; Honneth, 1994).

Selbstbestimmung geht mit der Einsicht einher, dass Menschen als aktive Wesen zu verstehen sind, die ihr Leben in eine Richtung lenken können, die von ihnen gewollt wird. Sie hat damit zu tun, „man selbst zu sein" und seine eigenen Vorstellungen des guten Lebens umsetzen zu können. Menschen zu respektieren hat zu einem bedeutenden Teil damit zu tun, ihre Selbstbestimmung zu achten und sie nicht ohne wirklich gute Gründe zu bevormunden – die etwa darin bestehen könnten, dass sie sich in einem emotionalen Ausnahmezustand befinden, der ihre Handlungsfähigkeit blockiert (Feinberg, 1989).

Anerkennung, wie ich den Begriff verstehen möchte, zielt darauf ab, dass wir als Menschen elementar aufeinander angewiesen sind und der Wertschätzung anderer bedürfen, um uns selbst und die Projekte, die wir verfolgen, als wertvoll zu erleben. Die eigene Persönlichkeit und der Platz in der Gesellschaft, den jemand einnimmt, werden zutiefst von sozialen Beziehungen und vorhandener oder abwesender Anerkennung geprägt. Anerkennung ist somit eine wichtige Voraussetzung, dass Menschen eine Identität entwickeln können, und sie ist deshalb auch für die Ethik relevant, wie von Autoren wie Axel Honneth oder Charles Taylor herausgearbeitet wurde (Taylor, 1993; Honneth, 1994). Jemanden anzuerkennen ist nicht bloß ein neutraler Akt, sondern damit verbunden, den anderen/die andere als achtenswertes moralisches Subjekt zu verstehen. Daraus können sich Pflichten ergeben, die auch auf der gesellschaftlichen Ebene relevant sind. Die Gegenteile von Anerkennung, Demütigung, Missachtung oder Geringschätzung, können verletzend wirken und demnach ein gutes Leben erschweren. Soziale Wertschätzung ist dabei unmittelbar mit Rechten verbunden, drückt sich in unseren kapitalistisch organisierten Gesellschaften aber auch in finanziellen Leistungen aus, die man für seine Tätigkeiten erhält.

Eine Ethik des guten Lebens in Betreuung und Pflege kann sich nun nicht damit begnügen, die soeben eingeführten Werte der Selbstbestimmung und Anerkennung auf dieser abstrakten Ebene zu diskutieren. Vielmehr müssen sie mit der Lebensrealität der betroffenen Menschen in Verbindung gebracht werden. Ein wichtiger Teil dieses Vorhabens ist es, die Sicht der Menschen, die in Betreuung und Pflege leben, einzufangen. So wird es möglich, einen Zusammenhang herzustellen und zu veranschaulichen, was Selbstbestimmung und Anerkennung in ihrer Situation bedeuten. Auf diese Weise läuft die ethische Theoriebildung nicht Gefahr, an den Betroffenen vorbei zu theoretisieren und zu übersehen, was in der Praxis tatsächlich von Bedeutung ist. Allerdings ist ebenso zu betonen, dass die ethische Theorie die Bewertungen und Einschätzungen der Betroffenen nicht ohne kritische Prüfung hinnehmen kann. Menschen allen Alters und in allen Lebenslagen können ihre Situation verzerrt wahrnehmen, ihnen kann Wissen fehlen, oder sie können durch moralisch fragwürdige soziale Normen in ihrem Urteilsvermögen beschränkt sein (Sen, 1999, S. 62–63). Hier ist die ethische Theorie gefordert, reflektierte Kontrastpunkte zu geben und einzufordern, dass nicht alles, was in der Praxis behauptet oder getan wird, automatisch als moralisch gut einzustufen ist. Um diese Forderung an einem Beispiel festzumachen: In unserer Studie wurde uns von einer Pflegekraft geschildert, dass eine kognitiv weitgehend uneingeschränkte Bewohnerin des Pflegeheims Pflegekräfte mit Migrationshintergrund abschätzig behandelt und sie nicht in ihrer Umgebung sehen will, Forderungen, die man durchaus als Aspekte von Selbstbestimmung sehen könnte. Dennoch ist klar, dass aus ethischer Sicht eine solche Haltung zu kritisieren ist und dass die Einstellung der Bewohnerin nicht einfach hinzunehmen ist. Ethische Theorie und die Lebenspraxis der sich in Betreuung und Pflege befindlichen Menschen sind also aufeinander angewiesen, will man gehaltvolle Aussagen zur Bedeutung von bestimmten Werten – in unserem Fall Selbstbestimmung und Anerkennung – treffen. Im nächsten Abschnitt sollen einige Aspekte dieser Dimensionen bezüglich eines guten Lebens in Betreuung und Pflege dargestellt werden.

Selbstbestimmung und Anerkennung in der Pflege

Beginnen wir mit der Frage, welche Aspekte von Selbstbestimmung in unserer Studie angesprochen wurden und wie sie mit dem guten Leben in Verbindung stehen. Im Folgenden liegt der Fokus auf Menschen, die selbst auf Betreuung und Pflege angewiesen sind, wobei festzuhalten ist, dass Selbstbestimmung auch für alle anderen betroffenen Personengruppen relevant war. Um ein Beispiel herauszugreifen, war es pflegenden Angehörigen häufig ein Anliegen, das Gefühl zu haben, ihr Leben in einigen wichtigen Aspekten noch selbst zu gestalten zu können und nicht vollkommen durch die Pflegetätigkeit definiert zu werden.

Doch konzentrieren wir uns jetzt auf Selbstbestimmung als Teil einer Betreuungs- und Pflegeethik in Bezug zu betagten Menschen mit Pflegebedarf. Ich möchte hier drei Gesichtspunkte anführen, die einen Einblick in die Thematik geben, ohne sie vollständig ausarbeiten zu können. Erstens ist zu betonen, dass es in Betreuung und Pflege in sehr vielen Fällen den Betroffenen möglich ist, Kontrolle über ihre Lebensgestaltung auszuführen und sie auch großen Wert darauf legen, dies zu tun, auch wenn klar ist, dass sich im Vergleich zu ihrem Leben in früheren Jahren ihre Handlungsoptionen reduziert haben. Speziell mit passenden Unterstützungsmaßnahmen und technischen Hilfsmitteln, die immer ausgereifter und alltagstauglicher werden (Stichwort „Ambient/Active Assisted Living"), lässt sich trotz starker Einschränkungen ein Leben führen, das man „selbst in der Hand hat" und gemäß seinen eigenen Vorstellungen führen kann.

Entscheidungen, die von Menschen mit Pflegebedarf getroffen werden, können gewichtig sein und weitreichende Konsequenzen haben, etwa dann, wenn sich ein Mensch mit Pflegebedarf für eine gewisse Betreuungs- oder Wohnform entscheidet. Selbstbestimmung kann aber auch damit zu tun haben, durch kleinere Tätigkeiten im Alltag Kontrolle über seine Lebensführung auszuüben. So verdeutlichte eine Frau mit Pflegebedarf in einem unserer Gespräche, wie wichtig es für sie ist, selbst den Müll hinauszutragen, selbst wenn es nur unter großer Anstrengung für sie möglich ist. Hier ist zusätzlich anzumerken, dass Selbstbestimmung für Menschen mit Pflegebedarf besonders stark damit verknüpft ist, dass sie sich in ihrer Handlungsfähigkeit respektiert fühlen: Nicht nur das, was man tatsächlich selbst bestimmt, zählt, sondern vor allem die Überzeugung oder Gewissheit, es gegebenenfalls tun zu können und in seiner Entscheidung ernst genommen zu werden. Wenn man sich in der Pflegesituation sicher ist, dass man zu nichts gezwungen wird, dass der eigene Wunsch nach Selbstbestimmung ernst genommen wird und für Personen im Umfeld handlungsanleitend ist, fällt es leichter, die durch die Pflegebedürftigkeit entstehenden Veränderungen des Lebensalltags anzunehmen. Wenn im vorigen Abschnitt eine enge Verbindung hergestellt wurde zwischen dem Respekt einer Person und der Achtung ihrer Selbstbestimmung, gilt dies natürlich ebenso für Menschen in Betreuung und Pflege. Sie sind selbstverständlich als gleichwertige moralische Subjekte zu verstehen und in ihren Handlungen und Entscheidungen zu respektieren.

Zweitens ist jedoch auf eine große Gefahr hinzuweisen. Ein naives Verständnis von Selbstbestimmung, das nicht auf ihre Bedingungen blickt, kann dazu führen, dass man die Bedürfnisse der betroffenen Menschen nicht richtig wahrnimmt oder sogar vernachlässigt. So kann der oft geäußerte Wunsch, in den eigenen vier Wänden alt zu werden, ohne angemessene Rahmenbedingungen zu Isolation sowie einer mangelnden gesundheitlichen und pflegerischen Versorgung führen. Typische Probleme, die häufig in der Praxis anzutreffen sind, sind abgelegene Unterkünfte, oder solche, die den Bedürfnissen einer Person mit Pflegebedarf nicht entsprechen. Ebenso zu beachten sind die hohen Kosten, die mit der Erhaltung einer (oft zu großen) eigenen Wohnung oder eines eigenen Hauses verbunden sind. Die soziale Isolation und Armut, die mit solchen Wohnsituationen einhergehen können, aus vermeintlichem Respekt vor der Selbstbestimmung der Menschen mit Pflegebedarf ohne genaue Prüfung hinzunehmen, ist aus ethischer Sicht zu kritisieren. Vielmehr braucht es einen genauen Blick auf die Rahmenbedingungen, unter denen Selbstbestimmung erst möglich wird. Von herausragender Bedeutung ist in diesem Zusammenhang die soziale Ungleichheit, wie sie im österreichischen Pflegesystem anzutreffen ist. Neben dem Faktum, dass die sozio-ökonomische Position im Lebensverlauf Einfluss darauf nimmt, wie alt, krank oder pflegebedürftig man wird (Lindner, 2012, S. 95), besteht soziale Ungleichheit auch hinsichtlich der Chancen auf eine angemessene, qualitativ hochwertige Versorgung bei Pflegebedürftigkeit (Campbell, Roland und Buetow, 2000; Buchner und Graf, 2016). Die *tatsächliche* Wahlfreiheit von ökonomisch benachteiligten Menschen ist deshalb stark eingeschränkt, weshalb sich das Thema Armut und soziale Ungleichheit unmittelbar auf die Dimension Selbstbestimmung auswirkt und in Zeiten zunehmender Ungleichheit auch größer werdende Teile der Bevölkerung direkt betrifft. Grundsätzlich ist eine selbstbestimmte Lebensführung bei Betreuungs- und Pflegebedürftigkeit also abhängig vom angemessenen Zugang zu technischen Hilfsmitteln und Unterstützungsangeboten, einem passenden sozialen und wohnlichen Umfeld, der eigenen Delegationsfähigkeit sowie ausreichenden Ressourcen, die auch durch das bestehende Pflegesystem (mit)strukturiert werden. Sind diese Voraussetzungen nicht gegeben, besteht die Gefahr, dass nur zwischen vermeintlicher Unabhängigkeit, die Isolation und Armut mit sich bringt, und der Aufgabe von Selbstbestimmung durch Mangel an Alternativen gewählt werden kann. Selbstbestimmung hat somit eine gewichtige soziale Dimension, muss auch auf einer gesellschaftlichen und politischen Ebene grundgelegt werden und darf nicht ausschließlich unter einem verengten Blick auf das Individuum verhandelt werden.

Drittens haben wir es im Bereich der Pflege und Betreuung immer wieder mit Menschen zu tun, die sich in einem äußerst schlechten Gesundheitszustand befinden bzw. durch Demenz in ihren kognitiven Fähigkeiten zum Teil massiv eingeschränkt sind. Wie kann Selbstbestimmung unter solchen Umständen gefasst werden? Ich schlage vor, hier eine Dimension von Selbstbestimmung besonders zu betonen. Es geht hier nicht in erster Linie um Selbstbestimmung als Vermögen, zwischen verschiedenen Optionen frei und ohne äußere Hindernisse wählen zu können, also das, was in der Philosophie oft „negative Freiheit" genannt wird (Meyer und Vorholt, 2007). Vielmehr ist es wichtiger, dass man durch seine Entscheidungen und Handlungen an seinem Selbst arbeitet, welches folglich das Zentrum einer bestimmten Lebensform, eines Lebensplanes oder einer Zukunftsperspektive ist. Die Herausforderung für die Pflegenden besteht dann darin, eine Verbindung zur pflegebedürftigen Person und ihrem Selbst herzustellen, das durch Demenz oder andere Einschränkungen schwer zugänglich sein kann. Hier geht es darum, die Bedürfnisse der jeweiligen Person zu ermitteln, die immer auch eingebunden sind in eine spezifische Lebensgeschichte, und Züge ihrer Handlungsfähigkeit zu erhalten oder wiederherzustellen. So kann es beispielsweise durch Biographiearbeit oder Validation bei desorientierten Menschen gelingen, wesentliche Elemente ihrer Identität zu begreifen. Selbstbestimmung hat hier im wahrsten Sinne des Wortes mit einer Einordnung des Selbst in einer Lebensgeschichte zu tun, die durch das pflegerische Handeln unterstützt werden kann.

Doch kommen wir nun zum zweiten Gesichtspunkt, den ich oben als Element eines guten Lebens herausgestrichen habe und den ich für einen ethischen Zugang zur Pflege näher betrachten will: den der Anerkennung (vgl. dazu Buchner und Graf 2016). Dabei ist wichtig zu verstehen, dass Anerkennung – und auch ihre Gegenstücke Missachtung und Erniedrigung – in verschiedenen, gesellschaftlichen Ebenen passiert, die typischerweise miteinander in Beziehung stehen. *Erstens* geschieht sie im direkten zwischenmenschlichen Kontakt, etwa dann, wenn man jemanden lobt oder durch sein Verhalten Wertschätzung ausdrückt. Diese zwischenmenschlichen Kontakte und Begegnungen finden nun sehr häufig, *zweitens,* in einem institutionellen Kontext statt, der je nach Ausgestaltung Anerkennungserfahrungen erleichtern oder auch erschweren kann. Typische Institutionen sind etwa Ämter, Krankenhäuser oder Pflegeheime, die durch ihre Regeln, Organisationsformen und ihre gelebte Praxis große Unterschiede in ihrer Anerkennungskultur aufweisen können. Schließlich gibt es, *drittens,* die Makroebene, auf der Anerkennung oder Missachtung in der öffentlichen Meinung, gesetzlichen Bestimmungen, oder im medialen Diskurs geschehen. Welche Aspekte von Anerkennung pflegebedürftiger Menschen sind nun in der Praxis ein Thema?

Das Entstehen von Betreuungs- und Pflegebedürftigkeit erfordert in der Regel, die eigene Rolle in sozialen Beziehungen und der Gesellschaft und damit auch die Quellen der eigenen Identität neu zu bestimmen. Einerseits ist in diesem Prozess die eigene Handlungsmacht wichtig, die eng mit Selbstbestimmung verwoben ist, wie sie bereits diskutiert wurde. Andererseits – und dies wird besonders von Anerkennungstheorien herausgestrichen – wäre es verfehlt, die eigene Identitätsfindung abseits der sozialen Einbettungen und Deutungsmuster zu verstehen. Die eingangs angesprochene Makroebene ist hier besonders relevant. In unseren Gesellschaften bestehen in diesem Zusammenhang viele Herausforderungen. Negative bzw. einseitige Altersbilder, die Altern als Niedergang und Verlust von Leistungsfähigkeit ansehen und auf die Defizite fixiert sind, sind weit verbreitet, und oftmals werden sie der Vielfalt des Alter(n)s nicht gerecht (BMFSFJ 2010). Gerade im Bereich der Pflege herrscht in unserer Gesellschaft ein verkürztes, handlungs- und verrichtungsbezogenes Verständnis von Pflegebedürftigkeit und Pflege vor (Stichwort „Warm-satt-sauber-Pflege"), auch wenn der pflege-, sozial-, und sozialarbeitswissenschaftliche Diskurs mittlerweile auf andere Altersbilder setzt, die viel stärker kommunikations- und teilhabeorientiert sind. Doch die angesprochenen negativen und einseitigen Altersbilder sind in der Praxis wirkmächtig und erschweren es Menschen mit Pflegebedarf, das eigene Selbst und seine Bedürfnisse zu behaupten und weiter an der eigenen Identität zu arbeiten. Sie verinnerlichen vielmehr die Idee, dass sie als alte und pflegebedürftige Menschen keinen gesellschaftlichen Beitrag mehr leisten. Eine beruflich Pflegende meinte in einem unserer Interviews dazu, dass sie immer wieder mit Menschen zu tun hat, die sich „selber runtermachen" und die Einstellung haben, dass sie „nichts wert" seien. Hier kann auf den Umstand hingewiesen werden, dass Anerkennung in unserer Gesellschaft stark an Leistung geknüpft ist. Der Verlust der Leistungsfähigkeit wird oft von den Betroffenen wie auch im öffentlichen Diskurs als Defizit begriffen. Im schlimmsten Fall kann dies dazu führen, dass man die eigene Existenzberechtigung in Frage stellt.

Ein genauerer Blick darauf, was Anerkennung in Bezug zu Menschen mit Pflegebedarf bedeutet, führt also dazu, gesellschaftliche Altersbilder kritisch zu reflektieren. Dazu gehört vor allem, dass es nötig ist, ein stärkeres geteiltes Bewusstsein darüber zu entwickeln, dass Alter, Krankheit und Sterben integrale Teile menschlichen Lebens sind und es eine gesamtgesellschaftliche Aufgabe ist, für Menschen mit Pflegebedarf Verantwortung zu übernehmen. Schober et al. (2007, S. 91) sprechen in diesem Zusammenhang von einer „Kultur des Altwerdens, Altseins und Schwach-sein-Dürfens

[...], die diese Entwicklung schätzt und nicht verdrängt." Verletzlichkeit gehört schließlich wesentlich zum Menschsein und sollte in einer humanen Gesellschaft nicht ausschließlich als Defizit gesehen werden oder sogar etwas, für das man sich schämen muss.

Darüber hinaus gibt es viele Ressourcen und Stärken von alternden Menschen, die im gesellschaftlichen Diskurs oft zu kurz kommen. Sie verfügen oft über einen Schatz an Lebens-, Erfahrungs- und Orientierungswissen und haben häufig eine Ressource zur Verfügung, die in unserer schnelllebigen Gesellschaft für viele Menschen knapp geworden ist: Zeit. In einem Interview schilderte eine bettlägerige Dame, dass sie immer für Gespräche mit Ihren Angehörigen zur Verfügung steht und besonders für einen jungen Mann zu einer ganz zentralen Ansprechpartnerin geworden ist. Beide profitieren von dieser Beziehung, in welche die betagte Dame trotz starken Pflegebedarfs sehr viel einbringen kann, was ihr wiederum Selbstwert vermittelt.

Die bloße Abwesenheit von Anerkennung ist aus ethischer Sicht schon ein Problem. Noch gravierender ist es jedoch, wenn es zu Demütigungen kommt; wenn also die Betroffenen erniedrigt und dadurch in ihrer Würde und in ihrem Selbstwert angegriffen werden. Clemens Sedmak (2013, S. 69–75) erörtert in Bezug auf die Institution Krankenhaus wichtige Eintrittsstellen für Demütigung, die auch bei der Pflege alter Menschen im ambulanten und besonders im stationären Kontext relevant sind. Zum einen kann Demütigung dadurch erfolgen, dass Menschen wie Gegenstände behandelt werden. Sie werden zu bloßen Objekten der Pflege, werden aber nicht mehr in ihrer Subjektivität und Gesamtheit wahrgenommen. Sie werden als „abzuarbeitende Punkte im Dienstplan", „Kostenfaktoren" oder „Pflegefälle" wahrgenommen, ohne dass ihre Menschlichkeit Beachtung fände. Eine eng mit der Objektivierung verbundene Eintrittsstelle ist *die Demütigung durch*

Identitätserosion, die dann gegeben ist, wenn man nicht als ein besonderer Mensch behandelt wird. Jeder Mensch hat nicht nur eine emotionale und eine psychische Dimension, die es ernst zu nehmen gilt, sondern hat auch eine Lebensgeschichte, die mitbestimmt, wer man ist. Werden diese Aspekte des Menschseins in der Pflege ignoriert – so wie dies etwa bei der viel zitierten und kritisierten Pflege nach dem Motto „warm – satt – sauber" der Fall ist – kann das als demütigend bezeichnet werden. Eine anerkennende Pflegebeziehung dagegen bringt in Erfahrung, was für die pflegebedürftige Person subjektiv bedeutsam und identitätsstiftend ist, und bemüht sich, dies praktisch umzusetzen. Eine weitere typische Eintrittsstelle für Demütigung bezieht sich auf *körperbezogene Schamerfahrungen*: Im pflegerischen Kontext ist Scham ein großes Thema, da sich Betreuung und Pflege oft auf alltägliche, aber intime Tätigkeiten beziehen. Hier ergeben sich für Menschen mit Pflegebedarf viele Eintrittsstellen für Demütigungen, etwa beim Thema Inkontinenz. Dabei ist zu betonen, dass demütigende Situationen in der Praxis immer wieder vorkommen, ohne dass dies von den handelnden Personen tatsächlich gewollt wird. Vielmehr besteht die Gefahr, dass sich in den Betreuungsalltag Gedankenlosigkeit und Gleichgültigkeit einschleichen, die den Blick trüben und die erforderliche Achtsamkeit vermissen lassen, die nötig ist, um Demütigungen in der Pflege konstant zu vermeiden.

Ausblick

Betreuung und Pflege sind Themen, die uns alle betreffen. Sie verdeutlichen die Grenzen, innerhalb derer wir unser Leben führen und zeigen, dass wir in vielerlei Hinsicht auf unsere Mitmenschen angewiesen sind. Vor diesem Hintergrund ist es naheliegend, danach zu fragen, was es denn nun heißt, ein „gutes Leben" in Betreuung und Pflege zu führen. Durch diese Frage ist man aufgefordert, sich eingehend damit auseinanderzusetzen, worauf es im Leben „wirklich ankommt" – für pflegebedürftige Menschen aber genauso für diejenigen, die Pflegearbeit verrichten oder auf die eine oder andere Weise damit in Verbindungen stehen.

In diesem Beitrag wurden einige Aspekte des guten Lebens in Betreuung und Pflege diskutiert, die mit den Werten der Selbstbestimmung und Anerkennung verbunden sind und sich auf Menschen mit Betreuungs- und Pflegebedarf beziehen. Bei aller Kürze der Analyse sollte doch deutlich geworden sein, wie zentral ethische Überlegungen für diesen Bereich sind. In Zeiten der zunehmenden Ökonomisierung ist es in vielen Zusammenhängen üblich geworden, über zentrale Aspekte menschlichen Zusammenlebens in erster Linie in Verbindung mit wirtschaftlichen Größen zu sprechen. Zahlen und ökonomische Effizienz stehen im Vordergrund, und Menschen verkommen zu bloßen Faktoren in Kosten-Nutzen-Rechnungen. Die Frage nach dem guten Leben dagegen eröffnet andere Perspektiven und ruft in Erinnerung, dass die menschliche Person im Zentrum aller gesellschaftlicher Bestrebungen stehen soll. Um gehaltvolle Aussagen und Orientierungen für konkrete Verbesserungen geben zu können, ist es dazu aber erforderlich, ethische Überlegungen mit Erfahrungen aus der Praxis und Erkenntnissen der empirischen Wissenschaften zu verbinden. Auf dieser Grundlage ist es sicher möglich, Rahmenbedingungen zu schaffen, um mit den aktuellen gesellschaftlichen Herausforderungen fertig zu werden, die sich aus dem steigenden Aufwand an Pflegearbeit ergeben, der in den nächsten Jahren zu leisten sein wird, und Selbstbestimmung und Anerkennung für möglichst viele Menschen in Betreuung und Pflege zu realisieren.

Literatur

BMFSFJ (2010): *Sechster Bericht zur Lage der älteren Generation in der Bundesrepublik Deutschland – Altersbilder in der Gesellschaft.* Berlin: Bundesministerium für Familie, Senioren, Frauen und Jugend

Buchner E und Gunter G (2016): *Selbstbestimmt und anerkannt – Zwei Aspekte des guten Lebens in der Pflege.* Salzburger Beiträge zur Sozialethik 7

Campbell SM, Roland MO und Buetow SA (2000): *Defining Quality of Care.* Social Science and Medicine 51, 1611–1625

Feinberg J (1989): *Harm to Self.* Bd. 3. The Moral Limits of the Criminal Law. New York: Oxford University Press

Honneth A (1994): *Kampf um Anerkennung. Zur moralischen Grammatik sozialer Konflikte.* 1. Aufl. Frankfurt am Main: Suhrkamp

ifz und Caritas (2015): *Im Fokus: Gutes Leben. Ethische Aspekte der Betreuung und Pflege in Österreich.* Salzburg

Kincaid H, Dupré J und Wylie A Hrsg. (2007): *Value-free science? Ideals and illusions.* Oxford; New York: Oxford University Press

Lindner B (2012): *Soziale Ungleichheit in der häuslichen Pflege und Betreuung von älteren Menschen.* Diplomarbeit, Wien: Universität Wien

Meyer T und Vorholt U Hrsg. (2007): *Positive und negative Freiheit.* Dortmunder politisch-philosophische Diskurse, Bd. 5. Bochum: Projekt

Nussbaum M (2011): *Creating capabilities : the human development approach.* 1. Aufl. Cambridge, MA / London: Belknap Press of Harvard University Press

Schober D, Schober C und Kabas J (2007): *Evaluierungsstudie über das Pilotprojekt Beratungsscheck – Fachliche Erstberatung für Pflegebedürftige und ihre Angehörigen.* Wien: Kompetenzzentrum für Nonprofit Organisationen und Social Entrepreneurship, Wirtschaftsuniversität Wien

Sedmak C (2013): *Mensch bleiben im Krankenhaus. Zwischen Alltag und Ausnahmesituation.* Wien/Graz/Klagenfurt: Styria

Sen A (1999): *Development as Freedom.* 1. Aufl. New York, NY: Anchor Books

Taylor C (1993): *Multikulturalismus und die Politik der Anerkennung.* 2. Aufl. Frankfurt am Main: Suhrkamp

Vorstellung der AutorInnen

Forschungsbereiche und Zugehörigkeiten der beitragenden AutorInnen an der Paris-Lodron Universität Salzburg (PLUS)

I. Fachbereich Geographie und Geologie (Sozialgeographie)

1. **Univ.-Prof. Dr. Andreas Koch**, Leiter der Arbeitsgruppe Sozialgeographie

Forschung: Interessensschwerpunkte von Andreas Koch sind die Geographien der Armut und Ungleichheit, regionale Disparitäten sowie Modellierung und Simulation sozialräumlicher Prozesse.

Kapitel: „Die sozialräumlichen Herausforderungen des demographischen Wandels"

II. Fachbereich Kommunikationswissenschaften

2. **Assoz. Prof. PD Dr. Martina Thiele, M. A.**, Abteilung Kommunikationstheorien und Öffentlichkeiten

Forschung: Martina Thiele forscht zu Kommunikationstheorien und Mediengeschichte, Öffentlichkeiten, Stereotypen und Vorurteilen und in diesem Zusammenhang auch zu Altersstereotypen in den Medien.

Kapitel: „Alt, doch umworben – ein Forschungsüberblick"

III. Zentrum für Mensch-Computer Interaktion (Center for Human-Computer Interaction, HCI)

3. Univ.-Prof. Dr. Manfred Tscheligi, Leiter des HCI

Forschung: Manfred Tscheligi untersucht die Zusammenarbeit und das Zusammenspiel von Menschen mit z. B. Robotern und Autos aber auch die Rolle des Menschen in der industriellen Fabrikation, sowie im Kontext von Active Assisted Living. Die AAL Projekte von Manfred Tscheligi und seinem Team adressieren vor allem Fragen des gesunden Alterns und das Potential gezielter Anwendung von unterstützenden Technologien.

Kapitel: „Active Assisted Living – Beiträge der Mensch-Computer Interaktion zum gesunden Altern"

4. Katja Neureiter, PhD Post-Doctoral Research Fellow am Center für Human-Computer Interaction

Forschung: Katja Neureiter beschäftigt sich in ihrer Forschung mit den Zusammenhängen von sozialer Präsenz und sozialem Kapital, um in (video-)mediierter Kommunikation ein Gefühl der Verbundenheit zwischen kooperierenden Personen zu schaffen.

Kapitel: „Active Assisted Living – Beiträge der Mensch-Computer Interaktion zum gesunden Altern"

5. Alina Krischkowsky, MA, Doktorandin am Center für Human-Computer Interaction

Forschung: Alina Krischkowsky beschäftigt sich mit Technologieaneignung und der Zweckentfremdung von Technologien durch den Menschen, um dadurch Potentiale für zukünftige technologische Innovationen zu identifizieren.

Kapitel: „Active Assisted Living – Beiträge der Mensch-Computer Interaktion zum gesunden Altern"

IV. Fachbereich Zellbiologie und Physiologie

6. **Univ.-Prof. Dr. Günter Lepperdinger**, Begründer des Geronto_Netzwerkes, Leiter der Arbeitsgruppe Stammzellalterung am FB Zellbiologie und Physiologie, zusammen mit Sabrina Marozin, DVM und Magdalena M. Schimke, PhD

Forschung: Günter Lepperdinger's Forschungsschwerpunkte drehen sich einerseits um entwicklungsbiologische Aspekte der Organentwicklung, die Rolle der Stammzellen in regenerativen und alternsbedingter Prozesse und Gerontologie, andererseits um die Entwicklung neuartiger Technologien zur markierungsfreien Zellanalyse und Organrekonstruktion auf Micro-Biochipebene.

Kapitel: „Gesundes Altern – eine europäische Perspektive"

7. **Raffael Maurer, Mag. rer.nat., Bakk. tech**, Dissertant in der Arbeitsgruppe von Günter Lepperdinger am FB Zellbiologie und Physiologie.

Forschung: Entwicklung und Bau von Biochips zur Durchführung mikrofluscher Experimente.

Kapitel: „Alterung von Blutgefäßen"

8. Univ.-Prof. Dr. Klaus Richter, Abteilungsleiter Genetik am FB Zellbiologie und Physiologie

Forschung: Schwerpunkt des Interesses von Klaus Richter ist die Alternsforschung auf molekularbiologischer Ebene. Er untersucht reaktive Sauerstoffspezies (ROS) und ihre Rolle in der Alterung von zellulären Modellorganismen.

Kapitel: „Grundlagen der Biogerontologie"

9. Ao. Prof. Dr. Hannelore Breitenbach-Koller, Arbeitsgruppenleiterin am FB Zellbiologie und Physiologie

Forschung: Im Zuge ihrer Arbeit an der Universität Salzburg untersucht sie die Funktion von Ribosomen, jenen Komplexen, die für die Herstellung von Proteinen verantwortlich sind. Ribosomen ändern ihre Aktivität im Alter. Aktuell werden mittels Charakterisierung einzelner ribosomaler Proteine die molekularen Hintergründe der Schmetterlingskrankheit (Epidermolyis Bullosa) untersucht.

Kapitel: „Yin und Yang des Alterns: Die Rolle der Ribosomen in der Regulation der Langlebigkeit"

10. Mag. Dr. Mark Rinnerthaler, Arbeitsgruppenleiter am FB Zellbiologie und Physiologie

Forschung: Die Themenschwerpunkte von Mark Rinnerthaler hängen eng mit jenen von Klaus Richter zusammen, wobei sich Rinnerthaler auf Hautalterung und die zelluläre Stressantwort konzentriert.

Kapitel: „Hautalterung"

11. **Maria Karolin Streubel, MSc**, Dissertantin in der Arbeitsgruppe von Klaus Richter am FB Zellbiologie und Physiologie

Forschung: Im Zuge ihrer PhD Arbeit bei Klaus Richter und Mark Rinnerthaler beschäftigt sie sich mit der Gruppe der sog. „Methusalem Gene", welchen wichtige Rollen im Alterungsprozess zugeschrieben werden.

Kapitel: „Auf der Suche nach Methusalem-Genen in potentiell unsterblichen Organismen"

12. **Johannes Bischof, MSc**, Dissertant in der Arbeitsgruppe von Mark Rinnerthaler am FB Zellbiologie und Physiologie.

Forschung: Im Zuge seiner PhD Arbeit bei Klaus Richter und Mark Rinnerthaler beschäftigt er sich mit dem Effekt von radikalen Sauerstoffspezies (ROS) Produktion (in Mitochondrien) und deren Rolle beim programmierten Selbstmord (Apoptose) von Zellen.

Kapitel: „Lipid Droplets im Kontext von zellulärem Stress"

13. **Ao. Univ.-Prof. Mag. Dr. Walter Stoiber**, Leiter der Arbeitsgruppe Biomedizinische Ultrastrukturforschung am FB Zellbiologie und Physiologie.

Forschung: Walter Stoiber erforscht, wie weiße Blutzellen extrazelluläre DNA-Netze (sogenannte NETs) erzeugen und damit zu chronischer Entzündung beitragen. Aktueller Schwerpunkt ist die Rolle der NETs bei der Chronisch-Obstruktiven Lungenerkrankung (COPD). Des Weiteren wird am Modellorganismus Fisch untersucht, wie aus Vorläuferzellen Muskelgewebe entsteht und wie die Temperatur diesen Vorgang beeinflußt.

Kapitel: „Lungenschädigung durch DNA Netze bei COPD"

14. **Mag. Dr. Astrid Obermayer**, wissenschaftliche Mitarbeiterin in der Arbeitsgruppe Biomedizinische Ultrastrukturforschung am FB Zellbiologie und Physiologie, außerdem Lehrbeauftragte an der Medizinischen Fakultät der LMU München.

Forschung: Astrid Obermayer untersucht die molekulare Mikrostruktur von NETs und NETs-bildenden Zellen mit elektronenmikroskopischen und immuncytochemischen Verfahren. Aktuelle Schwerpunkte sind das Verhalten NETs-bildender Zellen auf Gewebeoberflächen und die Optimierung der Verfahren zur NETs-Mengenbestimmung bei der Lungenerkrankung COPD.

Kapitel: „Lungenschädigung durch DNA Netze bei COPD"

V. IFFB Sport- und Bewegungswissenschaften

15. **Assoz. Prof. DDr. Susanne Ring-Dimitriou** vom Interfakultären Fachbereich (IFFB) Sport- und Bewegungswissenschaften der Paris-Lodron Universität Salzburg, mit Sonja Jungreitmayr (IFFB Sport- und Bewegungswissenschaften, Universität Salzburg), Birgit Trukeschitz (WU Wien, Forschungsinstitut für Altersökonomie) und Cornelia Schneider (Salzburg Research Forschungsgesellschaft mbH, Kompetenzschwerpunkt e-Health).

Forschung: Susanne Ring-Dimitriou beschäftigt sich in ihrer Forschungsaktivität vorrangig mit der gesundheitsfördernden Bedeutung von Bewegungsintervention. Dies umfasst nationale und internationale Projekte im Zusammenhang mit Herzkreislauferkrankungen, Stoffwechselerkrankungen, altersbedingte Muskeldegeneration (Sarkopenie) und Active Assisted Living („ZentrAAL") für ältere Menschen.

Kapitel: „Sarkopenie vorbeugen durch Bewegung im betreuten Wohnen"

16. **DI-FH Mag. Cornelia Schneider** Salzburg Research Forschungsgesellschaft mbH, Kompetenzschwerpunkt e-Health

Forschung: Cornelia Schneider beschäftigt sich mit Informations- und Kommunikationstechnologien für ältere Menschen (Active and Assisted Living), wobei der Schwerpunkt auf neuen mobilitätsunterstützenden und bewegungsfördernden Technologien liegt.

Kapitel: „Sarkopenie vorbeugen durch Bewegung im betreuten Wohnen"

17. **Dr. Birgit Trukeschitz,** Wirtschaftuniversität (WU) Wien, Forschungsinstitut für Altersökonomie

Forschung: Birgit Trukeschitz befasst sich in nationalen und internationalen Projekten mit Fragen zur Messung der Effekte von Langzeitpflege/-betreuung auf die Lebensqualität älterer Menschen und ihrer Angehörigen und mit der Entwicklung geeigneter Studiendesigns für die die Evaluierung von Projekten im Bereich „Active Assisted Living" (wie z.B. „ZentrAAL", „CareInMovement").

Kapitel: „Sarkopenie vorbeugen durch Bewegung im betreuten Wohnen"

18. **Mag. Sonja Jungreitmayr,** Dissertantin bei Susanne Ring-Dimitriou am Interfakultären Fachbereich (IFFB) Sport- und Bewegungswissenschaften.

Forschung: Sonja Jungreitmayr beschäftigt sich mit Fragen zur funktionalen Fitness im Alter am Hintergrund des Krankheitsbildes Sarkopenie. In nationalen und internationalen Projekten (ZentrAAL, CiM) entwickelt sie Fitnessprogramme für Personen mit unterschiedlichen körperlichen Einschränkungen die via smarter Informations- und Kommunikationstechnologien (Apps) vermittelt werden und prüft diese auf deren Wirksamkeit.

Kapitel: „Sarkopenie rbeugen durch Bewegung im betreuten Wohnen", „Care in Movement – technologieunterstütztes Trainingskonzept für Ältere im Pflegesetting"

19. **Martin Pühringer, MSc**, Dissertant bei Susanne Ring-Dimitriou am Interfakultären Fachbereich (IFFB) Sport- und Bewegungswissenschaften

Forschung: Seit Oktober 2014 ist er bei der populationsbasierten Kohorten Studie „Paracelsus 10.000" als wissenschaftlicher Mitarbeiter tätig und ist neben der Datenerhebung auch für die Personaleinsatzplanung zuständig. Sein Forschungsschwerpunkt liegt im Bereich der medizinischen Trainingstherapie. Neben biomechanischen Belastungsanalysen bei therapeutischen Kletterübungen beschäftigt er sich vor allem mit der gesundheitsfördernden Wirkung von Bewegungsinterventionen bei Herzkreislauf- und Stoffwechselerkrankungen mit dem Schwerpunkt Fett-Metabolismus.

Kapitel: „Ventilatorische Indizes und Fettstoffwechsel"

VI. Fachbereich Psychologie

20. **Ass.-Prof. Dr. Kerstin Hödlmoser**, Projektleiterin im Labor für Schlaf- und Bewusstseinsforschung mit **Michael Hahn, MSc**

Forschung: Der Schlaf lässt jeden Mensch durchschnittlich 8 Stunden am Tag das Bewusstsein verlieren. Individuelle Verläufe und personenbezogene Unterschiede werden im Labor für Schlaf- und

Bewusstseinsforschung, im Zentrum für Kognitive Neurowissen-
schaften Salzburg (CCNS) erforscht. Das Team um Kerstin Hödlmoser beschäftigt sich mit den altersbedingten Veränderungen
des Schlafes bei Kindern und Jugendlichen und den Auswirkungen dieser Veränderungen auf das Lernpotential.

Kapitel: „Alternsbedingte Veränderungen des Schlafes im Volksschul- bis ins
Jugendalter im Zusammenhang mit deklarativem Lernen – eine
Längsschnittstudie"

21. **Univ.-Prof. Dr. Anton-Rupert Laireiter**, Leiter der Abteilung für Psychotherapie und Gerontopsychologie und des Therapiezentrums - Bereatungs-
stelle und Ambulanz für Klinische Psychologie, Psychotherapie und Gesundheitspsychologie am Fachbereich Psychologie

Forschung: Prof. Laireiter und sein Team untersuchen im gerontopsychologischen Teil der Abteilung insbesondere die Wirksamkeit psychologischer Therapien im institutionellen Kontext (Senioren-
wohnhäuser), sowie die Prävalenz psychischer Störungen in diesem Kontext. Weiters werden Methoden und Interventionen zur
Gesundheitsförderung und Prävention im höheren Lebensalter
entwickelt und evaluiert. Letzteres ist Teil des Gesundheitsför-
derungs- und Präventionsprojektes „Fidelio", das zusammen mit
der Salzburger Gebietskrankenkasse durchgeführt wird. Das Projekt entwickelt strategische Handlungsempfehlungen und einen
Maßnahmenkatalog zur Gesundheitsförderung und Prävention
von Frauen und Männern ab 50. Dies erfolgt im Rahmen einer
geplanten Dissertation.

Kapitel: „Gesundheitsförderung und Prävention im Alter – das Gesundheitsförderungsprojekt Fidelio", „Prävalenz psychischer Störungen in Salzburger Seniorenheimen"

22. **Mag. Margit Somweber**, Psychologin an der Salzburger Gebietskrankenkasse, Abteilung Gesundheit, verantwortlich für Projekte zur Gesundheitsförderung und Prävention bei verschiedenen Altersgruppen, u.a. von Menschen ab 50.

Forschung: Mag. Somweber ist assoziiertes Mitglied der gerontopsychologischen Forschungsgruppe von Prof. Laireiter und unterstützt und betreut Forschung zur Gesundheitsförderung und Prävention im höheren Lebensalter.

Kapitel: „Gesundheitsförderung und Prävention im Alter – das Gesundheitsförderungsprojekt Fidelio"

23. **Tanja Grünberger, MSc**, Mitarbeiterin in der Abteilung von Prof. Laireiter am Fachbereich Psychologie

Forschung: Als Klinische Psychologin und Gesundheitspsychologin arbeitet Tanja Grünberger in der Abteilung von Prof. Laireiter unter anderem am psychischen Gesundheitszustand Salzburger Senioren.

Kapitel: „Prävalenz psychischer Störungen in Salzburger Seniorenheimen"

VII. Zentrum für Ethik und Armutsforschung (ZEA)

24. **Dr. Gunter Graf**, Wissenschaftlicher Mitarbeiter am ifz und ZEA

Forschung: Seit 2008 ist Graf Research Fellow am „internationalen forschungszentrum für soziale und ethische fragen" (ifz) in Salzburg. Seit April 2014 engagiert er sich im Projekt „Soziale Gerechtigkeit und Kinderarmut", das am Zentrum für Ethik und Armutsforschung (ZEA) der Universität Salzburg durchgeführt wird. Außerdem ist er Mitherausgeber der „Zeitschrift für Praktische Philosophie".

Kapitel: „Betreuung und Pflege betagter Menschen – eine ethische Perspektive"

VIII. SeniorInnenuniversität Uni 55-PLUS

25. **em.Univ.Prof. Dr. Dr.h.c. Urs Baumann**, Leiter Uni 55-PLUS (bis 2010 Mitglied im Fachbereich Psychologie).

Forschung: Klinische Gerontopsychologie mit Fokus auf die Situation älterer Menschen in SeniorInnenheimen inklusive Psychotherapie in Zusammenarbeit mit der Stadt Salzburg. Leitung und NutzerInnenanalyse Uni 55-PLUS.

Kapitel: „Geleitwort zum Band des Geronto_Netzwerkes der PLUS"

Glossar: Zur Erklärung von (Fach-)Begriffen

Zusammengestellt von Magdalena Schimke

Acetylierung

Acetylierung ist das Anfügen einer Acetylgruppe an den funktionellen Gruppen –OH, -SH und –NH$_2$. Dadurch entstehen entsprechende Azetate.

Active/Ambient Assisted Living

AAL, aktuelle englische Bezeichnung Active Assisted Living, übersetzt Altersgerechte Assistenzsysteme für ein selbstbestimmtes Leben, oder umgebungsunterstütztes Leben, bzw. selbstbestimmtes Leben durch innovative Technik oder Assistenzsysteme fürs Alter. Es umfasst Methoden, Konzepte, (computergesteuerte) Systeme und Produkte, aber auch Dienstleistungen, die den Alltag älterer oder körperlich/geistig beeinträchtigter Menschen situationsabhängig unterstützen.

Agoraphobie

Agoraphobie, zu Deutsch Platzangst (aus dem Altgriechischen abgeleitet *Marktplatz*), bezeichnet die Angst vor der Außenwelt und stellt die häufigste Form der Angststörung dar. Patienten haben Angst vor Situationen, aus denen sie nicht flüchten können und zeigen Symptome wie Schweißausbruch, Schwindel, Übelkeit, Herzrasen oder Verlust der Blasenkontrolle.

Aldehyde

Alcoholus dehydrogenatus (dehydrierter Alkohol) sind chemische Verbindungen mit der funktionellen Gruppe –CH=O und heißen Aldehydgruppe oder Formylgruppe. Aldehyde werden nach der IUPAC-Nomenklatur benannt: Der Name des Alkans mit derselben Anzahl an Kohlenstoffatomen mit dem Suffix –al oder –carbaldehyd. So heißt z. B. das vom Methan abgeleitete Aldehyd Methanal.

Aminosäure

Alle Proteine werden aus 20 natürlich vorkommenden Aminosäuren aufgebaut. In Pflanzen gibt es darüber hinaus 200 weiterer Aminosäuren, die jedoch nicht am Proteinaufbau beteiligt sind. Aminosäuren sind sehr unterschiedlich komplex aufgebaut, wobei alle die Amino-Gruppe ($-NH_2$) und die Carboxy-Gruppe (-COOH) gemein haben. Die meisten Aminosäuren kann der Körper selbst synthetisieren, die anderen, sog. essenziellen Aminosäuren müssen mit der Nahrung aufgenommen werden.

Amnestische Störung

Störung der Gehirnfunktion, die mit Gedächtnisverlust einhergeht. Tritt häufig in Zusammenhang mit Gehirnerschütterungen auf, bzw. ohne traumatisches Erlebnis bei älteren Menschen.

AMP-aktivierte Proteinkinasen (AMPK)

AMPK, oder 5' Adenosin Monophosphat-aktivierte Proteinkinase ist ein Enzym das eine wichtige Rolle bei einer Vielzahl von regulatorischen Vorgängen in der Biosynthese von Säugetierzellen spielt.

Anaerobe Schwelle

Wird auch als aerob-anaerobe Schwelle oder Laktatschwelle bezeichnet und markiert jene Belastungsintensität, an der sich die Bildung und der Abbau für eine weitere oxidative Verstoffwechslung von Laktat gerade noch in Balance halten. An diesem Punkt ist besonders effizientes Leistungstraining möglich.

Antioxidativ/Antioxidantien

Antioxidativ wirksame Antioxidantien sind niedermolekulare Gruppen oder auch Enzyme, die die Zelle bzw. den Körper vor reaktiven und aggressiven Sauerstoffspezies schützen sollen. Dazu zählen die Vitamine A, C und E sowie Selen (Spurenelement), sekundäre Pflanzenstoffe wie Flavonoide, Anthocyane oder Carotinoide, Glutathion-Peroxidase, Superoxiddismutase und andere.

Apoptose

Der absichtliche („programmierte") Selbstmord einer Zelle, der nur in vielzelligen Organismen vorkommt, wird als Apoptose bezeichnet. Hochspezifische molekularbiologische Vorgänge induzieren und treiben die Apoptose unter ganz bestimmten Umständen voran oder hemmen sie.

Apoptosom

Diese Proteinstruktur wird im Zuge der Apoptose gebildet. Induziert wird das Apoptosom durch die Produktion von Cytochrom C, welches von Mitochondrien produziert wird als Antwort auf externe oder interne Zelltotstimuli.

Atmungskette

Die Atmungskette ist eine Abfolge von Proteinkomplexen in der Membran von Mitochondrien. Hier werden alle aus Nährstoffen aufgenommenen Elektronen auf Sauerstoff übertragen, welcher der finale Elektronenakzeptor in Zellen mit ausreichender Sauerstoffversorgung ist. Diese Oxidation ist die stärkste treibende Kraft für Zellen Adenosintriphosphat (ATP) durch oxidative Phosphorylierung herzustellen.

Autophagie

Der Begriff kommt aus dem Altgriechischen und bedeutet „sich selbst verzehren" und ist ein Prozess, im Zuge dessen die Zelle eigene Bestandteile abbauen und verwerten kann. Dies wird vor allem genutzt um falsch gefaltete Proteine oder fehlerhafte Zellorganellen zu rezylkieren.

Autophagosomen

Diese Zellorganellen werden auch Autolysosom (spezielle Form des Lysososms) genannt. Sie bauen defekte, zelleigene Organellen ab. Unverdauliche Reste werden aus der Zelle geschleust.

BAX-Protein

BAX ist eine Abkürzung für „Bcl-2-like protein 4", ein Subtyp des B-cell-lymphoma 2 (B-Zell Lymphom) Proteins, welches in die Regulation des programmierten Zelltodes, Apoptose, involviert ist.

Caspase

Caspase steht für **C**ystein, **Asp**artat (beides Aminosäuren) und dem Suffix „**-ase**" und umfasst eine Gruppe von intrazellulären Proteasen (Protein-abbauende Enzyme) mit einem Cysteinrest im aktiven Zentrum. Diese sehr fein regulierten Enzyme stehen im engen Zusammenhang mit dem Proteinabbau während der Apoptose und in weiterer Folge auch der DNA Degradierung.

Chemokin

Diese Gruppe von Signalproteinen sind verantwortlich für die Chemotaxis von Zellen, sowie die Ausschüttung bzw. Bildung von Botenstoffen, um Immunzellen an den Ort einer Entzündung zu locken. Chemokine gehören zur Großfamilie der Zytokine.

Chromatin

Die Gesamtheit des basisch färbbaren Materials im Kern der Zelle, welches die Chromosomen aufbaut, wird als Chromatin bezeichnet. Je nach Kondensationsgrad der DNA unterscheidet man Euchromatin (Information kann abgelesen werden) und Heterochromatin. wenn das Chromatin hochkondensiert ist, und dann als „Barr-Körper" und Centromere bezeichnet.

Compliance

Compliance beschreibt eine Verhaltenskonformität, die darauf abzielt Belohnung zu erhalten und gleichzeitig Bestrafung zu vermeiden. Da das Verhalten eines Individuums oft an jenes einer Gruppe angepasst ist, wird der Begriff Compliance meist nur auf eine Gruppe bezogen und gilt weniger für Einzelpersonen. Compliance kann sich auch auf eine Verhaltenskonformität beziehen, im Zuge derer etwas verlangt oder gefordert wird, vor allem wenn ein Autoritätsverhältnis zwischen den handelnden Personen besteht.

Cornified envelope

Die äußerste Schicht der Haut, der Epidermis ist das *Stratum corneum*, . Je nach Region kann diese Hornzellschicht zwischen 12 und 200 Zellschichten dick sein, wobei die Zellen abgestorben und ohne Organellen sind und eine wasserabweisende Schutzschicht bilden. Der corinified envelope wird häufig auch als Modellsystem für den Zelltod in der gesunden, trockenen Haut verwendet.

Cytochrom C

Cytochrom C ist eines der Proteine der mitochondrialen Atmungskette, welches im Zwischenmembranraum der Mitochondrien sitzt. Es spielt in den Mitochondrien als Elektronenüberträger für die oxidativen Phosphorylierung eine wichtige Rolle. Werden Mitochondrien beschädigt, wird Cytochrom C in das Zytosol abgegeben und induziert in Folge eine Kaskade, die zum programmierten Zelltod (Apoptose) führt.

Deleteriom

Nach Vadim N. Gladyshev ist das Deleteriom die Gesamtheit der zellulären Veränderungen die im Alter auftreten. Er behauptet, dass die Alterungsprozesse sowohl genetisch bedingt als auch durch zufällig auftretende Fehler induziert werden. Die mit dem Deleteriom verbundene Theorie des Alterns kann als einzige mehrere Alternstheorien vereinen (Programmierte Alterung, Evolutionstheorie, freie Radikal-Theorie, Disposable-Soma-Theorie, Hyperfunction Theorie).

Deletionsbanken

Genetische Deletionsbanken sind Sammlungen von mutierten Zellen, die die hochdurchsatzbasierte Identifizierung von relevanten Genen für eine gewisse Fragestellung sowie die Reaktionsstellen chemischer Modulatoren erlauben.

Delir

Delir, besser bekannt als Delirium oder organisches Psychosyndrom, ist ein ätiologisch unspezifisches hirnorganisches Syndrom und wird als akutes, schweres, prinzipiell reversibles Psychosyndrom mit Bewusstseinsstörung beschrieben. Die Symptome reichen von Störung des Bewusstseins und Aufmerksamkeit, Wahrnehmungsstörung, Schlafstörungen bis zu psycho-motorischen Störungen..

Denaturierung

Denaturierung beschreibt die strukturelle Veränderung von Biomolekü-len (z. B. DNA) oder Proteinen, sodass diese wichtige biologische Funktion verlieren. Bei den gängigen physikalisch-chemischen Einwirkungen, wie Hitze, Strahlung oder Druck wird die Primärstruktur jedoch nicht verändert.

Dismutase

Dismutase ist ein Enzym das die Dismutationsreaktion katalysiert. Die biologisch bekannteste Dismutase ist die Superoxiddismutase (SOD), welche Superoxid-Anionen zu Wasserstoffperoxid umwandelt. Dieses Enzym kommt in fast allen Lebewesen vor und führt eine sehr wichtige Schutzfunk-tion für Zellen aus, da Superoxid die DNA nachhaltig schädigen kann.

Dissimilaritätsindex

Der Dissimilaritätsindex ist eine Maßzahl zur Beschreibung der (ungleichen) räumlichen Verteilung von Teilgruppen (ethisch, sozial) über Teilgebiete (Bezirke, Wohnblöcke) eines Gebietes (Stadt, Bundesland). Diese Maßzahl wurde in der Sozioökologie entwickelt und z. B. zur Analyse der räumlichen Verteilung der innerstädtischen Wohnstandorte von Bevölkerungsgruppen angewandt.

DNA (DNS)

Desoxyribo**n**ucleic **a**cid (dt. **D**esoxyribo**n**ukleins**ä**ure) ist ein in allen Lebewesen und bei einigen Viren vorkommendes Biomolekül und Träger bzw. Speichermedium der Erbinformation (Gene). Dieses Makromolekül ist aus Phosphorsäure (Phosphatrest), organischen Basen und Desoxyribose Zucker aufgebaut. Die DNA bildet einen helikalen Doppelstrang in Strickleiteroptik, wobei die „Sprossen" aus den vier organischen Basen Adenin (A), Thymin (T), Guanin (G) und Cytosin (C) in der Paarung A-T und G-C über Wasserstoffbrücken ausbilden. Von der DNA wird jene Information ausgelesen, um RNA und in weiterer Folge Proteine zu synthetisieren, um Zellen, Organe und ganze Organismen zu bilden.

Dysthymie

Dysthymie ist eine entfernte Form der Depression. Das Krankheitsbild äußert sich in leicht depressiver Verstimmung, die allerdings chronisch wird (ab 5 Tage die Woche, über 2 Jahre hinweg). Betroffene Menschen haben weiterhin Bezug zur Realität und Bewältigung des Alltags ist meist problemlos möglich.

Endoplasmatisches Retikulum

Das Endoplasmatische Retikulum, kurz meist ER genannt, ist eine Zell-organelle in Form von in sich geschlossenen Membranstapeln im Zytosol meist in der Nähe des Nukleus. Die Hauptaufgaben sind die Speicherung und Synthese von Molekülen und Proteinen. Strukturell wird zwischen dem rauen und dem glatten ER unterschieden. Ersteres ist mit Ribosomen besetzt und ist an der Proteinsynthese und deren Faltung beteiligt. Letzteres ist für die Synthese von Fettsäuren, Membranlipiden und Steroiden zuständig.

Enzym

Früher „Ferment" genannt, sind Enzyme einer spezieller Gruppe von großen Proteinen, die in der Lage sind chemische Reaktionen zu katalysieren und dadurch zu beschleunigen. Enzyme sind essentiell für alle Stoffwechselvorgänge und steuern biochemische Vorgänge von der Verdauung bis zur DNA Synthese. Die Nomenklatur von Enzymen zeichnet sich durch das Suffix „-ase" aus.

Eosinophile Granulozyten

Kurz „Eosinophile" genannt sind eine Untergruppe der Leukozyten (Weiße Blutkörperchen) und Teil der unspezifischen Immunabwehr des Menschen. Sie sind in der Lage Gewebsreste oder Bakterien zu phagozytieren und tun dies vor allem in der Phase abklingender Entzündungen. Eosinophile spielen außerdem wichtige Rollen in der Regulation von allergischen oder autoimmunen Reaktionen, die von Basophilen Granulozyten und Monozyten ausgelöst werden können.

Epigenetik

Die Erforschung von Phänomenen und Mechanismen, die erbliche Veränderungen an den Chromosomen hervorrufen und die Aktivität von Genen beeinflussen, ohne die Sequenz der DNA zu verändern.

Ergospirometrie

Die Ergospirometrie ist ein Leistungs- bzw. Belastungstest des Körpers der häufig im Zuge kardiologischer Untersuchungen in Kombination mit Lungenfunktionstests angewandt wird. Der Patient wird auf einem speziellen Fahrrad, einem sogenannten Ergometer, oder auf einem Laufband in kontinuierlicher Steigerung belastet und auf eine Vielzahl von Parametern (Puls, Atemfrequenz, Sauerstoffsättigung, etc.) hin untersucht.

Eukaryot

Alle Lebewesen, die Zellen mit Zellkern besitzen, werden als Eukaryoten bezeichnet, im Gegensatz zu Prokaryoten zu denen die meisten Bakterien zählen. Zu den Eukaryoten gehören Tiere, Pflanzen und Pilze.

FOX-Proteinfamilie

„Forkhead-BOX Proteine" sind Proteine in Eukaryoten, die sich an bestimmte Stellen der DNA im Zellkern heften und dadurch die Expression von Genen beeinflussen können. Sie zählen zur Gruppe der Transkriptionsfaktoren und spielen wichtige Rollen in fast allen physiologischen Vorgängen wie der Zellteilung oder der Embryonalentwicklung.

Geronto-Gene

Diese Gene können im Fall einer Mutation die ihre Funktion beeinträchtigt, die Lebensspanne des betreffenden Organismus um 40-100% verlängern. Diese Langlebigkeitsgene wurden bisher in Hefe (Methusalem Gene), Fadenwurm (*age-1, daf-2, clk-1*) und Fruchtfliege (*Indy*) nachgewiesen. Es gibt viele Hinweise, dass diese Gene auch im Mensch eine Rolle spielen, wobei hier die Langlebigkeit zu einem größeren Teil vom Lebensstil (Bewegung, Ernährung) und verschiedenen Umwelteinflüssen (Luftqualität, soziologisches Umfeld) bedingt ist.

Gerontologie

Gerontologie ist die Wissenschaft des Alter(n)s und befasst sich mit der Beschreibung, Erforschung und Modifikation von psychischen, physischen, sozialen, historischen und kulturellen Aspekten des Alterns.

Heterotropie

Begriff für Räume bzw. Orte und ihre ordnungssystematische Bedeutung, die die zu einer Zeit vorgegebenen Normen nur zum Teil oder nicht vollständig umgesetzt haben, oder solche die nach eigenen Regeln funktionieren. Foucault nimmt an, dass es Räume gibt, die in besonderer Weise gesellschaftliche Verhältnisse reflektieren, indem sie sie repräsentieren, negieren oder umkehren.

Histon

In der Biologie werden sehr basische Proteine "Histone" genannt, die in eukaryotischen Zellen im Zellkern vorkommen und die Aufgabe haben, die DNA zu strukturellen Einheiten (Nukleosomen) aufzuwickeln und zu sortieren. Sie fungieren dabei als Spulen, um die sich die DNA windet und dadurch extrem effizient und platzsparend verpackt werden kann. Nukleosomen werden im Folgenden wieder spezifisch und akribisch sortiert bis sie, als höchste Packungsstufe der DNA, Chromosomen bilden. Die Art und Weise wie dies stattfindet, bedingt wiederum auch die Zugänglichkeit und somit Expression von bestimmten Genen mit.

Homöostase(Biologie)

Homöostase ist eine Systemeigenschaft von Zellen bzw. Organismen, welche die Gesamtheit der endogenen Regulationsvorgänge umfasst, die für ein stabiles inneres Milieu sorgen, wie z. B. die Konstanthaltung des Blutdrucks, die ionische Zusammensetzung der Körperflüssigkeiten oder die Körpertemperatur.

Hypervigilanz

In der Psychologie wird Hypervigilanz als erhöhte Wachsamkeit beschrieben, oft in Bezug auf bestimmte Ereignisse oder Situationen. Die Hypervigilanz ist eine Erscheinungsform der Erkrankung, die als posttraumatische Belastungsstörung (PTSD) bekannt ist. Sie kann als eine Angststörung, bei der normalerweise ein traumatisches Ereignis eine Angst hohen Maßes ausgelöst hat, betrachtet werden. Bei manchen Menschen halten die Symptome mehrere Monate oder sogar Jahre an und können bei Nichtbehandlung chronisch werden.

Hypothalamus

Dieser Teil des Gehirns ist für die Produktion vieler essenzieller Hormone zur Kontrolle diverser Körperfunktionen zuständig. Dazu gehören Temperaturregulation, Hunger, Durst, Schlaf und einige mehr. Trotz seiner Kleinheit ist der Hypothalamus enorm wichtig in der Aufrechterhaltung der Homöostase, also des Status quo des Körpers.

IAPs (Inhibitor of Apoptosis Proteins)

Diese Proteine arbeiten an der Unterdrückung des intrinsischen Signalweges des programmierten Zelltodes. Allen Mitgliedern dieser Proteinfamilie ist eine Sequenz von ca. 70 Aminosäuren gemein, die im *Baculovirus* entdeckt worden sind (BIR-Domäne). Die Aktivität von IAPs wird mit der Entstehung von Krebs korreliert, da sie im Falle von Mutation oder Deregulierung neben dem Zelltod Enzymaktivitäten und Zellteilung beeinflussen.

Immunsuppressivum

Immunsuppresiva sind Substanzen/Medikamente, die die Aktivität des Immunsystems reduzieren und bei einer Vielzahl entzündlicher und autoimmuner Erkrankungen bzw. bei der Krebstherapie verabreicht werden.

Induziert pluripotente Stammzellen (iPSC)

Mit Hilfe eines viralen Gentransfers bestimmter Faktoren konnte in ausdifferenzierten, somatischen Zellen eine Hochregulierung von verschiedenen Genen erzielt werden, die in embryonalen Stammzellen eine wichtige Rolle spielen. Durch diese genetische Manipulation wird in der Zelle das embryonale Programm wieder eingeschaltet (induziert), sodass diese induzierten pluripotenten Stammzellen in der Lage sind, wie embryonale Stammzellen in sämtliche Zelltypen des erwachsenen Organismus zu differenzieren. Erste klinische Versuche zur therapeutischen Anwendung von iPSC zur Behandlung diverser, bis dato unheilbarer Krankheiten, sind momentan (2017) kurz vor dem Abschluss.

Inflammaging

Der Alternsvorgang wird durch einen milden, aber chronischen Entzündungsvorgang bestimmt, der im Englischen als „Inflammaging" (inflammation = Entzündung, aging = Altern) beschrieben worden ist. Inflammaging ist ein signifikanter Risikofaktor für die Wahrscheinlichkeit zu erkranken, bzw. Sterblichkeit von älteren Personen zu erhöhen, da die meisten, wenn nicht sogar alle altersbedingten Krankheiten eine entzündliche Komponente aufweisen. Jedoch ist die genaue Ursache von Inflammaging und seine direkten Konsequenzen aufs Altern und altersbedingte Krankheiten noch nicht vollständig verstanden.

Inflammation

Die Inflammation, zu Deutsch Entzündung, beschreibt eine körpereigene Reaktion auf schädliche Reize unterschiedlicher Ursachen. klassischerweise äußert sich diese durch Rötung, Schwellung, Überwärmung, funktionelle Einschränkung und Schmerzen. Hinter der Entzündungsreaktion steht die Aktivierung lokaler Immunzellen, Rekrutierung systemischer Immunzellen und die Veränderung der Blutgefäße, wodurch das Gewebe erhöht durchblutet wird.

Interleukin

Interleukine (IL-x) sind Zytokine aus der Gruppe der Peptidhormone, die von Immunzellen produziert werden. Es bedeutet direkt übersetzt „zwischen den Weißen".

Keratinozyten

Diese hornbildenden Zellen sitzen in der Oberhaut (Epidermis) und produzieren die Hornsubstanz Keratin. Keratin wirkt wasserabweisend und verleiht der Haut Schutz und Stabilität. Keratinozyten sind die häufigsten Zelltypen (90%) in der menschlichen Epidermis. Sie sind multipotent und durchlaufen verschiedene Reifungsgrade.

Konfidenzintervall

Ein Konfidenzintervall ist ein Bereich von Werten, der statistisch aus einer Stichprobe abgeleitet wurde und mit einer vorgegebenen Wahrscheinlichkeit den Wert eines unbekannten Parameters der Grundgesamtheit umfasst. Aufgrund ihrer zufälligen Natur ist es unwahrscheinlich, dass zwei Stichproben aus einer gegebenen Grundgesamtheit identische Konfidenzintervalle aufweisen. Wenn die Stichprobennahme jedoch viele Male wiederholt wird, enthält ein bestimmter Prozentsatz der resultierenden Konfidenzintervalle den unbekannten Parameter der Grundgesamtheit.

Körnerzellschicht

Das „Stratum granulosum" ist eine Struktur, die sowohl im Gehirn als auch in der Haut beschrieben ist. Im Gehirn wird der Begriff für eine Schicht aus granulierten Nervenzellen in verschiedenen Regionen, z. B. im Kleinhirn, verwendet, in der Haut beschreibt der Terminus eine dünne Schicht in der Oberhaut (Epidermis), die sich durch wenige Zelllagen abgeplattete Keratinozyten mit feinen Granula (Körnchen) auszeichnet.

Lipid Droplets

Fetttröpfchen (Lipid Droplets(LDs)) sind einzigartig unter den zellulären Organellen in der wässrigen Umgebung des Zytosols, da sie aus hydrophoben (wasserabweisenden) Proteinen bestehen. Ihr Zentrum besteht aus neutralen Lipiden und ist in der Lage Stoffwechselenergie und Zellmembranbestandteile zu speichern, wodurch sie eine entscheidende Rolle im Fettstoffwechsel und der Zellteilung einnehmen. Zu Pathologien die Fehlfunktionen der LDs involvieren, gehören Adipositas und diverse Stoffwechselerkrankungen.

Lipophagie

Erst kürzlich wurde ein alternativer Weg des Fettstoffwechsels entdeckt, welcher über Autophagie zu funktionieren scheint. Dieser Weg wird mittlerweile als Lipophagie bezeichnet. Er ist vor allem in die intrazelluläre Fettstoffwechselregulation eingebunden: Abhängig von der Verfügbarkeit von Nährstoffen wird die Art der Lagerung von Fettmolekülen und die Menge an freien Fetten gesteuert und so ein Energiegleichgewicht aufrechterhalten. Fehlgesteuerte Lipophagie kann sehr schnell zu Adipositas führen.

Lipopolysaccharid

Lipopolysaccharide, kurz LPS sind Bestandteile der äußeren Membran von gram-negativen Bakterien. Lipopolysaccharid fungiert direkt oder indirekt als Permeabilitätsbarriere, trägt zur Stabilität der Zelle bei und schützt gegen eine Reihe von Umweltgiften, Detergentien oder Antibiotika. Die endotoxische Wirkung vom Lipopolysaccharid führt zu einer Erniedrigung des Blutdrucks, zu Fieber, Neutropenie, zur Blutgerinnung und eventuell sogar zum Tod durch endotoxischen Schock.

Makro-, Meso- und Mikroebene

Die drei Ebenen der Analyse mit denen in der Soziologie gearbeitet wird. Die Makroebene untersucht Gesellschaftsstrukturen, Kulturen oder die Zivilisation als solche. Die Mesoebene betrachtet soziale Netzwerke und andere intermediäre Strukturen wie Organisationen. Das soziale Handeln einzelner Individuen innerhalb von Gruppen wird in der Mikroebene analysiert.

Matrixvesikel (Knochen)

Matrixvesikel (MVs) sind extrazelluläre Partikel mit 100nM Durchmesser. MVs befinden sich an jenen Stellen im Knorpel, Knochen und Dentin, an denen sich die Kalzifizierung zu manifestieren beginnt.

Metabolismus

Stoffwechsel. Als Metabolismus wird die Umwandlung von aufgenommenen oder selbst produzierten Substanzen durch den Körper bezeichnet. Durch den Metabolismus werden Nahrungsbestandteile (Zucker, Fette und Eiweiße) so umgewandelt, dass sie den Körperzellen als Energielieferanten zur Verfügung stehen.

Methylierung(smuster)

Methylierung beschreibt das chemische (enzymatische) Modifizieren von DNA mit Methylgruppen. Hierbei handelt es sich um einen reversiblen und flexiblen Vorgang, der keine dauerhafte Mutation oder Veränderung des Erbgutes inkludiert. Es gilt mittlerweile als gesichert, dass sich eine Tochterzelle am Muster solcher Methylierungen der DNA der Mutterzelle orientiert (epigenetischer Code). Die Regulation der Genexpression orientiert sich an Methylierungsmustern der DNA.

Mikrobiom

Der Begriff Mikrobiom bezeichnet die Gesamtheit an mikrobiellem Genmaterial von allen Mikroorganismen, die den Mensch oder andere Lebewesen besiedeln bzw. mit diesem interagiert.

Mitochondrien

Mitochondrien waren ursprünglich eigenständige Organismen, die wahrscheinlich heutigen Bakterien ähnelten. Bei der Entstehung der Zellen mit Zellkern, aus denen die heutigen Vielzeller bestehen, wurden sie als Symbionten aufgenommen und erfüllen wichtige Aufgaben des Stoffwechsel, vor allem der Zellatmung und des Fettstoffwechsels. Entsprechend verfügen Mitochondrien wie Bakterien über eine zirkuläre DNA, die nicht mit Histonen assoziiert ist.

Mitophagie

Die Mitophagie beschreibt eine Form der Autophagie bei der gezielt Mitochondrien abgebaut werden. Dies kann aufgrund verschiedener Ursachen geschehen wie Nährstoffmangel, Alterungsvorgang, Beschädigung oder aufgrund normaler Entwicklungsvorgänge (z. B. Entkernung der roten Blutkörperchen).

Morbidität

Die Anzahl der Individuen einer Population, die eine bestimmte Krankheit erlitten haben, wird mit dem Ausdruck Morbidität beschrieben. Normalerweise wird sie auf 10.000 oder 100.000 Individuen bezogen und ist ein wichtiger Parameter in der Epidemiologie.

mTOR

"mechanistic Target of Rapamycin" ist ein enzymatisch wirksames Protein in Säugetieren an welches Rapamycin (ein Immunsuppressivum) indirekt bindet. mTOR überträgt eine Phosphatgruppe auf verschiedene andere Proteine und aktiviert diese dadurch. Der mTOR Komplex spielt daher eine zentrale Rolle in Energiehaushalt, Wachstum, Proliferation und Motilität von Zellen. Eine Hemmung von mTOR ist für die immunschwächenden Wirkungen von Rapamycin verantwortlich.

Mutation

In der Biologie versteht man unter Mutation eine dauerhafte Veränderung des Erbgutes bzw. einzelner Gene des Erbgutes. Eine Mutation geschieht zunächst in der DNA einer Zelle, wird danach jedoch auf die Tochterzellen weiter gegeben, wenn die Mutation in der Mutterzelle nicht zum Zelltod führt oder die Weitergabe des Erbgutes beeinträchtigt. Bei Mehrzellern wird zwischen Keimbahnmutation (alle Zellen und Nachkommen sind betroffen) und somatischer Mutation (ein bestimmtes Gewebe ist betroffen) unterschieden. Mutationen können positive (z. B. Anpassung an neue Umweltbedingungen), negative (z. B. Krebsentstehung) oder keine (sog. stille Mutation) Auswirkungen auf Zellen und den betreffenden Organismus haben.

Nukleosom

Als Nukleosom wird der Komplex aus DNA und Histon bezeichnet. Es stellt die erste Verpackungsstufe der DNA Helix im Zellkern eukaryotischer Zellen dar. Viele Nukleosomen bilden hochspezifische Pakete, die die DNA im Chromatin als ca. 30 nm dicke Stränge zusammenhalten, wird Solenoidstruktur genannt.

Onkogen

Ein mutiertes Protoonkogen wird als Onkogen bezeichnet. Onkogene sind kausal an der Pathogenese einer Neoplasie beteiligt da sie unter anderem die Expression und Aktivität von anderen Genen beeinflusst. Alle Zellzyklus regulierenden Gene sind potentielle Protoonkogene, deren Mutation einen Verlust über die Zellteilung bedeuten kann.

Organelle

Die Organellen von Zellen beschreiben spezialisierte Zellkompartimente wie Mitochondrien, Nukleus oder Golgi Apparat, die eine eigene Membran besitzen. Jede Organelle hat eine klar definierte, spezielle Aufgabe, analog zu Organen in einem komplexen Organismus.

Parabiose

Parabiose beschreibt das Zusammenleben zweier miteinander verwachsenen Organismen (Parabionten) wie es z. B. bei siamesischen Zwillingen oder einigen Tiefseefischen vorkommt. „Künstlich" wird eine Parabiose im Zuge von Experimenten induziert, indem Versuchstiere operativ zusammen genäht werden, um die Wirkung von Hormonen oder die Alterung von Zellen und Geweben zu studieren.

Peroxisom

Peroxisomen, oder Microbodies, sind Vesikel in eukaryotischen Zellen von bis zu 1 µm Durchmesser, die die Entsorgung von reaktiven Sauerstoffspezies (ROS) ermöglichen und somit eine wichtige Schutzfunktion für die Zelle vermitteln.

Phänotyp

Unter dem Phänotyp versteht man das äußere Erscheinungsbild eines Organismus. Im Gegensatz zum Genotyp, der alle in den Genen festgelegten Erbinformationen darstellt.

Phosphorylierung

Als Phosphorylierung wird die reversible Übertragung von Phosphatgruppen auf eine Zielmolekül bezeichnet. In allen aeroben Lebewesen finden im Besonderen die oxidative Phosphorylierung statt, die ein sehr wichtiger Teil des Energiestoffwechsels ist.

Photoaging

„Lichtalterung" oder Dermatoheliosis, wenn die Haut betroffen ist, beschreibt charakteristische Veränderungen (z. B. Mutationen) von Geweben (meist den äußeren Hautpartien) induziert durch chronische Exposition an ultravioletter Strahlung (UVA, UVB). Diese Strahlung stimuliert Melanozyten zur Produktion von Melanin, den Hautpigmenten. Geschieht dies aber in zu hohem Ausmaß entstehen dunkle, zerfranste Flecken, die ersten Anzeichen des Photoagings, die sich in seltenen Fällen, bei weiterer zu starker Einstrahlung zu Hautkrebs weiterentwickeln können.

Pleiotropie

Der Begriff wird vor allem in der Genetik verwendet, um zu beschreiben, dass ein einziges Gen mehrere phänotypische Merkmale ausprägen kann. Das Gegenteil dieses auch Polyphänie genannten Phänomens, ist die Polygenie, bei der mehrere Gene denselben Phänotyp erzeugen können. Die Ursachen für Pleiotropie sind oft Modifikationen der Transkription und Translation des entsprechenden Gens.

Polyamin

Dieser Sammelbegiff umfasst meist gesättigte, offenkettige oder zyklische organische Verbindungen mit Aminogruppen an den Enden und wechselnder Anzahl sekundärer Aminogruppen. Sie können je nach Länge durchsichtig bis gelb sein, in flüssiger oder fester Form. Es wird angenommen, dass Polyamine wie das Sperimidin, DNA chemisch stabilisieren.

Prävalenz

Anteil der Menschen einer bestimmten Gruppe (Population) definierter Größe, der zu einem bestimmten Zeitpunkt an einer bestimmten Krankheit erkrankt ist oder einen Risikofaktor aufweist.

Proteasen

Proteasen sind Enzyme die Proteine durch Hydrolyse an Peptidbindungen spalten.

Proteasom

Dieser große Proteinkomplex, auch Macropain genannt, ist einer der wichtigsten Bestandteile der intrazellulären Proteinqualitätskontrolle. Das Proteasom gehört zur Gruppe der Proteasen und baut fehlerhafte Proteine ab, die vorab entsprechend markiert wurden.

Proteom

Das Proteom bezeichnet die Gesamtheit aller Proteine im betrachteten Kontext (Zelle, Gewebe, Organ, Organismus).

Pseudodemenz

Pseudodemenz ist ein häufiges Symptom einer schweren Depression, welches oft erst sehr spät entdeckt wird. Sie beschreibt eine generelle Herabsetzung der kognitiven Leistungsfähigkeit, die vom Patienten direkt wahrgenommen wird und keine echte Demenzerkrankung als Ursache hat.

Punktprävalenz

Prävalenz zu einem bestimmten Zeitpunkt nennt sich Punktprävalenz.

Pyramidalzellen

Dieser relativ große Typ Nervenzelle ist im Bereich der Großhirnrinde und der Amygdala lokalisiert, wobei sie über ganze Hirnareale hinweg projizieren können. Der Zellkörper ist, namensgebend, pyramidenförmig, und ist in Richtung Hirnoberfläche ausgerichtet.

Rapamycin

Rapamycin, auch Sirolimus (SRL) genannt, ist ein Immunsuppressivum und mTOR Inhibitor. Es wurde ursprünglich aus dem Bakterium *Streptomyces hygroscorpicus* isoliert, welches in Bodenproben auf der Insel Rapa Nui (Osterinseln) gefunden wurde. SRL wird oft in Kombination mit anderen Medikamenten zur Verhinderung von Abstoßungsreaktionen nach Organtransplantationen, angewandt. Vorrangige Nebenwirkung ist eine beeinträchtigte Wundheilung. Jedoch kann Rapamycin durch seine Interaktion mit dem mTOR Signalweg die Lebensspanne von Organismen verlängern.

Reactive Oxygen Species (ROS, Reaktive Sauerstoffspezies)

Als ROS bezeichnet man alle Moleküle die Sauerstoff enthalten und besonders reaktiv sind. Sie kommen in allen aeroben Organismen vor, die einerseits Schutzmechanismen gegen die potentiell schädliche Wirkung der ROS entwickelt haben, und andererseits ROS auch für bestimmte Funktionen nutzen können. Manche ROS sind stark reaktiv und werden als „freie Radikale" (z. B. Superoxide) oder „Hydroxylradikale" (ein Atom besitzt mindestens ein ungepaartes Elektron) bezeichnet. Als Nebenprodukt eines sauerstoffbasierenden Stoffwechsels sind sie in geringen Dosen ein essenzieller Bestandteil vieler Signalwege, können jedoch durch externe Faktoren wie Stress, Zigarettenrauch, Umweltgifte oder Krankheiten vermehrt auftreten. Dadurch kann es zu Protein- und DNA-Schäden und in Folge zum Auftreten von Arteriosklerose, Krebserkrankungen oder COPD kommen. Antioxidantien wiederum beschützen die Zellen vor Schädigung durch ROS, in dem sie mit ihnen reagieren und sie so unschädlich machen. Es wird seit langem diskutiert, ob ROS eine Konsequenz des Alterns sind oder dieses mit bedingen.

Resilienz

Der Begriff Resilienz (Psychologie) leitet sich von dem englischen Wort „resilience" (Spannkraft, Widerstandsfähigkeit, Elastizität) ab und bezeichnet allgemein die Fähigkeit einer Person oder eines sozialen Systems, erfolgreich mit belastenden Lebensumständen und negativen Folgen von Stress umzugehen. In der Medizin bezeichnet man als Resilienz die Fähigkeit von

Geweben (z. B. Knochen) nach Belastung wieder ein den jeweiligen Ausgangszustand zurückzukehren. Umgelegt auf soziologische Fachgebiete würde man unter Resilienz die Möglichkeiten einer Gesellschaft externe Störungen zu verkraften, verstehen.

Respiratorischer Kompensationspunkt

Der RCP beschreibt den Punkt an dem bei zunehmender körperlicher Belastung ein Abfall der CO_2 (Kohlendioxid) Konzentration in der Atemluft feststellbar ist. Dies ist gleichzusetzen mit einer subjektiv feststellbaren verstärkten Atmung. Begründet wird das mit der zunehmenden anaeroben Energiebereitstellung, wodurch Blut angesäuert wird. In der Folge wird die Atmung stimuliert (Hyperventilation) und die CO_2 Konzentration fällt (zu) stark ab. Da der RCP leicht unter dem Maximum der Sauerstoffaufnahme liegt, und die aktuelle Leistung 60-120 min aufrecht erhalten werden kann, wird auch vom RCP als Dauerleistungsgrenze gesprochen.

Resveratrol

Resveratrol gehört zu den pflanzlichen Polyphenolen, denen viele positive Eigenschaften zugesprochen werden: Sie reichen von Diabetes Prävention und Stoffwechselregulation, über eine krebshemmende Wirkung bis zu einer allgemeinen Verlängerung der Lebensspanne. Es wird vermutet, dass all diese Effekte durch die Simulation einer Kaloriereduktion (Caloric Restriction, CR) herrühren, wobei dies und die tatsächliche Wirksamkeit umstritten bleibt. Es kommt in vielen Lebensmitteln, wie Weintrauben, Himbeeren, Pflaumen, Erdnüssen oder Maulbeeren vor und erreicht in Rotwein bei 2-12mg/L. Es schützt als Phytoalexin Pflanzen vor Pilzen und Parasiteninfektionen.

Ribosom

Die größten, stabilsten, zahlreichsten und komplexesten Proteinpartikel der Zelle sind für die Translation der genetischen Information (Proteinsynthese) verantwortlich. Ribosomen sind ellipsoid und ca. 15-30 nm im Durchmesser, sind oft mit dem rauen Endoplasmatischen Retikulum assoziiert oder hängen an mRNA Ketten und formen somit Polyribosomenstrukturen.

RNA (Ribosomale RNA, messenger RNA, transfer RNA)

Die RNA (Ribonukleinsäure) ist ähnlich wie die DNA ein aus Nukleotiden bestehender Strang. Die RNA ist von zentraler Bedeutung für die Proteinbiosynthese, ist einzelsträngig und eine energiesparende Methode die von der DNA kodierte Information zu transportieren (messenger oder mRNA). Ähnlich wie die DNA, besteht sie aus einem Ribonukleinsäurestrang sowie den kodierenden Basen Adenin, Cytosin, Guanin und Uracil ersetzt. Die wichtigsten Untergruppen der RNA sind die messenger RNA (mRNA), welche die proteinkodierende genetische Information abliest, aus dem Kern transportiert und den Ribosomen zuführt, die transfer RNA (tRNA), die dafür sorgt, dass passende Aminosäuren aus dem Cytoplasma zu den Ribosomen gelangen, um ein bestimmtes Protein zu bauen, und die ribosomale RNA (rRNA), die die Ribosomen selbst aufbaut und nicht für Proteine kodiert.

Saccharomyces cerevisiae

Die Bierhefe ist eine eukaryotische Mikrobe aus dem Reich der Pilze. Genauer gesagt ist sie eine kugelförmige, gelb-grüne Hefe, die in der Natur auf den Oberflächen von Pflanzen, auf der Haut und dem Magen-Darm-Trakt von Insekten und warmblütigen Tieren, weltweit im Erdreich und Gewässern vorkommt. In größeren Mengen kommt die Bierhefe aber an Orten vor an denen Fermentation (Gärung) passiert. Im großen Stil werden Bierhefekulturen zur Herstellung von Alkohol und diversen Nahrungsmittel (z. B. Brot) verwendet. In der Forschung ist die Bierhefe ein wichtiger Modelorganismus in dem eine Vielzahl von Genen (z. B. „Methusalemgene") und Stoffwechselfunktionen entdeckt worden sind.

Salutogenese

Aus „salus" (= Heil) und „genese" (= Entstehung) entstand der Begriff Salutogenese der somit „Gesundheitsentstehung" oder „die Ursprünge von Gesundheit" bedeutet. Dieser Prozess wurde als erstes vom israelisch-amerikanischen Medizinsoziologen Aaron Antonovsky (1923-1994) in den 1970er Jahren beschrieben. Kern der Salutogenese ist die Frage „Wie entsteht Gesundheit?".

Sauerstoffradikale

Siehe „Reactive Oxygen Species".

Schlafspindel

Schlafspindeln sind Graphoelemente des EEG (Elektroenzephalogramm), welche normalerweise im der Non-REM Schlafphase 2 auftreten. In seltenen Fällen können sie auch in den Phasen 1 und 3 auftauchen, sind aber in jedem Fall periodische Unterbrechungen der niedrig-amplitudierten EEG Grundfrequenz. Sie zeichnen sich durch eine hohe Frequenz und niedrige Amplitude aus. Spindeln mit 11,5-13,5 Hz haben ein frontales, Spindeln mit 12,5-14,5 Hz ein zentro-parietales Maximum. Es wird vermutet, dass Schlafspindeln allgemein einen schlafstabilisierenden Effekt haben.

Selbstwirksamkeit

Unter Selbstwirksamkeit versteht man die Einstellung, die man zur Wirksamkeit des eigenen Handels hat. Das Vertrauen in die eigene Stärke und das eigene Leistungsvermögen, ist eines der wichtigsten Merkmale der Resilienz. Wenn eine Person eine niedrige Selbstwirksamkeitserwartung hat ist sie davon überzeugt, dass ihr Handeln und ihr Verhalten nicht viel bewegen können.

Seneszenz

Seneszenz ist ein Alterungsprozess der in Pflanzen, Pilzen und Tieren gleichermaßen vorkommt. Gemeint ist im Allgemeinen die Akkumulierung von schädlichen Substanzen, Gewebsveränderungen und der schrittweise Verlust physiologischer Funktionen. Insgesamt manifestieren sich diese Prozesse in einer verminderten Anpassungsfähigkeit gegenüber Umwelteinflüssen, was zu diversen Alterungserscheinungen und schlussendlich zum Tod des Individuums führt. Seneszenz ist in vielen Fällen hormonell bestimmt (z. B. Frucht oder Blattfall) und genetisch vorbestimmt (z. B. einjährige Pflanzen). Seneszenz spielt aber nicht nur beim Alternsprozess eine wichtige Rolle, sondern auch bei der Organogenese oder Formbildung (z. B. Finger) eine wichtige Rolle.

Sirtuine

Sirtuine sind enzymatisch aktive Proteine, die zu den Histon-Deacetylasen gehören und von denen bei Säugetieren 7 Typen (SIRT1-7) unterschieden werden. Entdeckt wurde das erste Sirtuin in der Bierhefe und wurde zunächst „silent mating type information regulation 2" (Sir2) genannt. Zu den Aufgaben und Funktionen der Sirtuine zählt die Kontrolle bzw. Regulation der Mitose, des Axonenwachstums, der Körpertemperatur, des Zellstoffwechsel aber auch von diversen Alterungsprozessen.

Smart Technologies

Technologische Unterstützung für alte Menschen, um das Leben zuhause oder in speziellen Einrichtungen zu erleichtern. Dies reicht von leicht zu bedienenden Tablets oder medizinischen Testgeräten bis zu Sicherheits- und Kontrollmaßnahmen.

Smartwatches

„Schlaue Uhren" verfügen über Sensoren, Aktuatoren sowie Computerfunktionalitäten und –konnektivitäten. Daher können moderne Uhren neben Zeit und Datum eine Vielzahl weiterer Informationen darstellen und durch zusätzliche Applikationen Steuerung von Geräten, Überwachung von Körperfunktionen oder Kommunikation massiv vereinfachen.

Soma

In der Zellbiologie wird unter Soma, oder Zytosoma, der Zellkörper verstanden, ohne Fortsätze und oftmals ohne Zellkern. Hier findet der Hauptteil des Stoffwechsels statt, weswegen das Soma oft getrennt betrachtet wird.

Somatotrophe Achse

Somat(ot)ropin oder STH, oft auch als GH (Growth Hormone, zu Deutsch Wachstumshormon) bezeichnet, ist eines der wichtigsten Signalstoffe (Hormone) zur Regulation von zellulärem und physiologischem Wachstum bzw. Stoffwechselrate.

Spermidin

Dieses körpereigene Polyamin kommt, obwohl im gesamten menschlichen Körper vorhanden, gehäuft in Sperma (namensgebend), aber auch in Sojabohnen, Grapefruit und Weizen vor. Es spielt wichtige Rollen in der Produktion von Nukleinsäuren und Proteinen sowie in der Membranstabilisierung in wachsenden/proliferierenden Zellen. Je aktiver der körpereigene Stoffwechsel ist, desto höher ist die Konzentration von Spermidin, wobei diese mit dem Alter abnimmt. Studien in Tiermodellen haben Hinweise ergeben, dass Spermidin altersbedingter Demenz entgegen wirken kann.

Stakeholder

In unternehmerische Prozesse sind immer viele Personengruppen involviert. Bei diesen sog. Stakeholdern, oder Teilhabern, unterscheidet man zwischen externen und internen Anspruchsgruppen. Externe Anspruchsgruppen sind Zulieferer, Kunden, Kapitalgeber, Konkurrenten und Institutionen aus Gesellschaft und Staat. Die Eigentümer, Unternehmer und Unternehmensmanager werden in erster Linie als interne Anspruchsgruppen bezeichnet.

Stammzelle

Adulte Stammzellen weisen im Gegensatz zu anderen spezialisierten Zellen des Körpers, die alle Gewebe aufbauen, keine oder nur eine sehr geringe Differenzierung auf. Teilt sich eine Stammzelle entsteht daraus eine idente Tochterzelle und potentiell eine, die sich gewebsspezifisch weiterentwickeln kann, um Wachstum und Reparatur von Schäden zu ermöglichen. Embryonale Stammzellen hingegen sind nicht nur fähig jene Gewebe zu bedienen, in denen sie selbst sitzt, sondern jede einzelne Zelle ist in der Lage alle Zelltypen des gesamten, neuen Organismus zu bilden.

Substantialisierung

Dumont benennt in den 1970er Jahren mit dem Begriff ein empirisches Phänomen, über dessen Existenz ein breiter Konsens besteht, dessen Auslegung jedoch zu unterschiedlichen Positionen führt.

Telomer

Telomere sind die nicht kodierenden, einzelsträngigen DNA-Enden der Chromosomen. Diese Strukturelemente schützen und stabilisieren die DNA, verkürzen sich jedoch mit jeder Zellteilung. Wird eine kritische Länge (unter 4 kbp) unterschritten, starten Kaskaden zur Einleitung von Seneszenz oder Apoptose der betreffenden Zelle, da es ansonsten zu genetischen Schäden kommen würde. Das Enzym Telomerase kann als einziges diese Verkürzung rückgängig machen, kommt jedoch nur in Keimzellen, Stammzellen, manchen Zellen des Immunsystems oder bestimmten Krebszellen vor. Diese Zelltypen können sich (theoretisch) unlimitiert vermehren ohne Schäden an den Chromosom-Enden zu zeigen.

Thalamo-kortikales Netzwerk

Neuronales Netzwerk zwischen dem Thalamus (Thalamus dorsalis, Teil des Zwischenhirns, der die Information aus und in das Großhirn moduliert) und dem Cortex (Cortex cerebri, Großhirnrinde, die zellreiche Schicht des Großhirns) des Gehirns.

Transkription

In der Molekularbiologie beschreibt die Transkription die Synthese von messenger (m), transfer (t) oder r (ribosomale) RNA anhand der DNA Vorlage und ist somit ein essentieller Teil der Genexpression.

Transkriptionsfaktor

Diese proteinbasierenden Faktoren beeinflussen das Abschreiben von DNA in RNA positiv oder negativ, in dem sie meistens an DNA binden bzw. notwendige Co-Faktoren aktivieren.

Translation

Translation ist ein Teil der Genexpression bei dem Proteine an Ribosomen im Zytoplasma synthetisiert werden. Sie finden nach der Transkription statt. Bei der Translation wird die Basensequenz der entsprechenden mRNA in die kodierte Aminosäuresequenz übersetzt und dadurch das Protein gebildet.

v-Domäne

Immunglobuline bestehen aus leichten (L(ight)-Kette) und schweren (H(eavy)-Kette) Polypeptidketten. Die L-Kette besteht aus einer V- und einer C-Domäne und ist über Disulfidbrücken an die H-Kette gebunden. Die V-Domäne steht für eine Region am Immunglobulin die leicht veränderbar (variable, „V") ist und dadurch schnelle Anpassungen an entsprechende Anforderungen (Bindung an sich schnell ändernde Antigene) erlaubt.

Ventilatorischer Index

Das Atemäquivalent für O2 und CO2, also der Quotient von Atemminutenvolumen und Sauerstoffaufnahme (VE/VO2) bzw. Kohlendoxidabgabe (VE/VCO2), repräsentiert die Ökonomie der Atmung. Die ventilatorische Effizienz (Atmungseffektivität) wird durch VE/VO2 beschrieben. Ein optimaler Wirkungsgrad liegt vor, wenn ein Maximum der O2 Aufnahme mit einem relativen Minimum an Atemminutenvolumen erreicht wird, ohne Anstieg des VE/VCO2, welche durch weitere Belastungssteigerung über VE/VO2 hinaus erreicht wird.

Verräumlichung

Philosophischer Begriff mit Raumbezug, eingeführt von M. Foucault. Bezeichnet die Anordnung von Merkmalen in metaphorischen und konkreten Raumkonstruktionen. Dabei werden drei Typen unterschieden: 1) primäre Verräumlichung oder Anordnung der Erkenntnisgegenstände, z. B. von Krankheiten, in einer ideellen Klassifikation. 2) sekundäre Verräumlichung bezieht sich auf das Subjekt, hier körperliche Konkretisierung der Krankheiten am Patienten (Lokalisationsraum). 3) tertiäre Verräumlichung oder die Gesamtheit der Gesten und Institutionen, welche Erkenntnisgegenstände und Subjekte formen (gesellschaftlicher Raum), bei Krankheiten z. B. Lehrbücher, Gesundheitsgesetze, Kliniken, Ärzte. Neben der Klinik hat Foucault auch Gefängnisse und psychiatrische Anstalten untersucht.

Wearables

„Wearables" ist ein Überbegriff für fast jegliche Art der tragbaren Technologie. Von Smartwatches über Fitnesstracker, also alles an tragbaren Computersystemen, das während der Anwendung direkt am Körper des

Benutzers befestigt ist. Wearable Technology unterscheidet sich von der Verwendung anderer mobiler (Computer-)Systeme dadurch, dass die hauptsächliche Tätigkeit des Benutzers nicht die Benutzung des Gerätes selbst, sondern eine durch das Gerät unterstützte Tätigkeit in der realen Welt ist.

Zellzyklus

Die Abfolge von verschiedenen Aktivitätsphasen zwischen den Teilungen eukaryotischer (Zellkernbesitzender) Zellen bei denen der DNA-Gehalt einer Zelle bzw. des Kerns verdoppelt wird, wird als Zellzyklus beschrieben. Die Tatsächliche Teilung der doppelsträngigen DNA heißt „Mitose", in weiterer Folge müssen diese Stränge aber wieder dupliziert werden, um in der Tochterzelle ein funktionelles Genom zu gewährleisten.

Zystische Fibrose (ZF)

ZF, oder Mukoviszidose ist die häufigste tödlich verlaufende angeborene Stoffwechselkrankheit bei hellhäutigen Menschen in Europa und den USA. Bei dieser Erkrankung ist der Salz- und Wassertransport der Zelle gestört, wodurch Sekrete vieler Körperdrüsen zähflüssiger sind als normal. Dieser Schleim kann nur schwer abgehustet werden und beeinflusst die Lungenfunktion dramatisch. Die Bauchspeicheldrüse und der gesamte Verdauungstrakt sind ebenfalls massiv betroffen.

Zytokin

Proteine, die das Wachstum, Teilung und Spezialisierung (Differenzierung) von Zellen regulieren und induzieren werden Zytokine (Cytokine) genannt. Es gibt 5 Hauptgruppen: Interferone, Interleukine, koloniestimulierende Faktoren, Tumornekrosefaktoren und Chemokine.